Development and Application of
Finite Element Subroutine Based on ABAQUS

基于ABAQUS的
有限元子程序开发及应用

王　涛　黄广炎　柳占立　庄　茁　编著

北京理工大学出版社
BEIJING INSTITUTE OF TECHNOLOGY PRESS

内 容 简 介

本书系统介绍了基于 ABAQUS 的有限元用户子程序的开发和应用，可为有需要的科研人员和工程技术人员提供快速掌握较复杂有限元程序开发和仿真分析的实用工具和资料。全书分为两部分，分别是基于 ABAQUS 的用户子程序基础、有限元子程序开发进阶。第一部分（第 1~8 章）介绍了有限元子程序开发的基本过程、Fortran 的基本语法和常用到的用户子程序的接口及应用案例；第二部分（第 9~14 章）介绍了较为复杂的大型有限元子程序开发的方法和子程序开发中的一些高级功能，并涵盖了目前计算断裂力学、多孔介质材料、冲击动力学的学术研究前沿。此外，书中提供了大量有限元算例、模型和子程序代码的源文件，可供读者学习和进一步开发、改进。

本书适用于有限元计算软件的中高级用户和科研工作者，以及相关专业的高年级本科生、研究生。

图书在版编目（CIP）数据

基于 ABAQUS 的有限元子程序开发及应用/王涛等编著. --北京：北京理工大学出版社，2021.3（2024.10 重印）
ISBN 978-7-5682-9655-7

Ⅰ.①基… Ⅱ.①王… Ⅲ.①有限元分析-应用软件
Ⅳ.①O241.82-39

中国版本图书馆 CIP 数据核字（2021）第 049801 号

出版发行／北京理工大学出版社有限责任公司
社　　址／北京市海淀区中关村南大街 5 号
邮　　编／100081
电　　话／（010）68914775（总编室）
　　　　　（010）82562903（教材售后服务热线）
　　　　　（010）68944723（其他图书服务热线）
网　　址／http://www.bitpress.com.cn
经　　销／全国各地新华书店
印　　刷／北京虎彩文化传播有限公司
开　　本／787 毫米×1092 毫米　1/16
印　　张／18.5
彩　　插／16　　　　　　　　　　　　　　　　　责任编辑／曾　仙
字　　数／479 千字　　　　　　　　　　　　　　文案编辑／曾　仙
版　　次／2021 年 3 月第 1 版　2024 年 10 月第 5 次印刷　责任校对／周瑞红
定　　价／96.00 元　　　　　　　　　　　　　　责任印制／李志强

图书出现印装质量问题，请拨打售后服务热线，本社负责调换有限元是认识力学世界的一把钥匙，有限元方法的应用领域非常广阔，在固体力学、流体力学、传热学、电磁学等领域发挥着重要作用。目前，通用的和专用的有限元软件有很多，如 ABAQUS、ANSYS、NASTRAN、MARC 等，在工程设计、分析计算和应用评估等方面被广泛应用。这些软件发展到今天，大多数界面友好、操作方便，为使用者带来了很大的便利，极大地促进了力学分析在工程设计和开发中的应用。

然而，这些美观的界面和便捷的操作方法也带来了一定的隐患——将工程分析人员和有限元方法本身割裂开了，导致"知其然"的人多，"知其所以然"的人少。对于一些复杂问题，特别是多因素耦合的系统性问题，分析者仅依靠力学直观和有限元软件计算的结果，很难做出准确的判断，而是需要借助较为深厚的有限元功底和力学基础，对计算结果进行更加合理和深入的解读，才能从根本上理解问题的核心，从而解决问题。

因此，对于经常使用有限元软件进行工程分析的人员，具备一定的有限元基础知识和程序开发能力是很有必要的。但是，从头开发有限元程序的工作量巨大，且容易陷入无休止的简单重复非有限元核心部分的工作，不易快速形成能力、抓住核心。好在目前主流的商用有限元软件都提供了较为丰富的二次开发接口，特别是 ABAQUS，并且随着每年新版本的发布，还在提供更多的二次开发接口。这些接口涵盖了有限元核心程序的各个方面，基本上抽取出了有限元编程中面向用户的最重要且最有开发意义的部分。基于此，笔者结合近五年以来在有限元子程序开发方面的经验和积累，并将相关工程分析实例和科研成果总结完善，以 ABAQUS 有限元子程序为例，尽可能全面和详细地向读者介绍有限元子程序开发的流程、方法、程序接口和应用实例。通过这些接口程序的学习和开发，一方面，读者可以快速了解有限元程序的架构，在开发过程中促进有限元知识和力学知识的学习；另一方面，这些有限元子程序接口提供了很大的灵活性，可以满足科研和工程技术人员的各种个性化仿真需求，助力解决复杂的科学问题和工程技术问题，这也是本书编写的初衷。

本书共有 14 章，分为两部分。第一部分（第 1～8 章）为基于 ABAQUS 的有限元子程序基础，介绍了 ABAQUS 有限元子程序概述、Fortran 语言的基本语法以及 ABAQUS 中常用的用户子程序的接口、使用方法和实例，对于有 Fortran 语言基础的读者，可以跳过第 2 章；第二部分（第 9～14 章）为有限元子程序开发进阶，此部分主要涉及有限元子程序开发的高级功能，包括多个有限元子程序的联合开发、有限元子程序的并行计算、程序性能优化以及基于 C/C++ 语言的用户子程序等，适合有一定有限元子程序开发基础且希望继续提高能力的读者根据自身需要有选择性地学习。此外，本书还包含两个附录，分别是 ABAQUS 用户子程序目录和常用的 Fortran 90 内部函数，便于读者快速查阅和了解相关用户子程序和函数的名称和功能，从中选择合适的子程序和函数加以利用。

本书特色

本书系统介绍了基于 ABAQUS 的有限元用户子程序的开发和应用，可为有需要的科研人员和工程技术人员提供快速掌握较复杂有限元程序的实用工具和资料。本书内容深入浅出，易于学习与掌握。书中提供了大量有限元分析实例、经过验证的代码、基础的力学理论知识和可操作的图形界面的说明，便于读者快速掌握相关的理论知识、软件操作技巧和代码的编写。

本书内容涵盖了有限元程序开发的许多方面，既有材料本构模型的开发，又有用户自定义单元的编写；既有力热耦合过程分析，又有逻辑建模与控制系统分析；既有复杂的边界条件的实现，又有先进的断裂力学数值方法的应用。读者可以针对自己的学习和科研需求来学习全部或部分内容，在学习过程中，可以配合书中相关的操作实例和代码，一边操作一边学习，以便能快速掌握相关知识和技巧，助力科研工作和工程分析。

针对实际工程中的一些典型问题，特别是用现有的有限元程序和软件不能完全解决的问题，本书利用用户子程序进行了研究和分析，为读者理解相关问题提供了很好的视角和见解。

读者对象

ABAQUS 用户子程序的开发是 ABAQUS 向用户提供的一个高级可扩展和可定制的功能，其对于使用者的数学功底、力学知识和有限元基础有较高的要求。因此，本书适用于 ABAQUS 软件的中高级用户、科研工作者和工程技术人员，如高年级本科生、研究生和高校（或科研院所）的研究人员。本书中含有很多有限元相关的基础知识和有限元程序开发技巧，也可以作为高校有限元相关课程的辅助教材。此外，本书涉及的一些典型工程问题的研究，可以为相关领域的工程技术人员提供对该问题的特定研究视角，因此本书可作为工程技术人员的参考书籍。

致谢

本书的部分内容是笔者及所在团队的研究成果，这些成果是在国家重点安全基础研究项目、国家自然科学基金项目、中国博士后科学基金项目的支持下取得的，本书的出版得到了爆炸科学与技术国家重点实验室的资助，在此表示感谢。在本书的成书过程中，得到了多位专家、朋友、同行的热心帮助，包括但不限于：高岳博士、刘小明博士、崔一南博士、胡剑桥博士、叶璇博士、曾庆磊博士、卞晓兵、初冬阳、严子铭、黄轶欧、韩昊悦、王一帆，在此一并表示感谢。

在本书编写的过程中，笔者参考了有关 ABAQUS 用户子程序方面的一些资料，特别是参考了 ABAQUS 2020 的帮助文档[1]，受益匪浅，感谢相关作者和开发者的辛勤劳动。

目前，国内尚没有系统介绍 ABAQUS 用户子程序开发及应用的书籍，故可参考的资料甚少，笔者尽最大努力将内容全面、通俗地介绍给读者，以便读者能够快速掌握相关知识和方法，但囿于水平，书中难免有疏漏，敬请广大读者和专家批评指正，并通过电子邮件（wang_tao@bit.edu.cn）与笔者交流。

王　涛

2021 年 1 月于北京理工大学延园

目　录
CONTENTS

第一部分

基于ABAQUS的
有限元子程序基础

第 1 章
ABAQUS 用户子程序概览

ABAQUS 为用户提供了大量的用户子程序，以适应用户的特定分析需求。通过用户子程序，用户可以开发出 ABAQUS 原来并不具备的材料、单元、载荷等，或者干预 ABAQUS 的内核计算过程，以满足自身个性化的分析目的和需求。

ABAQUS 的用户子程序可以采用 C、C++ 或 Fortran 语言来编写。本章主要介绍如何使用 Fortran 语言来开发用户子程序，并简要介绍 C++ 语言的子程序接口[1]。

1.1 Abaqus/Standard 中的用户子程序

虽然开发一个用户子程序并不需要完全理解 ABAQUS 的整体结构，但如果能对 ABAQUS 的整体结构理解得很好，那么对于开发用户子程序、理解有限元的求解过程、合理地解释和分析求解结果是非常有帮助的。

图 1.1 所示为 Abaqus/Standard 从开始分析到一个分析步（Step）结束的整个分析过程

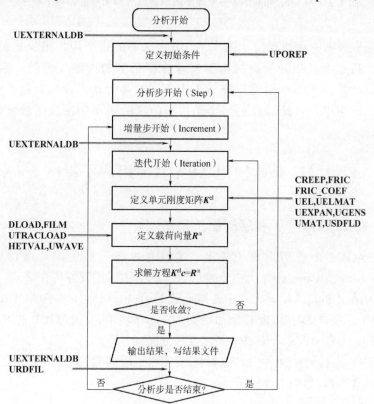

图 1.1 Abaqus/Standard 的总体计算流程和相应的用户子程序调用位置

的流程，以及每个流程所对应的 ABAQUS 的用户子程序。它也显示了很多细节来阐释 Abaqus/Standard 在一个迭代过程中是如何计算单元的刚度等信息的。如图 1.2 所示，对流程中的一个局部进行了更加详细的分解和阐释，这也是有限元求解过程的核心模块——应力应变的更新和单元刚度的计算。

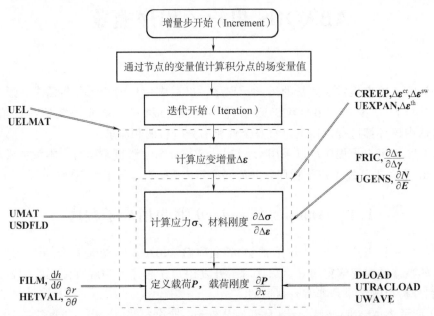

图 1.2　Abaqus/Standard 一个局部的流程细节和相应的用户子程序

在一个增量步的第一次迭代时，图 1.1、图 1.2 中的每个用户子程序被调用了两次。第一次调用时，通过增量步开始时的构型来计算模型的初始刚度矩阵；第二次调用时，通过更新的构型计算一个新的刚度矩阵。在接下来的每个迭代步中，每个子程序只被调用一次，在这次调用中，总是通过上一个迭代步结束时的模型刚度来修正模型当前构型的刚度。

1.2　开始使用 ABAQUS 用户子程序

1.2.1　ABAQUS 用户子程序的配置方法

要想在 ABAQUS 中使用用户子程序，需要先进行一些使用环境的配置。本节以 VS 2013、IVF 2013 SP1 update3、Abaqus 6.14-4 为例进行配置方法介绍。

（1）安装 Visual Studio（VS）、Intel Visual Fortran（IVF）、ABAQUS。建议先安装 VS，再安装 IVF，这样 IVF 就能自动加载到 VS 的环境中。ABAQUS 的安装顺序可以任意，在配置关系上，它和 VS 以及 IVF 是相互独立的。

（2）找到 IVF 的初始化文件及其绝对路径（在下面的路径中，X：是所在盘符，x 是 IVF 版本相关的数字），如表 1.1 所示。

表 1.1　不同版本的 IVF 的初始化文件及其绝对路径

IVF 版本	系统版本	IVF 初始化文件的绝对路径
IVF10.x	32 位，64 位	.../Intel/Compiler/10.x/xxx/bin/ifortvars.bat
IVF11.x	32 位	.../Intel/Compiler/11.x/xxx/bin/ia32/ifort-vars_ia32.bat
IVF11.x	64 位	.../Intel/Compiler/11.x/xxx/bin/intel64/ifortvars_intel64.bat

说明：64 位分为 Intel64 位和 AMD64 位，应根据实际情况来选择软件版本，在此只讨论 Intel64 位。

（3）找到已安装完成的 ABAQUS 所在文件夹下的 Commands 文件夹中的 abqxxx.bat 文件，单击右键，在弹出的快捷菜单中选择"编辑"，打开该文件，在 @echo off 下插入下面这行命令（以 64 位 Intel 系统 IVF11.x 为例）：

```
1 @call "X:\...\Intel\Compiler\11.x\xxx\intel64\ifortvars_intel64.bat"
```

添加后，保存并关闭 abqxxx.bat 文件。

（4）验证。在开始菜单的"Abaqus"文件夹中找到"Abaqus Verification"快捷方式，单击"启动"按钮进行验证。验证结束后，会弹出一个文本文件，记录了各个模块是否验证通过（PASS）。查看 Abaqus/Standard 和 Abaqus/Explicit（单双精度）是否都通过了，若通过，则说明已配置成功。

最后，给出一个具体的配置示例。在这个例子中，各个软件的版本如下：VS 2013、IVF 2013 SP1 update3、Abaqus 6.14-4。

按照顺序安装完成各个软件后，将 abq6144.bat 文件中的内容改为如下即可：

```
1 @echo off
2 @call "C:\Program Files (x86)\Intel\Composer XE 2013 SP1\bin\ifortvars.bat"  intel64 vs2013
3 "C:\SIMULIA\Abaqus\6.14-4\code\bin\abq6144.exe" % *
```

1.2.2　在模型中使用 ABAQUS 用户子程序

在有限元模型中，可采用两种方法使用（调用）ABAQUS 用户子程序。

（1）在 ABAQUS 的 command 命令中使用参数 user，在这个参数后面附上子程序的文件名称。如下：

```
1 abaqus job = my_analysis user = my_subroutine
```

注意：文件 my_subroutine 必须是源文件（在 UNIX 系统下是 my_subroutine.f，在 Windows 操作系统下是 my_subroutine.for）或经过合适的环境编译形成的目标文件（在 UNIX 操作系统下是 my_subroutine.o，在 Windows 操作系统下是 my_subroutine.obj）。

（2）在 Abaqus/CAE 中，设置 Job 模块的属性，用于指定含有用户子程序的文件，如图 1.3 所示。

1.2.3　在一个模型中使用多个用户子程序

由于分析的需要，有可能在一个分析中需要用到多个用户子程序，此时只要将这些用户子程序放到同一个文件中（或编译到同一个目标文件中）即可，也可以将这些子程序写在多

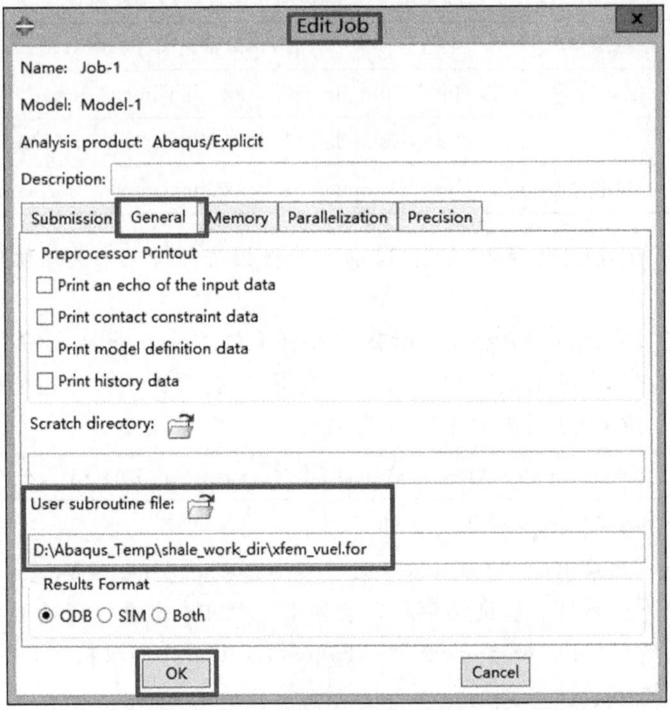

图 1.3 在 Job 模块设置调用 ABAQUS 用户子程序

个文件中，然后用 include 的方式来将这些文件包含到同一个主文件中，在使用时调用这个主文件即可。另外，每个用户子程序在文件中只能出现一次（通过子程序的名称来识别，因此子程序不能重名）。在后续章节中安排有一个模型同时使用多个子程序的例子，供大家进一步学习和参考。

当一个含有用户子程序的有限元分析需要进行重启动分析（restart analyses）时，我们需要重新指定用户子程序。这是因为，在重启动文件（扩展名为 .res）中并没有保存用户子程序的源代码。

1.2.4 编译和链接用户子程序

当一个含有用户子程序的模型被提交给 ABAQUS 分析时，正确的编译和链接命令应该被自动执行。对于不同的运行平台，ABAQUS 正确的编译和链接命令默认存储在环境文件（abaqus_v6. env）中，这个文件位于 abaqus_dir/site 目录下，这里的 abaqus_dir 是 ABAQUS 的安装目录。例如，在 Windows release 的平台环境中，下面的编译和链接命令被定义和存储在 abaqus_v6. env 文件中（路径：abaqus_dir/site/abaqus_v6. env）：

```
1 compile_fortran = ['ifort','/free',
2                '/c','/DABQ_WIN86_64', '/extend-source', '/fpp',
3                '/iface:cref', '/recursive', '/Qauto-scalar',
4                '/QxSSE3', '/QaxAVX',
5                '/heap-arrays:1',
```

```
6                    #'/Od', '/Ob0',      # <-- Optimization Debugging
7                    #'/Zi',              # <-- Debugging
8                    '/include:\ % I']
```

说明：如果遇到编译错误或链接错误，请检查 ABAQUS 环境文件中的编译命令和链接命令（路径：abaqus_dir/site/abaqus_v6. env）。

如果想将子程序提供给他人使用，但不希望他人看到子程序的源代码，在这种情况下，可将子程序的源码编译成 obj 文件提供给他人。在帮助文档里，关于编译的 cmd 命令如下：

```
1 Abaqus make {job = jobName | library = sourceFile}
2              [user = {sourceFile | objectFile}]
3              [directory = libraryDir]
4              [object_type = {fortran | c | cpp}]
```

根据上面的命令进行编译，就可以生成 obj 文件。例如，在当前目录下（如 C:\Temp）编译一个源码为 Fortran 的文件，可以在 cmd 窗口中写成以下形式：

```
1 C:\Temp>abaqus make library = umat. for object_type = fortran
```

编译成功后，会输出以下提示语句：

```
1 Abaqus Job umat. for COMPLETED
```

这时，可以发现在当前目录下生成了目标文件 umat.obj。这个目标文件可以运行子程序，但不会显示源代码。

如果需要在当前目录下编译C++语言的源码文件，那么可以使用下面的命令：

```
1 C:\Temp>abaqus make library = umat_cpp. cpp object_type = cpp
```

编译成功后，可以发现在当前目录下生成的目标文件 umat_cpp. obj。

1.2.5　在子程序里输出结果文件

文件编号为 15～18，以及文件编号大于 100 的文件可以在子程序中被用于读写文件；其他文件编号的文件可能被 ABAQUS 内部的子程序使用（读写），因此在用户子程序中不要使用。

例如，在 Abaqus/Standard 的用户子程序中，用户可以向消息文件（扩展名为 .msg，文件编号为 7）或者打印输出文件（扩展名为 .dat，文件编号为 6）写入 debug 的信息。这些文件在子程序中不需要打开（open），直接写入即可（已经被 ABAQUS 打开了）。然而，文件编号为 6 的文件在 Abaqus/Explicit 中被用于指示状态文件（扩展名为 .sta）。

当一个文件在用户子程序中被打开时，ABAQUS 默认这个文件位于暂存目录中（暂存目录是分析开始时在 C 盘中临时创建的目录）。所以，在子程序中使用"OPEN"语句打开文件时，要指定文件的完整路径名称。

下面的代码示例展示了如何打开、读取、关闭一个外部文件：

```
1 ! 打开文件 OPEN(2200,FILE = outdir(1:lenoutdir)//'/node. txt',IOSTAT = io,action = ' read')
2 ! 检查文件是否打开成功
```

```
3  if ( io / = 0 ) then
4    write( * , * ) "node. txt is not read correctly (initializing subroutine)"
5    stop
6  end if
7
8  ! 从文件中读取数据,存储到变量中,直到文件的结尾
9  node_num = 0
10 do
11     node_num = node_num + 1
12     read(2200, * , IOSTAT = io) allNode(:, node_num)
13     if(io / = 0)exit
14 end do
15 ! 关闭文件
16 close(2200)
```

注意：本书涉及的所有用户子程序 Fortran 文件的源代码，均是采用自由格式（/free）编写的，因为其相对灵活；而 ABAQUS 默认的源代码是固定格式的，需要在环境文件中进行相应设置才能转化成自由格式，具体见后文所述。

1.3　编程技巧和一些好的编程习惯

在 Abaqus/Standard 的用户子程序中，每个用户子程序都必须在形参列表后包含下面的语句以用于指定隐式数据类型和浮点数的单双精度：

```
1  include 'aba_param. inc'
```

对于双精度运算，文件 aba_param. inc 中指定了"implicit real * 8（a-h,o-z）"，也就是以 a～h，o～z 字母开头的变量都是双精度的实数。这个文件位于 ABAQUS 的默认目录中，不需要人为地去找到它并指定它的路径，ABAQUS 会自动找到它。

在 Abaqus/Explicit 中，每个用户子程序都必须在形参列表的后面包含下面的语句，与 Abaqus/Standard 中类似，这也是用来声明隐式类型的变量和指定浮点数的单双精度的：

```
1  include 'vaba_param. inc'
```

注意：事实上，上面的两条语句并不是必需的，但包含这两条语句能避免很多不必要的（且不容易被发现的）错误，这是一种好的编程习惯。通过参数列表传进来的变量，有些是需要计算赋值的（或者说更新的），而有些只是用来被使用的，用户不能改变传进来使用的量的值，否则可能发生未知的错误。

下面是测试用户子程序的一些编程技巧：

（1）尽可能地测试最小的模型。例如，测试用户单元子程序（UEL）时，只测试含有一个单元的模型。

（2）不要引入其他复杂的特性，如接触（除非它对于测试这个子程序是必须引入的）。

（3）在向子程序中继续加入新的模块（代码）之前，测试所有可能的基本的变量，并保证正确。

（4）数组尽量给定大小，随时检查数组是否越界。例如，对每个积分点只定义 8 个 SDV，而程序中却使用（或赋值）了第 10 个 SDV，这就有可能发生不可预知的错误（实际上，ABAQUS 此时会访问某个我们无法控制的内存位置）。

另外，下面的一些编程习惯对于编写漂亮的、可读性高的用户子程序也是非常重要的，在编写用户子程序（特别是编写大型用户子程序）时需要特别注意。这对于后期代码的维护和传承非常重要。

（1）在编写程序前，对要求程序实现的过程进行正式的（或粗略的）设计；对每个重要的公式都至少推导一遍，以确保其理论的正确性。不要在没有任何设计的前提下就开始编写程序。

（2）按照一个固定的命名习惯去命名，包括对文档的命名、对对象变量的命名、对模块的命名。例如，当前模块的命名为 crackSurface 时，将其源文件命名为 crackSurface.f90。

（3）将程序编写到多个文件中，每个文件的代码不要太长；不要将所有程序都写进同一个文件，特别是在子程序非常复杂和庞大的情况下。

（4）在程序的源文件中，为每个主要程序段添加注释，以解释代码的基本逻辑，最好注明程序的构建和修改日期，以及修改的原因。对于代码而言，注释是非常重要的。

（5）定期为程序写说明文档。特别是在程序版本升级之后，一定要更新程序的说明文档。

1.4　解依赖的状态变量

解依赖的状态变量（Solution-Dependent State Variables，SDV）可以被用户定义和使用，并且随着解来演化。用户单元子程序（UEL）中一个典型的 SDVs 是应变（strain）。有很多子程序都有 SDV，SDV 可以被定义为任何传入变量的函数，ABAQUS 负责对其进行存储，由用户对其定义和赋值。

（1）对于大多数用户子程序（如 UMAT、VUMAT），每个积分点（或节点）上的 SDV 的个数通常使用关键字"*DEPVAR"来定义。例如，在 inp 文件中进行如下指定：

```
1  *USER MATERIAL
2  *DEPVAR
3  8
```

在 Abaqus/CAE 中，通过如图 1.4 所示的对话框来设置。

（2）对于用户子程序 UEL、UELMAT 和 VUEL，SDV 的个数不能通过 Abaqus/CAE 界面定义，只能在 inp 文件中通过关键字"*USER ELEMENT"来指定。示例如下：

```
1  *USER ELEMENT,VARIABLES = 8
```

对于用户子程序 FRIC 和 VFRIC，SDV 的个数在 inp 文件中通过关键字"*FRICTION"来指定。示例如下：

```
1  *FRICTION,USER,DEPVAR = 8
```

在 Abaqus/CAE 中，通过如图 1.5 所示的对话框来设置。

此外，对于 SDV，很多时候都需要定义它们的初始值。在 ABAQUS 中，有两种方法可以定义 SDV 的初始值，分别如下：

（1）通过关键字"*Initial Conditions,Type＝Solution"来定义。这种方法可采用表格形式来定义 SDV 的初始值。

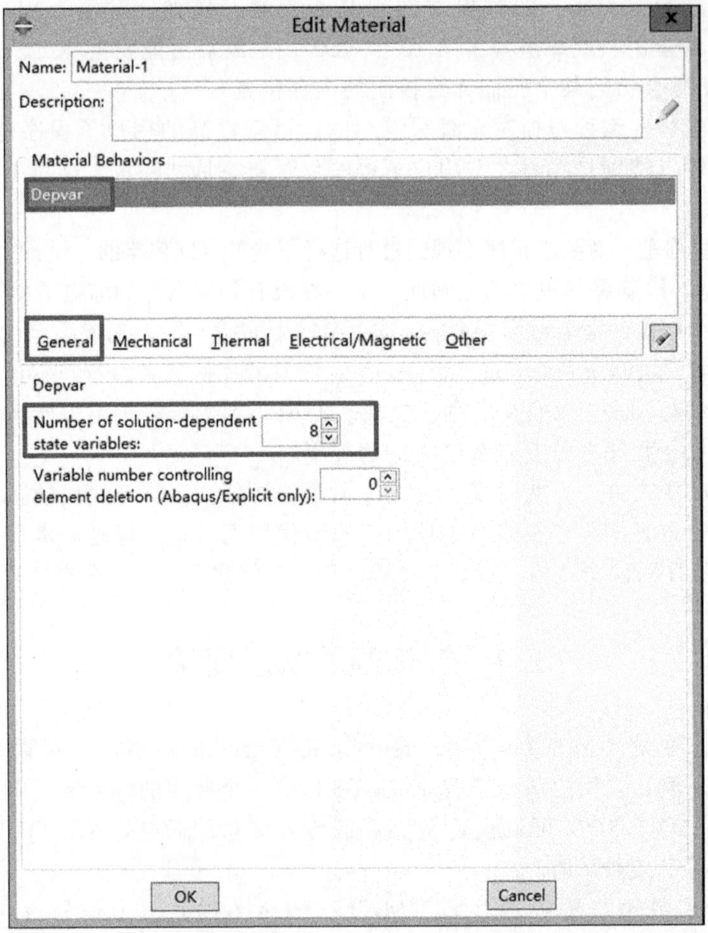

图 1.4　在 Abaqus/CAE 界面中为 UMAT 等子程序设置状态变量的个数

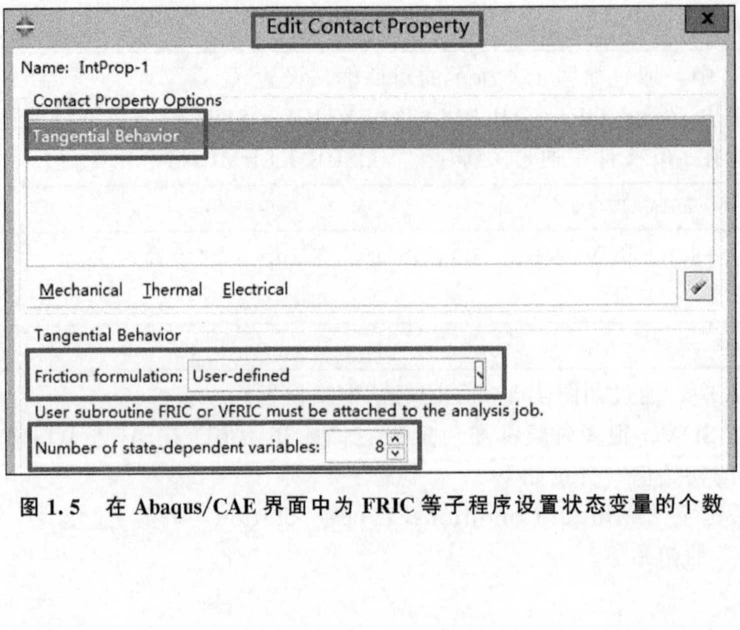

图 1.5　在 Abaqus/CAE 界面中为 FRIC 等子程序设置状态变量的个数

（2）对于更加复杂的情况，可使用用户子程序 SDVINI 来定义 SDV 的初始值（只能在 Abaqus/Standard 中可用）。此时，需在关键字"*InitialConditions，Type＝Solution"后面加上参数"User"，然后编写并调用子程序 SDVINI 来定义 SDV 的初始值。

1.5　用户子程序的调试方法

我们在编写完子程序后，不可避免的，会出现语法、逻辑、算法等方面的错误，从而导致无法达到想要的求解目的，此时就需要调试（debug）用户子程序。对于比较大型的用户子程序（如用户单元子程序 UEL），调试子程序往往是一项巨大的工程，开发者在调试上耗费的时间可能远远超过编写用户子程序所用的时间。那么，有没有一些简便的调试子程序的方法呢？答案是肯定的。一般情况下，有两种调试方法，分别是通过交互界面和输出变量值来调试用户子程序，下面分别进行介绍。

1.5.1　通过交互界面调试子程序

通过下面的步骤，可以实现在交互界面中（Visual Studio）调试 ABAQUS 的用户子程序。

第 1 步，安装 ABAQUS、Visual Studio（VS）、Intel Visual Fortran（IVF），三者的版本应匹配。

第 2 步，编辑环境文件"abaqus_v6.env"。

（1）找到参数"compile_fortran"，添加"/Od"和"/Zi"选项，使得 Intel Visual Fortran compiler 在编译期生成调试符号信息。

（2）找到参数"link_sl"，添加"/debug"选项，使得 Intel Visual Fortran linker 在链接期链接调试符号信息到 .obj 文件。

（3）找到参数"link_exe"，添加"/debug"选项，使得 Intel Visual Fortran linker 在链接期链接调试符号信息。

最终修改的环境文件如下：

```
1  compile_fortran = ['ifort','/free',
2                     '/c','/DABQ_WIN86_64', '/extend-source', '/fpp',
3                     '/iface:cref', '/recursive', '/Qauto - scalar',
4                     '/QxSSE3', '/QaxAVX', '/heap - arrays:1',
5                     '/Od', '/Ob0',   # 初始化调试
6                     '/Zi',           # 调试
7                     '/include:% I']
8  link_sl = ['LINK','/nologo','/NOENTRY','/INCREMENTAL:NO',
9             '/subsystem:console', '/machine:AMD64',
10            '/NODEFAULTLIB:LIBC. LIB', '/NODEFAULTLIB:LIBCMT. LIB',
11            '/DEFAULTLIB:OLDNAMES. LIB', '/DEFAULTLIB:LIBMMD. LIB',
12            '/DEFAULTLIB:LIBIFCOREMD. LIB','/DEFAULTLIB:LIBIFPORTMD. LIB',
13            '/DEFAULTLIB:kernel32. lib', '/DEFAULTLIB:user32. lib',
14            '/DEFAULTLIB:advapi32. lib','/FIXED:NO',
15            '/dll','user32. lib', 'ws2_32. lib', 'netapi32. lib','advapi32. lib',
```

```
16          '/debug', # 调试
17          '/def:%E', '/out:%U', '%F', '%A', '%L', '%B', 'oldnames.lib']
18  link_exe = ['LINK',
19          '/nologo', '/INCREMENTAL:NO', '/subsystem:console',
20          '/machine:AMD64',
21          '/STACK:20000000', '/NODEFAULTLIB:LIBC.LIB',
22          '/NODEFAULTLIB:LIBCMT.LI', '/DEFAULTLIB:OLDNAMES.LIB',
23          '/DEFAULTLIB:LIBIFCOREMD.LIB',
24          '/DEFAULTLIB:LIBIFPORTMD.LIB', '/DEFAULTLIB:LIBMMD.LIB',
25          '/DEFAULTLIB:kernel32.lib',
26          '/DEFAULTLIB:user32.lib', '/DEFAULTLIB:advapi32.lib',
27          '/FIXED:NO', '/LARGEADDRESSAWARE',
28          '/debug', # 调试
29          '/out:%J', '%F', '%M', '%L', '%B', '%O', 'oldnames.lib',
30          'user32.lib', 'ws2_32.lib', 'netapi32.lib', 'advapi32.lib']
```

说明：在上面环境文件的配置中，第 1 行代码中的关键字"/free"表示采用自由格式编译 Fortran 源代码。

第 3 步，准备 job 文件（*.inp）和子程序源代码文件（*.for 或 *.f），在用户子程序源代码文件的合适位置添加一些可以使 ABAQUS 进程暂停执行的代码，并在适当的位置设置断点。有多种方案可以使程序暂停执行，如使用 Sleep 函数、read 语句等。使用 read 语句来暂停程序的示例代码如下：

```
1  if(debug == 1.0)then
2      write(*,*)"Please input an integer:"
3      read(*,*) tempread
4      debug = 0.0
5  endif
```

第 4 步，启动 ABAQUS 命令行窗口，提交命令"Abaqus job = JobName user = SubroutineName int"。如图 1.6 所示，当"standard.exe"进程启动（如果是显式计算，则是"Package.exe"和"Explicit.exe"进程），并且开始等待用户从键盘输入时，在 Visual Studio 单击菜单"调试"→"附加到进程"，在弹出的"附加到进程"对话框中找到"standard.exe"进程，单击"附加"按钮，如图 1.7 所示。此时，Visual Studio 启动调试器。

第 5 步，在图 1.6 所示的命令行窗口中输入任意整数并回车，Visual Studio 会打开一个临时生成的和源文件内容完全相同的临时代码文件，并在设置断点的位置暂停，此时即可开始正常的调试过程，如图 1.8 所示。

以前编写普通应用程序时所使用的调试技巧也可以派上用场，这比通过打开巨大、繁杂的 .msg 和 .dat 数据文件来查找有用信息要方便得多。

1.5.2 通过输出变量值调试子程序

另一种比较简单的调试方式是输出变量值，特别是在基本上确定错误发生的位置和可能涉及的某几个变量的情况下，可以在该处增加输出语句来输出变量的值，将输出结果与预期

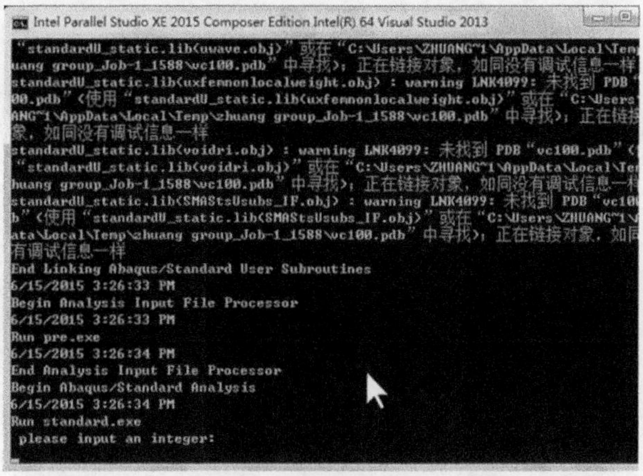

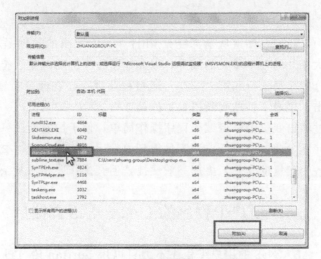

图 1.6　命令行窗口

图 1.7　"附加到进程"对话框

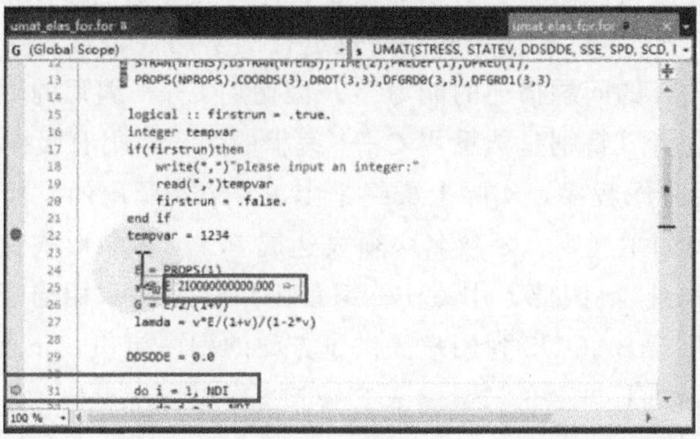

图 1.8　通过 VS 附加到进程调试 ABAQUS 用户子程序

结果进行比较，以判断程序的功能是否达到了预期。如果没有达到，则找出没有达到预期的变量，在程序中查找与该变量相关的语句，定位问题所在进行修改，或者增加更多输出语句来输出与该变量相关的其他变量，以进一步明确并解决问题。下面给出一个具体的例子：

```
1    ! 通过输出变量的值来调试用户子程序
2    hist = allH_glo(jelem(kblock) - NumEle)
3    if(kblock == 1)then
4      write( * , * )"Element:",jelem(kblock) - NumEle," hist:",hist
5    end if
6
7    hist = hist - WO
8    if(hist < 0) hist = 0
9
10   if(hist > 0)then
11     write( * , * )"Element:",jelem(kblock) - NumEle,"  hist:",hist
12     stop
13   end if
```

在上面的例子中，我们想知道从全局变量 allH_glo 中取出的数据是否满足预期，以及获取变量 hist 的值大于 0 的首个单元的编号，以此判断程序的功能是否符合预期，因此增加了两个输出语句（分别在第 4 行和第 11 行），运行程序后，会在命令行窗口输出相应的值。此外，为了简化输出，还增了一些判断语句，如第 3 行。

可以看出，通过输出变量值来调试子程序操作简单，便于快速调试一些小调试问题，但是对于较为复杂的问题，调试效率低，不容易得到内部运行细节；通过交互界面来调试子程序可以实时地监控各个变量的变化，更加高效便捷，但其操作要相对复杂一些。

1.6　用户子程序的 C/C++语言接口

前面已经提到，ABAQUS 的用户子程序不但可以用 Fortran 语言进行编写，也可以用 C++语言来编写。C++是 C 语言的继承，它既可以进行 C 语言的过程化程序设计，又可以进行以抽象数据类型为特点的基于对象的程序设计，还可以进行以继承和多态为特点的面向对象的程序设计。C++不仅具有计算机高效运行的实用性特征，还有提高大规模程序的编程质量与程序设计语言的问题描述的能力[2]，因而用 C++编写的用户子程序也具有上述优点，这对于程序编写者（特别是熟悉用 C++编程的用户）很有吸引力。

用 C++编写的用户子程序，实际上最终是由 Fortran 调用的，所以所编写的用户子程序必须满足 Fortran 的调用规则：函数名必须表达成 Fortran 的形式；传入的参数实际上是实参的引用（或者说地址）。因此，用 C++编写用户子程序，相当于采用 Fortran 语言和 C++语言的混合编程。ABAQUS 为用户提供了方便的程序接口，下面以用户子程序 FILM 为例来进行说明。代码如下：

```
1  // C++语言编写用户子程序的接口
2  # include <aba_for_c. h>    //ABAQUS Fortran 到 C 接口的转换宏
3
4  extern "C"
```

```
5  void FOR_NAME(film) (          //子程序的名称被封装在一个将名称转换为 Fortran 子程序的名称的宏中
6      double(&H)[2],
7      double& SINK,             //传递进来的是参数的引用(地址)
8      double& TEMP,
9      int&    JSTEP,
10     int&    JINC,
11     double(&TIME)[2],
12     int&    NOEL,
13     int&    NPT,
14     double(&COORDS)[3],
15     int&    JLTYPE,
16     double * FIELD,
17     int&    NFIELD,
18     char(&SNAME)[80],
19     int&    JUSERNODE,
20     double& AREA ) {
21     //… 在这里编写后续代码 …
22  }
```

参考该示例，我们只需要将程序的接口按此进行转换，然后用 C++语言的规则编写计算代码，更新必要的变量值，即可完成一套以 C++语言编写的用户子程序。其他用户子程序的 C++语言接口与此类似。

第 2 章

Fortran 语言的基本语法

Fortran 语言最初是由 IBM 的一个团队于 1957 年为科学计算而开发的，后来逐渐发展为一种高级编程语言[3,4]。因其强大而快速的数值计算能力而被广泛应用于工程数值计算[5]，因而早期的有限元程序（或软件）大都是用 Fortran 语言编写的，ABAQUS 也不例外。本章将简要介绍 Fortran 语言的基本概念及其编程代码，以便大家快速形成开发 ABAQUS 用户子程序的基本能力。

2.1　一个简单的 Fortran 语言程序

Fortran 语言程序由程序单元（如一个主程序）、模块和外部子程序或程序的集合构成，每个程序必须包含一个主程序，可以包含其他程序单元，如子程序。Fortran 语言主程序的语法示例如下：

```
1  program program_name
2  implicit none
3
4  ! 声明语句和执行语句代码
5
6  end program program_name
```

接下来，以一个简单的 Fortran 语言程序为例，介绍 Fortran 语言程序的基本结构。该程序的主要功能是对两个实数进行加法运算，并输出计算结果。完整的程序代码如下：

```
1   ! 本程序对两个实数进行加法运算
2   program addNumbers ! 程序名称
3       implicit none
4
5   ! 声明变量为实数
6       real :: number1, number2, add_result
7
8   ! 执行语句
9       number1 = 2.0 ! 给变量 number1 赋值
10      number2 = 3.0 ! 给变量 number2 赋值
11      add_result = number1 + number2 ! 对两个变量求和, 赋值给 add_result 变量
```

```
12    print * ,'两个数的和为：', add_result ！输出提示语句和计算结果
13
14 end program addNumbers
```

在上面的 Fortran 语言程序中，代码后添加了相应的注释，这有助于我们很好地理解程序的逻辑和流程。

在编写 Fortran 语言代码的过程中，需要特别注意以下几点：

（1）Fortran 语言程序都以关键字"program"开始，以关键字"end program"结束，这两句的后面都可以接程序的名称（也可以忽略不写）。

（2）"implicit none"语句要求编译器检查所有变量的声明，使用该语句可以避免编程上的一些低级错误（如变量类型错误）。

（3）若某一行代码以感叹号"！"开始的行或者在行的开头有字母 C，则表示这一行已被注释，它的所有字符都将被编译器忽略。若某一行代码中有感叹号，则表示在感叹号后面的代码已被注释，将被编译器忽略。

（4）命令"print＊"用于在屏幕上显示输出提示语句、结果和数据。

（5）代码行的缩进是保持程序可读性的一个很好的做法。

（6）除了字符串常量外，Fortran 语言不区分字母的大写和小写。对此，很多习惯使用其他程序语言的编写者在转而使用 Fortran 语言编程时会有不适应，导致耗费很多时间用于调试一些低级错误。

2.2　Fortran 语言的基础知识

2.2.1　基本字符集

基本的 Fortran 语言的程序代码是由一些字符集和运算符构成的，这些基本的字符集主要包括 4 类：

（1）字符：A、B、…、Z 和 a、b、…、z。

（2）数字：0、1、…、9。

（3）下划线字符：＿。

（4）特殊字符：＝、：、＋、（空格）、－、＊、/、( )、[ ]、,、.、'、!、"、%、&、;、<、>、?。

2.2.2　标识符

标识符是用于标识变量、过程以及用户自定义项目的名称的符号，可将其简单理解为各种变量的名称。在 Fortran 语言中，标识符的名称必须遵循以下规则：

（1）长度不能超过 31 个字符。

（2）必须由英文字母、数字、字符和下划线构成。

（3）第一个字符必须是英文字母。

说明：Fortran 语言的标识符名称不区分英文字母的大小写。这一点尤其需要注意，否则很容易犯错，把同一个名称的大小写当作两个变量的名称。

2.2.3 关键字

关键字是编程语言中的一些特殊词语，这些词语是编程语言预留的（保留字），它们不能被用作标识符或名称（如变量名）。表 2.1 列出了 Fortran 语言的关键字，供大家参考（注意，这里给出的是 Fortran 90 版本的关键字）。

表 2.1 Fortran 语言的关键字

I/O（输入/输出）相关的关键字				
backspace	close	endfile	format	inquire
open	print	read	rewind	write

非 I/O（输入/输出）相关的关键字				
allocatable	allocate	assign	assignment	block data
call	case	character	common	complex
contains	continue	cycle	data	deallocate
default	do	double precision	else	else if
elsewhere	end block data	end do	end function	end if
end interface	end module	end program	end select	end subroutine
end type	end where	entry	equivalence	exit
external	function	go to	if	implicit
in	inout	integer	intent	interface
intrinsic	kind	len	logical	module
namelist	nullify	only	operator	optional
out	parameter	pause	pointer	private
program	public	real	recursive	result
return	save	select case	stop	subroutine
target	then	type	type()	use
where	while			

2.3 数据类型和运算符

2.3.1 基本的数据类型

Fortran 语言提供了 5 种内在的数据类型，也可以根据需要来自定义数据类型。这 5 种固有的类型为整型、实型、复数型、逻辑型和字符型。

1. 整型

整型（整数类型）变量只能容纳整数数值。示例如下：

```
1  ! 4 字节的整型变量所能保存的数的最大值示例
2  program testingInt
3  implicit none
4
5     integer :: largeval
6     print *, huge(largeval)
7
8  end program testingInt
```

当编译并执行上述代码后，将输出 4 字节的整型变量所能保存的数的最大值，结果如下：

```
1  2147483647
```

说明：这里使用了 Fortran 语言内置的函数 huge()，它可以得到特定的整型变量所能保存的最大的数值。

此外，在声明整型变量时，还可以指定变量使用的字节数（占据的存储空间）。示例如下：

```
1  ! 整型(整数类型)变量示例
2  program testingInt
3  implicit none
4
5     ! 2 字节整型变量
6     integer(kind = 2) :: shortval
7     ! 4 字节整型变量
8     integer(kind = 4) :: longval
9     ! 8 字节整型变量
10    integer(kind = 8) :: verylongval
11    ! 16 字节整型变量
12    integer(kind = 16) :: veryverylongval
13    ! 默认的整型变量
14    integer :: defval
15
16    print *, huge(shortval)
17    print *, huge(longval)
18    print *, huge(verylongval)
19    print *, huge(veryverylongval)
20    print *, huge(defval)
21
22 end program testingInt
```

当编译并执行上述代码后，可以得到输出结果如下：

```
1  32767
2  2147483647
3  9223372036854775807
4  170141183460469231731687303715884105727
5  2147483647
```

从这个例子也可以看出，默认的整型变量用 4 字节来存储。

2. 实型

实型（实数类型）变量存储的是浮点数，如 1.0，3.1415，−214.243 等。实型又可以分为两种不同的类型，即默认实型（又称单精度实型）和双精度实型，它们的区别是存储的长度不同，从而导致浮点数的精度不同。示例如下：

```
1  ! 实型(实数类型)变量程序示例
2  program testreal
3  implicit none
4
5     ! 定义实型变量
6     real :: p, q, realRes
7     ! 定义整型变量
8     integer :: i, j, intRes
9
10    ! 给变量赋值
11    p = 2.0
12    q = 3.0
13    i = 2
14    j = 3
15
16    ! 浮点数除法运算
17    realRes = p/q
18    ! 整数除法运算
19    intRes = i/j
20
21    print *, realRes
22    print *, intRes
23
24 end program testreal
```

当编译并执行上述代码后，将输出结果如下：

```
1 0.666666687
2 0
```

3. 复数型

复数型变量通常用于存储复数变量。一个复数由实部和虚部构成。在 Fortran 语言中，用两个连续的实数来存储复数的这两部分。例如，用 (2.0，−1.0) 表示复数 2.0−1.0i。示例如下：

```
1 ! 复数类型变量的示例
2 complex :: com1        ! 声明
3 com1 = (2,-1)          ! 赋值
4 write(*,*)com1         ! 输出
```

当编译并执行上述代码后（忽略了程序开头和结尾），将输出结果如下：

```
1 (2.000000,-1.000000)
```

4. 逻辑型

逻辑型变量只有两个逻辑值，即 .true. 和 .false.。示例如下：

```
1 ! 逻辑类型变量的示例
2 logical :: isRight
3 isRight = .true.
4 write( * , * )isRight
```

当编译并执行上述代码后（忽略了程序的开头和结尾），将输出结果如下：

```
1 T
```

这里 T 代表 .true.。

5. 字符型

字符型变量用于存储字符和字符串。字符串的长度可以通过 len 来指定，如果没有指定长度，则其长度是 1。示例如下：

```
1 ! 字符类型变量的示例
2 character（len=65）:: name
3 name = "Wang Tao"
4 write( * , * )name(1:4)
```

运行后，表达式"name(1:4)"将得到子串"Wang"。

说明： Fortran 语言允许隐式地定义数据类型，也就是说，不必在使用前声明变量的类型。如果一个变量没有声明类型而被直接使用了，则将根据其名称的第一个字母来确定其类型。以字母 i、j、k、l、m、n 为首字母命名的变量被认为是整型变量，首字母为其他字母的变量都是实型变量。

但是一般不建议这样来编写代码，因为这样很容易把某些变量使用错误，而得到错误结果却很难被发现。我们应该声明所有变量的类型，这样才是一个良好的编程习惯。因此，建议在程序的开始加上如下语句：

```
1 implicit none
```

这条语句将关闭隐式数据类型的声明。此时如果程序中有未声明的变量，则程序在编译时会报错，从而可以被及时被发现并改正。

2.3.2 运算符

运算符是一个符号，编译器会根据它来执行特定的数学操作或逻辑操作。Fortran 语言提供的运算符分为算术运算符、关系运算符和逻辑运算符。

1. 算术运算符

算术运算符即算术运算符号，是完成基本的算术运算（arithmetic operators）的符号，也就是用来处理四则运算的符号。表 2.2 列出了 Fortran 语言支持的所有算术运算符及其计算示例，假设变量 a=2、b=3。

表 2.2　Fortran 语言支持的所有算术运算符

运算符	描述	示例
＋	加法运算符，两个操作数相加	a＋b＝5
－	减法运算，第一个操作数减去第二个操作数	a－b＝－1
＊	乘法运算符，两个操作数相乘	a＊b＝6
/	除法运算符，第一个操作数除以第二个操作数	a/b＝0
＊＊	乘方运算，计算第一个操作数的幂（以第二个操作数为指数）	a＊＊b＝8

2. 关系运算符

关系运算符是对两个表达式进行比较，返回一个布尔值（.true./.false.）。表 2.3 列出了 Fortran 语言支持的所有关系运算符及相应的运算示例，假设变量 a＝2、b＝3。

表 2.3　Fortran 语言支持的所有关系运算符

运算符	字母符	描述	示例
＝＝	.eq.	检查两个操作数的值是否相等，如果是，则条件为真（.true.）	（a＝＝b）为 .false.
/＝	.ne.	检查两个操作数的值是否相等，如果值不相等，则条件为真（.true.）	（a!＝b）为 .true.
＞	.gt.	检查左操作数的值是否大于右操作数的值，如果是，则条件为真（.true.）	（a＞b）为 .false.
＜	.lt.	检查左操作数的值是否小于右操作数的值，如果是，则条件为真（.true.）	（a＜b）为 .true.
＞＝	.ge.	检查左操作数的值是否大于或等于右操作数的值，如果是，则条件为真（.true.）	（a＞＝b）为 .false.
＜＝	.le.	检查左操作数的值是否小于或等于右操作数的值，如果是，则条件为真（.true.）	（a＜＝b）为 .true.

3. 逻辑运算符

逻辑运算符可以将两个（或多个）关系表达式连接成一个，或使表达式的逻辑反转。在 Fortran 语言中，逻辑运算符只能作用于逻辑变量，即只能作用于值为 .true. 或 .false. 的变量上。表 2.4 列出了 Fortran 语言支持的所有逻辑运算符及相应的运算示例，假设变量 a＝.true.、b＝.false.。

表 2.4　Fortran 语言支持的所有逻辑运算符

运算符	简述	描述	示例
.and.	与	如果两个操作数都为真（.true.），则条件为真；只要有一个为假（false），则条件为假	（a.and.b）为 .false.
.or.	或	如果两个操作数有一个为真（.true.），则条件为真（.true.）；如果两个操作数都为假，则条件为假	（a.or.b）为 .true.

运算符	简述	描述	示例
.not.	非	如果操作数为真（.true.），则条件为假（.false.）；如果操作数为假（.false.），则条件为真（.true.）	(.not.a) 为 .false.
.eqv.	相等	用于检查两个操作数是否等价。如果两个操作数相同，则为真（.true.），否则为假（.false.）	(a.eqv.b) 为 .false.
.neqv.	不等	用于检查两个操作数的非对等。如果两个操作数不相同，则为真（.true.），否则为假（.false.）	(a.eqv.b) 为 .true.

通过表 2.5 可以更直观地理解各个逻辑运算符的运算规则和逻辑。

表 2.5　逻辑运算符的真假表

运算符	操作数 1	操作数 2	结果
.not.	.true.	—	.false.
	.false.	—	.true.
.and.	.true.	.true.	.true.
	.true.	.false.	.false.
	.false.	.true.	.false.
	.false.	.false.	.false.
.or.	.true.	.true.	.true.
	.true.	.false.	.true.
	.false.	.true.	.true.
	.false.	.false.	.false.
.eqv.	.true.	.true.	.true.
	.true.	.false.	.false.
	.false.	.true.	.false.
	.false.	.false.	.true.
.neqv.	.true.	.true.	.false.
	.true.	.false.	.true.
	.false.	.true.	.true.
	.false.	.false.	.false.

2.3.3　运算符的优先级

Fortran 通过运算符的优先级来确定表达式中的运算顺序，某些运算符的优先级高于其他一些运算符。示例：表达式"x＝7＋3＊2;"运算后得到的 x 的结果是 13，而不是 20。这是因为，乘法运算符"＊"的优先级高于加法运算符"＋"，所以该表达式先计算 3＊2，再将所得结果加上 7。

表 2.6 按照运算符的优先级列出了 Fortran 语言中的主要运算符，具有最高优先级的运算符列在表的顶部，依次往下，运算符的优先级逐渐降低。在一个表达式中，高优先级的运算符将首先被计算。

表 2.6 Fortran 语言中的主要运算符及其优先级（从高到低）

分类	运算符	关联关系
逻辑非、负号	.not. 、（一）	从左到右
幂	＊＊	从左到右
乘除法	＊、／	从左到右
加减	＋、－	从左到右
大于、小于关系	＜、＜＝、＞、＞＝	从左到右
相等、不等	＝＝、！＝	从左到右
逻辑与	.and.	从左到右
逻辑或	.or.	从左到右
赋值	＝	从右到左

2.4 条件语句和循环语句

2.4.1 条件语句

1. if…then 语句

if…then 语句有一个逻辑表达式，后接一个（或多个）语句和终止语句 end if。基本语法如下：

```
1 if (logical expression) then
2     ! statement
3 end if
```

我们也可以给 if…then 语句块一个具体的名称，有名称的 if…then 语句块的语法如下：

```
1 [name:] if (logical expression) then
2     ! various statements
3     ! ...
4 end if[name]
```

如果逻辑表达式的计算结果为 true，那么 if…then 语句块内的代码就会被执行；如果逻辑表达式的计算结果为 false，那么 if…then 语块内的代码就会被跳过，不会被执行。通过流程图可以更清晰地理解 if…then 语句，其流程图如图 2.1 所示。

下面给出一个 if…then 语句的具体例子：

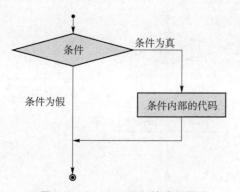

图 2.1　if…then 语句的流程图

```
1  ! if…then 语句示例
2  program ifTest
3  implicit none
4     ! 声明局部变量
5     integer :: x = 5
6
7     ! 检查 if 语句的逻辑条件是否满足
8     if ( x < 15 ) then
9        ! 如果 if 条件满足,则输出下面的语句
10       print * , "x is less than 15"
11    end if
12
13    print * , "value of x is", x
14  end program ifTest
```

编译并执行上述程序，得到如下结果：

```
1  x is less than 15
2  value of x is 5
```

2. if…then…else 结构

if…then 语句后可以接一个可选的 else 语句，如果 if 的逻辑表达式为假，则 else 后面的语句会被执行。语法结构如下：

```
1  if ( logical expression ) then
2     ! statement(s)
3  else
4     ! other_statement(s)
5  end if
```

如果逻辑表达式的计算结果为真，则 if…then 语句会被执行，而 else 语句块中的代码不会执行；否则该语句块将被执行，而前面语句块中的语句会被忽略。if…then…else 语句体的流程图如图 2.2 所示。

下面给出一个 if…then…else 语句的具体例子：

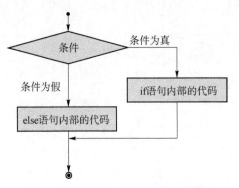

图 2.2　if…then…else 语句的流程图

```
1   ! if…then…else 语句示例
2   program ifElseTest
3   implicit none
4      ! 声明局部变量
5      integer :: x = 50
6
7      ! 检查 if 语句的逻辑条件是否满足
8      if ( x < 25 ) then
9         ! 如果 if 条件满足,则执行下面的语句
10        print * , "x is less than 25"
11     else
12        print * , "x is not less than 25"
13     end if
14
15     print * , "value of x is", x
16
17  end program ifElseTest
```

编译并执行上述程序,得到如下结果:

```
1   x is not less than 25
2   value of x is 50
```

3. if…else if…else 语句

if 语句体可有一个(或多个)可选的 else if 结构。若 if 条件不满足,则紧跟的 else if 语句会被执行。若 else if 还是不满足,则其下一个 else if 语句(如果有)会被执行,以此类推。整个语句体的最后可以放置一个 else 语句,若上述条件均不为真,则执行这个 else 语句块中的代码。使用 if…else if…else 语句时,需要注意以下几点:

(1) 所有 else 语句(包括 else if 和 else)都是可选的。

(2) else if 可以出现(使用)一次或多次。

下面给出一个使用 if…else if…else 语句的例子:

```fortran
1  ! if…else if…else 语句示例
2  program ifElseIfElseTest
3  implicit none
4
5    ! 声明局部变量
6    integer :: x = 40
7
8    ! 使用 if 语句检查逻辑条件
9    if( x == 10 ) then
10     ! 如果前面的逻辑条件为真,则执行下面的语句
11     print *, "Value of x is 10"
12   else if( x == 20 ) then
13     ! 如果 x 等于 20,则执行下面的语句
14     print *, "Value of x is 20"
15   else if( x == 30 ) then
16     ! 如果 x 等于 30,则执行下面的语句
17     print *, "Value of x is 30"
18   else
19     ! 如果前面的逻辑条件都不为真,则会执行下面的语句
20     print *, "None of the values is matching"
21   end if
22
23   print *, "exact value of x is", x
24
25 end program ifElseIfElseTest
```

编译并执行上述程序，得到如下结果：

```
1  None of the values is matching
2  exact value of x is 40
```

4. 嵌套 if 语句

嵌套 if 语句是指在一个 if（或 else if）语句的内部可以使用另一个 if（或 else if）语句。嵌套 if 语句的语法如下：

```fortran
1  if (logical_expression 1) then
2    ! 如果逻辑判断为真,则执行内部的语句块,内部语句块包含另一个 if 语句块
3    ! …
4    if(logical_expression 2)then
5    ! 如果逻辑判断为真,则执行这个 if 语句内部的语句块
6    ! …
7    end if
8  end if
```

下面给出一个具体的采用嵌套 if 语句的例子：

```
1  ! 嵌套 if 语句代码示例
2  program nestedIfTest
3  implicit none
4     ! 声明局部变量
5     integer :: x = 10, y = 20
6
7     ! 使用 if 语句来检查逻辑条件
8     if( x == 10 ) then
9        ! 检查下一个逻辑条件。注意：这里有缩进，合适的缩进可以提高代码的可读性
10       if( y == 20 ) then
11          ! 如果内部的 if 条件为真，则执行下面的语句
12          print * , "Value of x is 10 and y is 20"
13       end if
14    end if
15
16    print * , "exact value of x is", x
17    print * , "exact value of y is", y
18
19 end program nestedIfTest
```

编译并执行上述程序，得到如下结果：

```
1  Value of x is 10 and y is 20
2  exact value of x is 10
3  exact value of y is 20
```

2.4.2 循环语句

循环语句是 Fortran 语言编程时被频繁使用的一种语法结构。使用循环语句，只需几条语句就能快速处理大量相似的问题。

一般情况下，Fortran 程序中的语句是顺序执行的，即先执行一个函数的第一条语句，然后执行第二条语句……。然而，有时需要程序多次执行同一个代码块，此时就要用到循环语句。

Fortran 程序语言提供了多种循环控制结构，用于完成更加复杂的执行路径。图 2.3 所示为一个典型的循环语句的一般流程形式。

Fortran 程序语言提供了以下三种类型的循环结构来满足各种复杂的循环执行路径的要求：

1）do 循环

当一个给定的条件为真时，该循环体内部的语句会被迭代执行，它是使用得最广泛的循环结构。

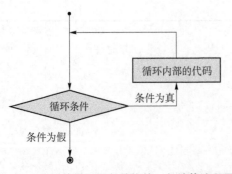

图 2.3 典型的循环语句结构的一般计算流程图

2）do while 循环

该循环与 do 循环类似，只是它检查的条件在循环体执行代码之前，也就是它的执行代码可能会一次都不被执行。

3）内嵌循环

内嵌循环是指在一个循环体的内部再使用一个（或多个）循环体结构，从而达到多层嵌套循环的目的。

在循环执行的过程中，我们可能需要改变循环结构的执行顺序（如在满足某个条件后跳出循环），此时就需要用到循环控制语句。Fortran 语言中提供了三种循环控制语句来干预循环的过程，分别如下：

1）exit

若循环执行的过程中遇到 exit 语句，则程序会退出该层循环，转而执行该层循环后紧接着的第一个语句。注意，如果是多层嵌套循环，则只会退出 exit 语句所属的那层循环。

2）cycle

若循环执行的过程中遇到 cycle 语句，则程序不再执行循环体中剩下的语句，而是返回循环的初始位置去检查下一次循环的条件，如果满足，则继续下一个循环迭代。

3）stop

如果想终止整个程序，则可以在要终止的位置插入 stop 语句。stop 语句不限于在循环体内部使用，可以在程序的任意位置使用。

1. do 循环结构

当给定的条件为真时，do 循环结构会重复地执行一条语句或一系列语句。do 循环的语法结构如下：

```
1 do i = start, stop[,step]
2    ! statement(s)
3    ! …
4 end do
```

在使用 do 循环结构的过程中，需要注意以下几点：

（1）循环变量 i 必须是一个整数。

（2）start 是循环变量的初始值。

（3）stop 是循环变量的最终值。

（4）step 是循环变量在循环过程中的增量，如果它被省略，则变量 i 在每个循环结束后会增加 1。

示例如下：

```
1 ! 计算阶乘代码示例
2 do n = 1, 6
3    nfact = nfact * n
4    ! 输出 n 和它的阶乘
5    print *, n, " ", nfact
6 end do
```

do 循环结构的流程图如图 2.4 所示。

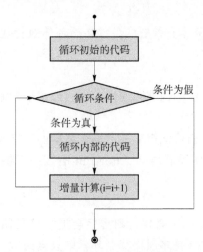

图 2.4　do 循环结构的流程图

下面是 do 循环语句执行的详细过程：

（1）初始时初始步首先被执行，并且仅执行一次。这一步可以声明和初始化任何循环控制变量。在示例代码中，循环控制变量 i 被初始化为 1。

（2）接下来计算循环的条件。如果为 .true.，则执行循环体；如果是 .false.，则循环体不执行，直接跳转到循环体后面的语句继续执行，在这种情况下，该条件就是循环控制变量 i 达到了其最终值 stop。

（3）循环体内部代码被执行后，控制流跳转回第 2 行代码。在示例代码中，这条语句可以更新循环控制变量 i。

（4）重新检查条件是否满足。如果条件结果为 .true.，则重复上述循环体执行的过程（执行循环体，再递增一步，然后判断条件），直到条件结果为 .false.，此时循环控制变量 i 达到了其最终值 stop，循环终止。

下面给出一个例子，这个例子将通过循环语句输出数字 11～15：

```
1  ! do 循环结构示例
2  program printNum
3  implicit none
4
5    ! 定义循环控制变量
6    integer :: n
7
8    do n = 11, 15
9      ! 输出 n 的值
10     print * , n
11   end do
12
13 end program printNum
```

编译并执行上述代码，输出的结果如下：

```
1  11
2  12
3  13
4  14
5  15
```

2. do…while 循环结构

当 do…while 循环中给定的条件为真时，它会重复执行内部的一条语句或一组语句。它的判断条件在循环体之前，所以 do…while 循环内的语句有可能一次都没有被执行。语法结构如下：

```
1  do while (logical expr)
2    ! statements
3  end do
```

do…while 循环结构的计算流程图如图 2.5 所示。

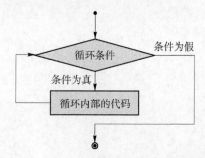

图 2.5　do…while 循环结构的计算流程图

下面给出一个具体的例子，这个例子通过循环结构来计算并分别输出了数字 1～6 的阶乘：

```
1  ! do…while 循环结构示例
2  program factorial
3  implicit none
4
5    ! 定义变量
6    integer :: nfact = 1
7    integer :: n = 1
8
9    ! 计算阶乘
10   do while (n <= 6)
11     nfact = nfact * n
12     n = n + 1
13     print *, n, " ", nfact
14   end do
15 end program factorial
```

编译并执行上述代码，输出的结果如下：

```
1 1          1
2 2          2
3 3          6
4 4          24
5 5          120
6 6          720
```

3. 嵌套循环

在编写 Fortran 程序时，可以在一个（或多个）循环结构中嵌套任何其他循环结构，也可以把标签放入循环。语法结构如下：

```
1  !嵌套循环的代码示例
2  [iloop:] do i = 1, 3
3    print * , "i:", i
4
5    [jloop:] do j = 1, 3
6      print * , "j:", j
7
8      [kloop:] do k = 1, 3
9        print * , "k:", k
10
11       end do [kloop]
12    end do [jloop]
13 end do [iloop]
```

2.5 向量和矩阵乘法函数

在 ABAQUS 的 Fortran 子程序中，通常涉及大量的数值计算和操作，特别是向量和矩阵的乘法操作。熟练使用 Fortran 内置的向量和矩阵乘法函数，对于提高子程序的计算效率和程序的可读性非常重要。

Fortran 语言内置的向量乘法函数和矩阵乘法函数的程序头和功能分别描述如下：

1）dot_product(vector_a,vector_b)

功能：返回两个输入向量的点积运算（结果是一个标量）。这两个输入向量必须具有相同的长度。

2）matmul(matrix_a,matrix_b)

功能：返回两个矩阵的矩阵乘积。这两个矩阵必须是能够进行矩阵乘法运算的，即第一个矩阵的列数等于第二个矩阵的行数。例如，两个矩阵的大小分别为 $m \times k$ 和 $k \times n$，计算结果为一个 $m \times n$ 大小的矩阵。

2.5.1 向量点积运算实例

Fortran 有内置的向量点积的函数 dot_product，下面用一个实例演示两个向量的点积操作，这两个向量分别为

$$a=(1,2,3,4,5),\quad b=(2,4,6,8,10) \tag{2.1}$$

则两个向量的点积结果为：$a \cdot b = 110$。程序代码如下：

```fortran
1  ! 向量点积的程序代码示例
2  program arrayDotProduct
3    real, dimension(5) :: a, b
4    integer:: i, asize, bsize
5
6    asize = size(a)
7    bsize = size(b)
8
9    do i = 1, asize
10     a(i) = i
11   end do
12
13   do i = 1, bsize
14     b(i) = i * 2
15   end do
16
17   Print *, '向量点积操作：dot_product：'
18   Print *, dot_product(a, b)
19 end program arrayDotProduct
```

编译并执行上述代码，输出结果如下：

```
1  向量点积操作：dot_product：
2  110.000000
```

2.5.2 矩阵乘法运算实例

Fortran 有内置的矩阵乘法的函数 matmul。下面通过一个实例来演示两个矩阵的乘法函数的使用方法，这两个矩阵分别为

$$A=\begin{pmatrix} 2 & 3 & 4 \\ 3 & 4 & 5 \\ 4 & 5 & 6 \end{pmatrix}, B=\begin{pmatrix} 1 & 2 & 3 \\ 2 & 4 & 6 \\ 3 & 6 & 9 \end{pmatrix} \tag{2.2}$$

则这两个矩阵相乘的结果为

$$A \cdot B=\begin{pmatrix} 20 & 40 & 60 \\ 26 & 52 & 78 \\ 32 & 64 & 96 \end{pmatrix} \tag{2.3}$$

程序代码如下：

```fortran
1  ! 矩阵相乘的代码示例
2  program matMulTest
3    integer, dimension(3,3) :: A, B, C
4    integer :: i, j
```

```
5
6      ! 赋值矩阵 A
7      do i = 1, 3
8        do j = 1, 3
9          A(i, j) = i + j
10       end do
11     end do
12
13     ! 赋值矩阵 B
14     do i = 1, 3
15       do j = 1, 3
16         B(i, j) = i * j
17       end do
18     end do
19
20     ! 通过矩阵乘法函数实现两个矩阵相乘
21     C = matmul(A, B)
22
23     print * , '矩阵乘法:两个矩阵的乘积为:'
24     do i = 1, 3
25       do j = 1, 3
26         print * , C(i, j)
27       end do
28     end do
29 end program matMulTest
```

编译并执行上述代码，输出结果如下：

```
1  矩阵乘法:两个矩阵的乘积为:
2  20
3  40
4  60
5  26
6  52
7  78
8  32
9  64
10 96
```

2.6　文件的操作

　　Fortran 语言既可以从文件读取数据，也可以将数据写入文件。在编写 ABAQUS 的子程序时，我们常常需要将计算得到的结果写入文件，以进一步利用其他后处理软件进行可视化。Fortran 语言对文件的操作十分灵活，主要是通过 open、write、read、close 等函数来实现文件的打开（open）、写入（write）、读取（read）和关闭（close）等操作。

2.6.1　打开和关闭文件

在使用文件之前，必须打开该文件。在 Fortran 语言中，通过 open 函数打开文件。open 函数的最简单形式表达如下：

```
1 !文件打开示例
2 open(unit = number, file = "filename")
```

一般的 open 语句则可以含有很多参数，以满足用户更加个性化写入（或读取）文件的需要。表 2.7 列出了 open 语句常用的一些参数及其意义。

表 2.7　open 语句常用的一些参数及其意义

参数使用 （不区分大小写）	描述
UNIT＝number	文件标识符 number 用于代替该打开的文件，它可以是任何数字，但在程序中每个打开的文件必须有一个唯一的标识符
IOSTAT＝ios	它是 I/O 状态标识符，是一个整数。如果文件被成功打开了，则返回的 ios 的值为 0，否则返回一个非零的值
ERR＝errlabel	当文件打开错误时，如果指定了这个参数（标签），则程序跳转到该标签处继续执行
FILE＝filename	文件名称（包含绝对路径或者相对路径），是一个字符串，用于指定要打开的文件的位置和名称
STATUS＝sta	用来说明要打开的文件的状态（是已存在的还是新建的），此参数可以有三个值：NEW（新建的），OLD（已存在的）或 SCRATCH（表示要打开一个暂存盘，此时不需要指定文件名，由程序自动指定，结束后文件被自动删除）
ACCESS＝acc	用于指定该文件的访问模式。它有两个值，为 SEQUENTIAL（顺序访问，即读取时按顺序读取，不需要给定读取位置）或 DIRECT（直接访问，即读取时给定位置，按位置读取）。默认值是 SEQUENTIAL
FORM＝frm	表示该文件的存储格式。它有两个值，为 FORMATTED（表示文件按文本文件存储）或 UNFORMATTED（表示文件按二进制存储）。默认值是 UNFORMATTED
RECL＝length	在直接访问模式中指定的一个直接访问的长度（一次可以读取多大容量的数据），在文本格式下，length 的单位为 1 个字符，在二进制格式下，其单位根据编译器决定，一般可能为 1 字节（G77）或 4 字节（Visual Fortran）

文件打开后，由 read 和 write 语句来访问它以进行读取和写入操作，一旦操作完成，就应该使用 close 语句关闭文件。close 语句的语法如下：

```
1 !文件关闭示例
2 close([UNIT = ]u[,IOSTAT = ios,ERR = err,STATUS = sta])
```

注意：方括号中的参数是可选的，通常情况下，只需要给定文件的代号 number 就可以了。

下面给出一个具体的例子来演示如何实现打开文件并写入一些数据，然后关闭该文件的整个操作过程。代码如下：

```fortran
1  ! 打开文件、写入数据、关闭文件的全过程示例
2  program fileOperateTest
3  implicit none
4
5     real, dimension(50) :: x, y
6     real, dimension(50) :: p, q
7     integer :: i
8
9     ! 构造数据
10    do i = 1,50
11       x(i) = i * 0.1
12       y(i) = sin(x(i)) * (1-cos(x(i)/3.0))
13    end do
14
15    ! 打开文件,并将数据写入文件
16    open(2018, file = 'output.dat', status = 'new')
17    do i = 1,50
18       write(2018, * ) x(i), y(i)
19    end do
20
21    ! 关闭文件
22    close(2018)
23
24 end program fileOperateTest
```

编译并执行上述代码，它会在当前目录下创建文件 output.dat，然后将数组 x 和 y 的值依次写入文件，最后关闭该文件。

2.6.2　读取和写入文件

读取（read）和写入（write）语句分别用于从文件读取数据和将数据写入文件。它们的语法如下：

```fortran
1 read ([UNIT = ]u,[FMT = ]fmt, IOSTAT = ios, ERR = err, END = s)
2 write([UNIT = ]u,[FMT = ]fmt, IOSTAT = ios, ERR = err, END = s)
```

其中，大部分参数已经在 open 函数中进行了说明；"END＝s"说明是程序跳转，当它到达文件结束，声明标签。

下面的例子演示了读取和写入文件操作。在这个程序中，先创建一个新的文件 output.dat，将数据写入文件并关闭文件，然后重新打开文件并从中读取数据，最后在屏幕上显示读取的数据。

```fortran
1  ！文件读取和写入示例
2  program readwriteTest
3  implicit none
4
5    real, dimension(50) :: x, y
6    real, dimension(50) :: p, q
7    integer :: i
8
9    ！构造数据
10   do i = 1,50
11     x(i) = i * 0.1
12     y(i) = sin(x(i)) * (1-cos(x(i)/3.0))
13   end do
14
15   ！将数据写入一个文件中
16   open(2018, file = 'output.dat', status = 'new')
17   do i = 1,50
18     write(2018, * ) x(i), y(i)
19   end do
20   close(2018)
21
22   ！打开文件并读取数据
23   open (2019, file = 'output.dat', status = 'old')
24
25   do i = 1,50
26     read(2019, * ) p(i), q(i)
27   end do
28
29   close(2019)
30
31   ！将数据显示到屏幕上
32   do i = 1,50
33     write( * , * ) p(i), q(i)
34   end do
35
36 end program readwriteTest
```

注意：一般在进行编程时，文件打开并读写完毕后应及时关闭文件，即一个 open 语句对应一个 close 语句（如上面代码中的第 15 行对应第 19 行，第 22 行对应第 28 行），这样就可以避免一些不必要的文件操作和读写错误。

编译并执行上述代码，它会在当前目录下创建文件 output.dat，然后将数组 x 和 y 的值依次写入该文件，再关闭该文件，最后会在屏幕上显示数据（write 语句），由于输出数据较多，在此不再给出程序运行后的屏幕输出。

第 3 章
用户子程序 DFLUX 及其应用

在传热和质量扩散分析中，常涉及复杂的边界条件[6,7]，此时，ABAQUS 提供的创建边界条件的功能无法满足用户需求，则需要借助用户子程序 DFLUX 来实现。

本章首先介绍用户子程序 DFLUX 的接口，然后用两个例子分别展示如何通过用户子程序 DFLUX 来定义复杂的传热和质量扩散边界。

3.1 用户子程序 DFLUX 简介

ABAQUS 中的用户子程序 DFLUX 有以下两个功能：

（1）在热传导分析（hcat transfcr）中用于定义非均匀分布的热流边界条件。

（2）在质量扩散分析（mass diffusion）中用于定义非均匀分布的质量流边界条件。

在 ABAQUS 中，用户子程序 DFLUX 的 Fortran 接口如下：

```
1   !用户子程序 DFLUX 的接口
2   SUBROUTINE DFLUX(FLUX,SOL,JSTEP,JINC,TIME,NOEL,NPT,COORDS, &
3   JLTYP,TEMP,PRESS,SNAME)
4
5   INCLUDE 'ABA_PARAM. INC'
6
7   DIMENSION FLUX(2), TIME(2), COORDS(3)
8   CHARACTER * 80 SNAME
9
10  !编写代码来定义变量 FLUX(1)和 FLUX(2)
11
12  RETURN
13  END
```

我们可以在上面代码的注释位置根据求解需求和推导的公式来编写用户子程序。在编写用户子程序 DFLUX 时，需要定义 FLUX 变量（数组）的两个分量——FLUX(1)、FLUX(2)。

● FLUX(1)：表示从当前点（积分点）流入的流量幅值 q。在热传导分析中，该流量可以是表面热流或者体积热流；在质量扩散分析中，该流量可以是表面质量流量或者体积质量流量。

● FLUX(2)：表示流量的变化率，这个量的值不影响计算结果，但会影响计算的收敛性（类似于用户子程序 UMAT 的 DDSDDE 变量），如果这个量定义得不好或者不正确，程序的收敛性就会很差（甚至不收敛）。在热传导分析中，它是 $dq/d\theta$；在质量扩散分析中，它是 dq/dc。

3.2　用用户子程序 DFLUX 求解热传导问题

用户子程序 DFLUX 可以用于模拟热传导问题中复杂的边界条件。下面以一个典型的含有较为复杂边界条件的热传导问题为例，展示如何使用用户子程序 DFLUX 模拟热传导问题。

3.2.1　热传导问题描述

考虑一个单位大小的物块，含有 6 个 DC2D8 单元，物块 A 边的温度随时间线性增加到 θ_A，物块 B 边给定一个随温度 θ_B 变化的非均匀分布的热流 q_B，$q_B = -k\theta_B$，其中 k 是材料的热传导率。求解 B 边的温度分布，并将其与解析解进行比较。

3.2.2　复杂边界下热传导问题的解析解

本问题解析解的求解思路：将这个问题看作一维（1D）稳态热传导问题，由能量平衡条件可以得到

$$q = -k\frac{\partial \theta}{\partial y} = -k\frac{\theta_A - \theta_B}{\Delta y} = q_B = -k\theta_B \tag{3.1}$$

整理可得

$$\frac{\theta_A - \theta_B}{\Delta y} = \theta_B \tag{3.2}$$

又因 $\Delta y = 1$，故由式（3.2）可以解得：$\theta_B = \theta_A/2$。该解析解可用于接下来子程序的计算结果验证。

3.2.3　用户子程序 DFLUX 实现复杂热传导边界

本小节进行有限元建模和计算。因为 B 边的边界条件较复杂，无法直接在 ABAQUS 中建模实现，所以这里采用用户子程序 DFLUX 来模拟 B 边的边界条件，模型示意如图 3.1 所示，子程序在 Abaqus/CAE 界面中的设置如图 3.2 所示。

模拟 B 边的边界条件的用户子程序 DFLUX 代码如下：

```
1      ！温度相关的对流边界条件的用户子程序 DFLUX 实现
2      SUBROUTINE DFLUX(FLUX,SOL,JSTEP,JINC,TIME,NOEL,NPT,COORDS,JLTYP, &
3      TEMP,PRESS,SNAME)
4 !
5      INCLUDE 'ABA_PARAM.INC'
6 !
7      DIMENSION COORDS(3),FLUX(2),TIME(2)
```

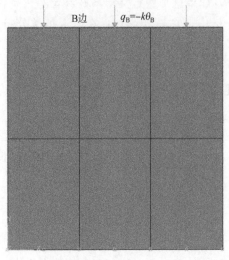

A边 $\theta = \theta_A$

图 3.1 热传导问题的模型示意图(书后附彩插)

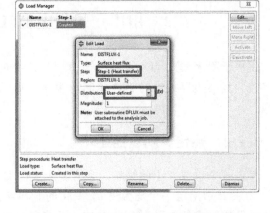

图 3.2 热传导问题的热流边界的设置

8	CHARACTER * 80 SNAME
9	! 定义热流和热流的导数
10	FLUX(1) = − 250. * SOL
11	FLUX(2) = − 250.
12	RETURN
13	END

上面代码的关键是第 10、11 行,分别更新了边界上的热流和热流的导数。如果热流具有其他更加复杂的形式(其他复杂的计算公式),那么只要根据对应的公式去修改这两行的代码就可以了。

采用上面用户子程序的有限元模型的计算得到的全场的温度分布云图如图 3.3 所示。从图中可以看出,模拟结束后,A 边温度恰好是 B 边温度的 2 倍,且全场的温度从 B 边到 A 边呈线性分布,和解析解吻合得很好。

进一步,若给定的边界条件为 $q_B = -2k\theta_B$,采用同样的方法可以求得问题的解析解,如下:

$$q = -k \frac{\partial \theta}{\partial y} = -k \frac{\theta_A - \theta_B}{\Delta y} = q_B = -2k\theta_B \tag{3.3}$$

整理可得

$$\frac{\theta_A - \theta_B}{\Delta y} = 2\theta_B \tag{3.4}$$

又因 $\Delta y = 1$,故通过式(3.4)可以解得:$\theta_B = \theta_A / 3$。

类似地,建立有限元模型进行计算,模型和前面的完全相同,只需要对用户子程序 DFLUX 略做修改。修改后的代码如下:

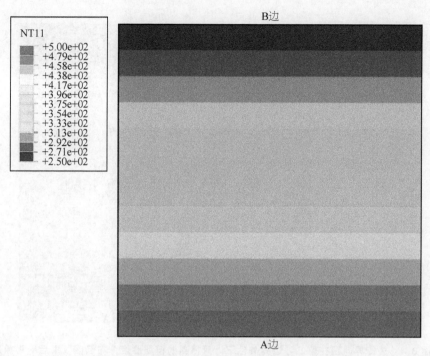

图 3.3 热传导问题在第一种边界条件下计算得到的模型温度分布云图[①]（书后附彩插）

```
1    SUBROUTINE DFLUX(FLUX,SOL,JSTEP,JINC,TIME,NOEL,NPT,COORDS,JLTYP, &

2    TEMP,PRESS,SNAME)

3    !

4        INCLUDE 'ABA_PARAM. INC'

5    !

6        DIMENSION COORDS(3),FLUX(2),TIME(2)

7        CHARACTER * 80 SNAME

8        ! 定义热流和热流的导数

9        FLUX(1) = - 2. * 250. * SOL

10       FLUX(2) = - 2. * 250.

11       RETURN

12       END
```

上面代码的关键是第 9、10 行，分别更新了热流和热流的导数。通过用户子程序计算得到的温度分布云图如图 3.4 所示。从图中可以看出，分析结束后，A 边温度是 B 边温度的 3 倍，且全场的温度从 B 边到 A 边呈线性分布，和解析解吻合得很好，验证了用户子程序 DFLUX 的正确性。

---

① 本书中所有分布云图的单位与上下文中同量纲的其他变量的单位相同。例如，应力的单位与所施加的压力的单位相同，位移的单位与结构尺寸的单位相同。云图的数值采用科学记数法，即 $5.00e+02 = 5.00 \times 10^2$。

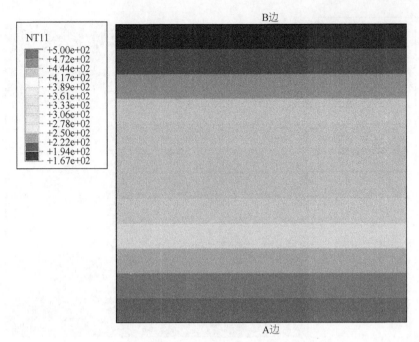

图 3.4　热传导问题在第二种边界条件下计算得到的模型温度分布云图（书后附彩插）

本例模型的 inp 文件和用户子程序文件：

udfluxxx. inp

udfluxxx. f

扫描二维码
获取相关资料

3.3　用用户子程序 DFLUX 求解质量扩散问题

扩散一般是针对给定的一对物种和成对的多物种系统而规定的，一种物质相对于另一种物质有浓度差，会导致质量的流动，即质量扩散。扩散率越高，它们相互扩散的速度就越快[8]。ABAQUS 中的用户子程序 DFLUX 可用于求解复杂的质量扩散问题。下面通过一个典型的具有较为复杂边界条件的质量扩散问题来展示其具体用法。

3.3.1　质量扩散问题描述

本节中，考虑一个单位大小的空间内的稳态质量扩散过程，整个求解区域划分为 6 个 DC2D8 单元。在边界 A 给定归一化的浓度 ϕ_A，随加载时间线性地加载；在边界 B 施加非均匀分布的质量扩散流量 q_B，它是当前位置的浓度 ϕ_B、温度 θ_B 和等效压应力 p_B 的函数。假设该函数为 $q_B(\phi_B, \theta_B, p_B) = -D(\theta, p) \cdot \phi_B$，其中 $D(\theta, p)$ 是体材料的质量扩散系数，其定义如下：

$$D(\theta, p) = D_0 + D_1\theta + D_2 p + D_3\theta p \tag{3.5}$$

本小节中，假设全场的温度和等效压应力不变，在加载的过程中，它们都线性地加载到整个模型上。

3.3.2　复杂边界下质量扩散问题的解析解

本小节求解该复杂边界条件下质量扩散问题的解析解。由质量平衡条件可得

$$q = -D(\theta, p)\frac{\partial \phi}{\partial y} = -D(\theta, p)\frac{\phi_A - \phi_B}{\Delta y}$$
$$= q_B(\phi_B, \theta_B, p_B) = -D(\theta, p)\phi_B \tag{3.6}$$

整理式（3.6），可得

$$\frac{\phi_A - \phi_B}{\Delta y} = \phi_B \tag{3.7}$$

又因 $\Delta y = 1$，故由式（3.7）可以解得：$\phi_B = \phi_A/2$。

3.3.3　用户子程序 DFLUX 实现复杂的质量扩散边界

本小节进行有限元建模和分析计算。由于 B 边的边界条件比较复杂，无法直接进行建模模拟，因此需要编写用户子程序来实现该复杂边界条件，我们采用用户子程序 DFLUX 来模拟 B 边的边界条件，模型示意如图 3.5 所示，用户子程序在 Abaqus/CAE 界面中的设置如图 3.6 所示。

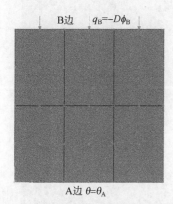

图 3.5　质量扩散问题的模型示意图

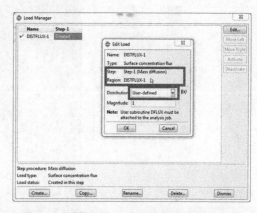

图 3.6　质量扩散问题的质量流边界的设置

模拟 B 边的边界条件的用户子程序 DFLUX 代码（及其主要语句的解释）如下：

```
1    !用户子程序 DFLUX 实现质量扩散边界的代码示例
2    SUBROUTINE DFLUX(FLUX,SOL,JSTEP,JINC,TIME,NOEL,NPT,COORDS,JLTYP, &
3    TEMP,PRESS,SNAME)
4    !
5    INCLUDE 'ABA_PARAM.INC'
6    !
7    DIMENSION COORDS(3),FLUX(2),TIME(2)
8    CHARACTER * 80 SNAME
9    !定义参数
```

```
10      D0 = 1D − 5

11      D1 = 1e − 7

12      D2 = 1e − 6

13      D3 = 1e − 8

14      D = D0 + D1 * TEMP + D2 * PRESS + D3 * TEMP * PRESS

15

16      ！求 B 边上的流量及其对浓度的导数

17      FLUX(1) = − D * SOL

18      FLUX(2) = − D

19      END
```

采用用户子程序 **DFLUX** 的有限元模型计算得到的全场的浓度分布云图如图 3.7 所示。从图中可以发现，计算得到的 A 边浓度恰好是 B 边浓度的 2 倍，且全场浓度从 B 边到 A 边线性下降，和解析解吻合得很好，这说明所编写的用户子程序是正确的，可以实现预期的复杂边界条件。

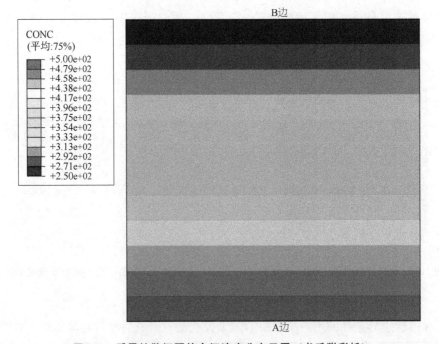

图 3.7　质量扩散问题的全场浓度分布云图（书后附彩插）

本例模型的 inp 文件和用户子程序文件：

udfluxmass. inp

udfluxmass. f

扫描二维码
获取相关资料

第4章

用户载荷子程序(Ⅴ)DLOAD 和 UTRACLOAD

在实际工程问题中，载荷的形式通常非常复杂，如风载荷、雪载荷等，它们可能随时间、加载位置、加载速度等因素的变化而变化[9,10]，ABAQUS 提供的载荷形式无法满足准确模拟这些复杂载荷形式的需求，但 ABAQUS 的隐式模块和显式模块均提供了自定义复杂载荷形式的子程序接口，以满足我们的需要。ABAQUS 的用户载荷子程序主要有：Abaqus/Standard 中的用户子程序 DLOAD 和 UTRACLOAD；Abaqus/Explicit 中的用户子程序 VDLOAD。

4.1 用户载荷子程序概述

通常情况下，我们可以用幅值曲线来模拟简单的依赖于时间的载荷。当载荷是时间（或位置）的复杂函数时，一般可使用用户子程序 DLOAD、VDLOAD 和 UTRACLOAD 来定义和实现。例如，可以用于定义一个随单元编号（或积分点编号）而变化的载荷。这三个用户子程序的适用情况有所不同：

（1）DLOAD（Abaqus/Standard）和 VDLOAD（Abaqus/Explicit）用于定义压力载荷和体力载荷。

（2）UTRACLOAD（仅适用于 Abaqus/Standard）用于定义表面（或边）受到的力，如表面压力、表面剪切力等。

当一个模型的 inp 文件中含有关键字 *DLOAD 或 *DSLOAD，且其类型为非均匀分布的载荷时，用户子程序 DLOAD（Abaqus/Standard）或 VDLOAD（Abaqus/Explicit）就会被调用。inp 文件的示例如下：

```
1  *DSLOAD
2  Surf-top, PNU, 10.0
```

上面的关键字在与实体单元配合使用时，表示表面（名称为 Surf-top）受到一个由子程序计算的非均匀分布的压力，再乘以幅值 10.0；在与梁单元配合使用时，表示梁单元 2 方向上受到的单位长度的力（线力），再乘以幅值 10.0。注意，幅值 10.0 只对用户子程序 DLOAD 起作用，而用户子程序 VDLOAD 会忽略它。上面的 inp 关键字对应的 Abaqus/CAE 界面的设置如图 4.1 所示。

当一个模型的 inp 文件中含有关键字 *DLOAD 或 *DSLOAD，且其类型为非均匀分布的牵引力（traction）时，用户子程序 UTRACLOAD（Abaqus/Standard）就会被调用。下面以关键字 *DSLOAD 为例介绍其用法。

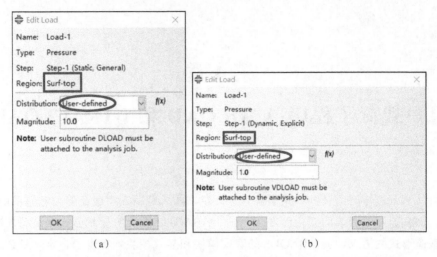

图 4.1　用户载荷子程序 DLOAD 和 VDLOAD 在 Abaqus/CAE 中的设置

(a) Abaqus/Standard；(b) Abaqus/Explicit

（1）模型中是非均匀分布的一般牵引力时，inp 文件的示例如下：

```
1 *DSLOAD
2 Surf-top, TRVECNU
```

（2）表面受到的是非均匀分布剪切力时，inp 文件的示例如下：

```
1 *DSLOAD
2 Surf-top, TRSHRNU
```

所对应的 Abaqus/CAE 界面的设置如图 4.2 所示。

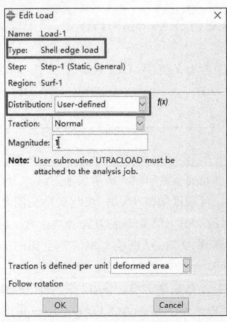

图 4.2　用户载荷子程序 UTRACLOAD 在 Abaqus/CAE 中的设置

需要说明的是，幅值曲线和使用子程序定义的分布载荷不能同时使用。如果分布载荷不止和单元的位置有关，还和单元的变形有关，那么此时用户载荷子程序 DLOAD、VDLOAD 和 UTRACLOAD 就无法满足要求。要想实现这类复杂的载荷，就需要编写用户单元子程序 UEL、UELMAT 或 VUEL。

4.2　用户载荷子程序 DLOAD 的接口及应用

4.2.1　用户载荷子程序 DLOAD 的接口

在 Abaqus/Standard 中，用户子程序 DLOAD 的接口如下：

```
1       subroutine dload(f, kstep, kinc, time, noel, npt, &
2       layer, kspt, coords, jltyp, sname)
3  !
4       include 'aba_param. inc'
5       dimension time(2), coords(3)
6       character * 80 sname
7
8  !    在这里写代码定义变量 f
9
10      return
11      end
```

在编写用户子程序 DLOAD 时，主要工作就是给变量 f 赋值，它是分布载荷的幅值。根据载荷类型的不同，它的量纲也不同，具体总结如表 4.1 所示。其他可供使用的主要变量（不能被修改）及其含义列于表 4.2。

表 4.1　用户子程序 UTRACLOAD 中分布载荷的幅值变量 f 的值的量纲

载荷类型	量纲
一维单元（如梁单元）的线载荷	FL^{-1}
表面载荷（如表面压力）	FL^{-2}
体力载荷（如重力、向心力、加速度、惯性力等）	FL^{-3}

表 4.2　用户子程序 DLOAD 中其他可供使用的主要变量（不能被修改）及其含义

变量名	变量的含义
KSTEP	分析步的编号
KINC	增量步的编号
TIME(1)	当前的分析步时间
TIME(2)	当前的总时间

续表

变量名	变量的含义
NOEL	当前单元的编号
NPT	当前积分点的编号
COORDS	当前积分点的坐标（如果打开了几何非线性，则是当前坐标）
JLTYP	指定载荷类型
SNAME	表面的名称（如果自定义载荷是基于表面的，则 JLTYP＝0）

如果在模型中指定了多个用户定义的 DLOAD 类型，则变量 JLTYP 必须出现在子程序中，并且必须使用此变量（JLTYP）来判断在调用子程序时应定义哪种载荷类型。

4.2.2　黏弹性火箭筒的响应

火箭在点火时会引起瞬态压力载荷，这个载荷会瞬间作用于火箭发动机的内径，导致火箭发动机的黏弹性响应[11]。同时，这个载荷也不是不变的，它随着时间呈指数关系变化，公式如下：

$$p = 10(1 - e^{-23.03t}) \tag{4.1}$$

这个载荷只和时间相关，我们可以通过幅值曲线来实现，也可以通过编写用户载荷子程序来实现。在此主要说明如何通过用户子程序来实现这种载荷形式。我们采用轴对称模型来模拟火箭发动机的筒体，首先建立一个如图 4.3 所示的模型。火箭发动机采用单排 21 个 CAX8R 单元进行建模，模型为一个长的、中空的黏弹性圆柱体（1～20 号单元模拟）被一个薄的钢壳（101 号单元模拟）包裹。

载荷施加在单元1上

图 4.3　黏弹性火箭筒的轴对称模型示意图

为了使用子程序，对应的 inp 文件中的关键字及参数如下：

```
1  *heading
2  :
3  :
4  *surface, name = inner
5  1, s4
6  *boundary
7  all,2
8  *step, inc = 50
9  *visco, cetol = 7.e - 3
10 0.01, 0.5
```

```
11  *dsload
12  inner, pnu
13  :
14  :
15  *end step
```

其中，第 4、5 行与第 11、12 行尤其需要注意，第 4、5 行定义了要施加的载荷的表面，第 11、12 行声明了要使用用户子程序，载荷类型为压力（pnu）。对应的 Abaqus/CAE 界面中的设置在前面已经进行了说明。

下面给出这个问题最重要的部分——瞬态压力负载的用户子程序 DLOAD。代码如下：

```
1      subroutine dload(f, kstep, kinc, time ,noel, npt, &
2          layer, kspt, coords, jltyp, sname)
3   !
4   !    指数型压力载荷用户子程序 DLOAD
5   !
6          include 'aba_param. inc'
7   !
8          dimension coords(3),time(2)
9          character * 80 sname
10         data ten,one,const /10. d0,1. d0, − 23. 03d0/
11
12         f = ten * (one − (exp(const * time(1)))) ! 指数型压力载荷的表达式
13
14         if(npt. eq. 1) write(6, * ) 'load applied',f,'at time = ',time(1)
15         return
16     end
```

通过上面的子程序计算得到的结果如图 4.4～图 4.6 所示，分别是火箭筒的径向应力分布云图（二维视图和三维视图）以及火箭筒内壁的径向位移随时间的变化曲线。

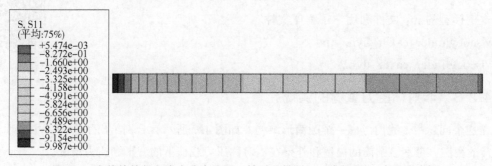

图 4.4　火箭筒的径向应力分布云图（轴对称模型，二维视图）（书后附彩插）

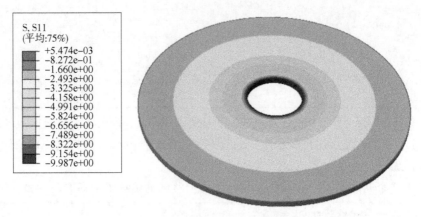

图 4.5　火箭筒的径向应力分布云图（三维视图）（书后附彩插）

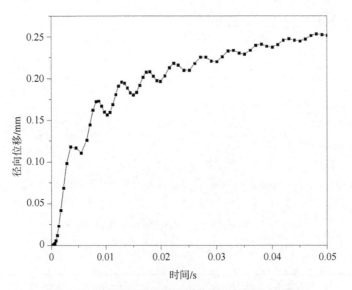

图 4.6　火箭筒内壁的径向位移随时间的变化曲线

扫描二维码
获取相关资料

本例模型的 inp 文件和用户子程序文件：

viscocylinder_cax8r_dyn. inp

viscocylinder_cax8r_dyn. f

4.2.3　非对称压力载荷的实现

在这个问题中，我们考虑一个圆筒形结构。如图 4.7 所示，分别给出了它的一个截面和半个圆筒的视图。考察该圆筒的内壁和外壁在不对称压力载荷下的变形和应力情况。

这里，为了提高计算的效率和编写子程序的方便，我们采用 CAXA 类的单元进行模拟，这类单元具有轴对称的几何形状，但允许有不对称的变形。在轴对称坐标系下，这类单元除了有径向坐标 r 和轴向坐标 z 外，还具有环向坐标 θ，并且在用户子程序 DLOAD 中可以使用，所以这个问题的非对称压力载荷用用户子程序 DLOAD 实现起来很方便。

圆筒的内壁和外壁均施加了不对称的压力载荷，各自的表达式如下：

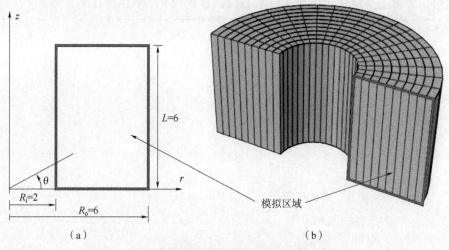

图 4.7 非对称载荷作用下圆筒的视图（书后附彩插）

（a）一个截面；（b）半个圆筒

（1）圆筒外壁的径向应力（受到的压力）为

$$\sigma_{rr}\mid_{r=R_o} = -p\cos\theta \tag{4.2}$$

（2）圆筒内壁的径向应力（受到的压力）为

$$\sigma_{rr}\mid_{r=R_i} = -p\sin\theta \tag{4.3}$$

本例中，p 的值取为 1 000.0。

为了使用用户子程序 DLOAD，对应的 inp 文件中的关键字及参数设置如下：

```
1  *heading
2    不对称的外部压力载荷算例
3  ** 内外半径分别为 2 英寸和 6 英寸,高为 6 英寸的圆柱
4    :
5  *elset, elset = inwall
6   1
7  *elset, elset = outwall
8   10
9    :
10 *step
11 *static
12   :
13 *dsload
14  inwall, pnu
15  outwall, pnu
16 *end step
```

其中，应特别注意第 13～15 行，其对于能否成功使用用户子程序 DLOAD 很关键。
下面给出求解这个问题的用户子程序 DLOAD 的 Fortran 语言代码，如下：

```
1    ! 非对称压力载荷的用户子程序 DLOAD 示例
2    subroutine dload(f, kstep, kinc, time, noel, npt,&
3    layer, kspt, coords, jltyp, sname)
4    include 'aba_param. inc'
5    dimension coords(3),time(2)
6    character * 80 sname
7    parameter(zero = 0. d0, pouter = 10. d3, pinner = 30. d3, pi = 3. 141592653589793d0)
8    !
9    ! 注意, coords(3)是环向坐标 theta
10   !
11   theta = pi * coords(3)/180. d0
12   if (sname. eq. 'outwall') then
13       f = pouter * cos(theta)
14   else
15       f = pinner * sin(theta)
16   end if
17
18   return
19   end
```

虽然这个问题中内外壁的载荷都需要使用用户子程序 DLOAD，但是因为内外壁受到的载荷类型相同（均是压力载荷），所以只需要写一个用户子程序 DLOAD，通过载荷作用的面的名称（sname）来区分当前计算哪个面的受力（见上面代码中的第 13 行）。对于每一个面，f 的更新只需一句代码（见上面代码的第 13、15 行）。计算得到的二维视图和三维视图下圆筒形结构的 Mises 应力分布如图 4.8、图 4.9 所示。可以看出，虽然我们采用了轴对称的几何模型，但是仍然可以得出非轴对称的应力分布，这也是 CAXA 类单元所具有的能力。

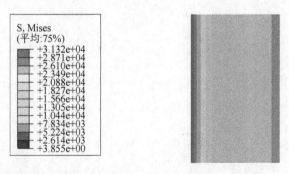

图 4.8　圆筒形结构的 Mises 应力分布（轴对称模型，二维视图）（书后附彩插）

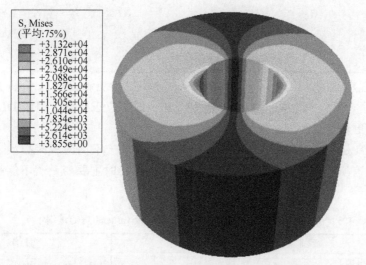

图 4.9　圆筒形结构的 Mises 应力分布（轴对称模型，三维视图）（书后附彩插）

本例模型的 inp 文件和用户子程序文件：

ecnzsfsm. inp

ecnzsfsm. f

扫描二维码
获取相关资料

4.3　用户载荷子程序 VDLOAD 的接口及应用

4.3.1　用户载荷子程序 VDLOAD 的接口

用户子程序 VDLOAD 用于在显式程序（Abaqus/Explicit）中定义赋值的载荷形式和幅值，其接口如下：

```
1       !用户子程序 VDLOAD 的接口
2       subroutine vdload ( &
3  !只读变量(只能使用,不能修改) -
4       nblock, ndim, stepTime, totalTime, &
5       amplitude, curCoords, velocity, dirCos, jltyp, sname, &
6  !可写的变量(可以修改、赋值等) -
7       value )
8  !
9       include 'vaba_param.inc'
10 !
11      dimension curCoords(nblock,ndim), velocity(nblock,ndim), &
12       dirCos(nblock,ndim,ndim), value(nblock)
13
14      character * 80 sname
15
16      do kblock = 1, nblock
17          !用户在这个块内编写代码来更新 value(kblock)
```

```
18        end do
19
20        return
21    end
```

与其他显式子程序类似，用户子程序 VDLOAD 会一次性更新 nblock 个积分点上的载荷，而不仅更新一个，见代码第 15～17 行。数组 value 则对应于用户子程序 DLOAD 中的 f，需要编写代码去更新。

用户子程序 VDLOAD 中可以实现不同的载荷类型，对于不同的载荷类型，数组变量 value 的值的量纲也有所不同，具体见表 4.3。其他可供使用的主要变量（不能被修改）及其含义列于表 4.4。

表 4.3　用户子程序 UTRACLOAD 中数组变量 value 的值的量纲

载荷类型	量纲
表面载荷（如表面压力）	FL^{-2}
体力载荷（如重力、向心力、加速度、惯性力等）	FL^{-3}

表 4.4　用户子程序 VDLOAD 中其他可供使用的主要变量（不能被修改）及其含义

变量名	含义
nblock	一次调用中处理的积分点的数目
ndim	求解的问题模型的维数
stepTime	当前的分析步时间
totalTime	当前的总时间
dirCos	面的方向
velocity	当前积分点的速度
curCoords	当前积分点的坐标（如果打开了几何非线性，则是当前坐标）
jltyp	指定载荷类型
sname	表面的名称（如果自定义载荷是基于表面的，则 jltyp=0）

如果在模型中指定了多个用户自定义的 VDLOAD 类型，则变量 jltyp 必须出现在子程序中，并且必须使用此变量（jltyp）来判断在调用子程序时应定义哪种加载类型。

4.3.2　黏弹性火箭筒的显式分析

4.2.2 节介绍了随时间指数变化的载荷在用户子程序 DLOAD 中的实现，并将之应用到火箭筒壁的动态响应上。本节将介绍同样的问题在 Abaqus/Explicit 中求解，以及相应的用户子程序 VDLOAD 的实现方法。

该问题的建模（除了分析步的类型）以及 inp 文件的修改与在 4.2.2 节中的完全相同，这里直接给出随时间指数变化的载荷的用户子程序 VDLOAD 的代码，如下：

```
1    ! 随时间指数变化的载荷的用户子程序 VDLOAD 示例
2    subroutine vdload (nblock, ndim, stepTime, totalTime, &
3      amplitude,curCoords,velocity,dirCos,jltyp,sname,value)
4 !
```

```
 5        include 'vaba_param. inc'
 6 !
 7        dimension curCoords(nblock,ndim), velocity(nblock,ndim), &
 8         dirCos(nblock,ndim,ndim), value(nblock)
 9        character * 80 sname
10 !
11        data ten,one,const /10. d0,1. d0, - 230. 3d0/
12
13        do kblock = 1, nblock
14          f = ten * (one - (exp(const * steptime)))
15          value(kblock) = f
16        end do
17
18        return
19        end
```

与前面的用户子程序 DLOAD 相比,用户子程序 VDLOAD 的主要区别是程序中增加了一层循环,对 nblock 个载荷积分点循环赋值。

在 Abaqus/Explicit 中采用用户子程序 VDLOAD 计算的结果如图 4.10、图 4.11 所示,分别是二维轴对称和三维视图下的位移分布云图。

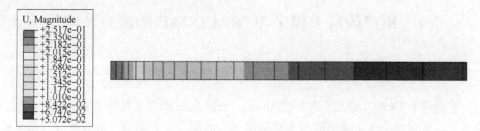

图 4.10　火箭筒的位移分布云图 (轴对称模型,二维视图) (书后附彩插)

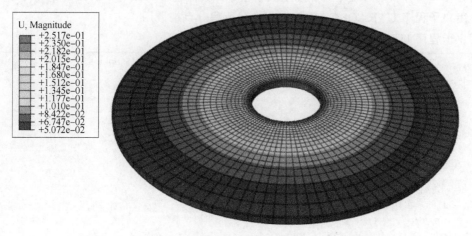

图 4.11　火箭筒的位移分布云图 (三维视图) (书后附彩插)

接下来，比较用 Abaqus/Standard 和 Abaqus/Explicit 分别计算得到的火箭筒内壁的径向位移随时间的变化曲线，如图 4.12 所示。从图中可以看出，二者吻合得非常好。

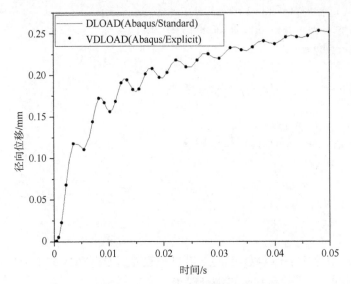

图 4.12　箭筒内壁的径向位移随时间的变化曲线

4.4　用户载荷子程序 UTRACLOAD 的接口及应用

4.4.1　用户载荷子程序 UTRACLOAD 的接口

用户子程序 UTRACLOAD 用于在 Abaqus/Standard 中定义对应于 traction 类型的复杂的载荷形式，如可用于定义牵引载荷大小随位置、时间、单元编号、载荷积分点编号等的变化；若有需要，可根据位置、单元编号、载荷积分点编号等的函数，定义牵引载荷的初始加载方向。在计算分析的过程中，如果定义了基于单元、基于边或基于表面的非均匀分布牵引载荷，用户子程序 UTRACLOAD 将在每个载荷积分点被调用。

用户子程序 UTRACLOAD 的 Fortran 程序接口如下：

```fortran
1    subroutine utracload(alpha, t_user, kstep, kinc, time, noel, npt, &
2    coords, dircos, jltyp, sname)
3  !
4    include 'aba_param. inc'
5  !
6    dimension t_user(3), time(2), coords(3), dircos(3,3)
7    character * 80 sname
8
9    !用户在这个块内编写代码来更新 alpha 和 t_user
10
11   return
12   end
```

在用户子程序 UTRACLOAD 中，有两个变量是必须更新的，分别是 alpha 和 t_user。

（1）alpha：分布载荷的幅值大小。根据载荷类型的不同，它的量纲也不同，总结如表 4.5 所示。

表 4.5 对于不同的单元类型，用户子程序 UTRACLOAD 中变量 alpha 的量纲

载荷类型	量纲
一维单元（如梁单元）的线力矩（扭矩或弯矩）	FL
一维单元（如梁单元）的线载荷	FL^{-1}
表面载荷（如表面压力）	FL^{-2}

（2）t_user：分布载荷的作用方向。需要注意的是，ABAQUS 总是会对 t_user 变量进行正则化（在用户子程序 UTRACLOAD 的外部），所以无论给定的 t_user 是否为单位向量，传出去后都会被转换为单位向量。

通常情况下，变量 alpha 和 t_user 都存储在总体坐标系下，如果这两个变量被定义在局部坐标系下，则它们的值也是在局部坐标系下的。

在用户子程序 UTRACLOAD 中，其他可供使用的主要变量（不能被修改）及其含义列于表 4.6。

表 4.6 用户子程序 UTRACLOAD 中其他可供使用的主要变量（不能被修改）及其含义

变量名	变量的含义
KSTEP	分析步的编号
KINC	增量步的编号
TIME(1)	当前的分析步时间
TIME(2)	当前的总时间
NOEL	当前单元的编号
NPT	当前积分点的编号
COORDS	当前积分点的坐标（如果打开了几何非线性，则是当前坐标）
DIRCOS	面或者边的方向
JLTYP	指定载荷类型
SNAME	表面的名称（如果自定义载荷是基于表面的，则 JLTYP＝0）

如果在模型中指定了多个用户定义的 UTRACLOAD 类型，则所有载荷类型的编码 JLTYP 必须出现在子程序中，并且必须使用此变量（JLTYP）来判断在调用子程序时要定义哪种加载类型。

4.4.2 悬臂梁在复杂载荷下的弯曲

本小节通过一个悬臂梁弯曲的例子来展示如何编写和使用用户子程序 UTRACLOAD。

假设一个长为 L 的悬臂梁具有矩形的截面，其两端的截面受到的载荷均满足以下公式：

$$\begin{cases} \sigma_x = \dfrac{3}{2}\dfrac{P}{c^3}xy \\[2mm] \sigma_y = 0 \\[2mm] \tau_{xy} = \dfrac{3}{4}\dfrac{P}{c}\left(1-\dfrac{y^2}{c^2}\right) \end{cases} \tag{4.4}$$

式中，P——载荷比例因子。

弯曲模型示意图如图 4.13 所示。

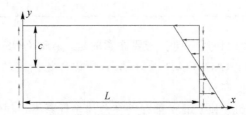

图 4.13　悬臂梁复杂载荷下的弯曲模型示意图（书后附彩插）

从图中可以看出，本问题的载荷形式比较复杂，特别是右边的截面；载荷方向也很复杂，每个点都不一样。为了实现这种复杂的载荷形式，可以考虑使用用户子程序 UTRACLOAD。为了模拟这个问题，首先建立了如图 4.14 所示的有限元模型。

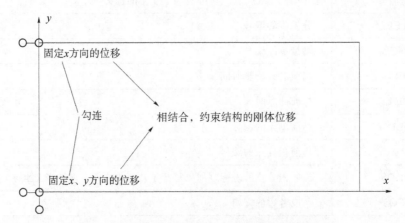

图 4.14　悬臂梁复杂载荷下弯曲模型的边界条件

通过图 4.14 中边界条件的施加，既可以约束结构的刚体位移，又没有引入额外的约束条件，可以得到最理想的解答。为了使用用户子程序 UTRACLOAD，需要在 inp 文件中加入如下关键字和语句：

```
1  **
2  *Dsload, follower = NO, constant resultant = YES
3  Right, TRVECNU, 1. , 0. , 1. , 0.
4  Left,  TRVECNU, 1. , 0. , 1. , 0.
```

说明：上面的文件中，第 3、4 行的后三个数字是给定的载荷向量的方向。由于我们会在用户子程序中重新定义 t_user，所以这里这三个数字可以随意设置，不会影响最终的计算结果。

下面给出本问题的用户子程序 UTRACLOAD 的代码，如下：

```
1      ! 用户子程序 UTRACLOAD 实现悬臂梁在复杂载荷下的弯曲
2      subroutine utracload(alpha, t_user, kstep, kinc, time, noel, npt, &
3      coords, dircos, jltyp, sname)
4      !
5      include 'aba_param.inc'
6      !
7      dimension t_user(3), time(2), coords(3), dircos(3,3)
8      character * 80 sname
9      parameter(zero = 0.d0, one = 1.d0, two = 2.d0, three = 3.d0, &
10      four = 4.d0, small = 1.e-8)
11     f1 = three/(two * c * c * c)
12     f2 = three/(four * c)
13     x = coords(1)
14     y = coords(2)
15
16     sigX = f1 * x * y
17     tauXY = f2 * (one -(y * y)/(c * c))
18     sign = one
19     if (x .gt. small) sign = - one
20
21     alpha = sqrt(sigX * sigX + tauXY * tauXY)
22     t_user(1) = - sigX/alpha
23     t_user(2) = sign * tauXY/alpha
24     t_user(3) = zero
25
26     return
27     end
```

在上面代码的第 19 行，通过 x 方向的坐标值来判断当前积分点在左边的截面还是在右边的截面，从而可以给出不同的截面方向；第 16～24 行是本程序的关键，分别根据给定的公式更新了变量 alpha 和 t_user 的值。

下面给出计算的结果，悬臂梁的整体剪切应力（S12）的分布如图 4.15 所示，中间位置截面上剪切应力随梁厚度的变化及其与精确解的比较如图 4.16 所示。可以发现，数值计算得到的剪应力的分布与解析解吻合得非常好，说明上述用户子程序 UTRACLOAD 是可靠的。

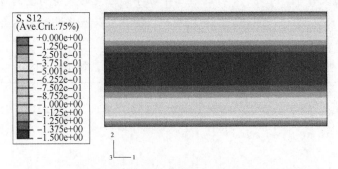

图 4.15　悬臂梁的整体剪切应力的分布云图（书后附彩插）

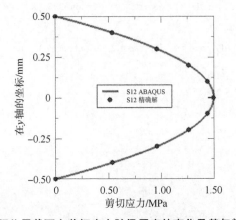

图 4.16　中间位置截面上剪切应力随梁厚度的变化及其与精确解的比较

第 5 章
用户材料子程序 UMAT 和 VUMAT

ABAQUS 为用户提供了丰富的材料模型，然而，自然界中的材料千千万，并不都能涵盖到这些模型中去[12,13]。针对某些新材料，或者由研究者提出的新的材料力学本构模型，我们需要根据其力学性质或本构关系去编写子程序，在 ABAQUS 中加以实现，进而应用到更加复杂的工程实际中。这也使得 ABAQUS 的用户材料子程序成为 ABAQUS 所有子程序中用得最多。

本章将详细介绍 ABAQUS 的隐式和显式用户子程序 UMAT 和 VUMAT，并给出多种用户材料子程序的代码实现，以便读者能充分掌握 ABAQUS 材料子程序的开发原理和方法，助力科学研究和工程应用。

5.1　用户材料子程序概述

Abaqus/Standard 和 Abaqus/Explicit 都有用户材料子程序接口，分别是 UMAT 和 VUMAT，它们可以允许用户自定义各种材料的本构方程，而用户自定义的材料子程序可以和任意的结构单元一起使用，这大大扩展了 ABAQUS 子程序的应用范围，并且多个用户自定义材料可以在同一个 UMAT 或 VUMAT 中实现。

5.1.1　编写 UMAT 或 VUMAT 的步骤

合适的材料本构关系的定义需要进行下面其中一个（二选一）的更新过程：

（1）显式地定义应力的更新过程。

（2）定义应力的变化率（在共轴旋转坐标系框架下）。

另外，本构方程的定义经常涉及以下两种情况，特别是对于较复杂的本构方程：

（1）本构方程依赖于时间、温度或其他的场变量。

（2）本构方程显式地（或以率形式的方式）依赖于某个（或某几个）内变量。

5.1.2　编写 UMAT 或 VUMAT 的注意事项

在编写用户子程序 UMAT 或 VUMAT 时，以下几点是需要特别关注的：

（1）遵循 Fortran、C 或 C＋＋的语法规则。建议在代码编写完成后，先在 VS 中建立一个工程并编译，以排除基本语法错误。

（2）确保所有变量都被定义且进行了合适的初始化。

（3）如果需要，也可以使用 ABAQUS 提供的实用子程序 Utility，可方便快捷地达到计算需求。

（4）通过关键字 *DEPVAR（在 inp 文件中）给状态变量分配足够的存储空间。

注意：UMAT 是在每个材料点（或者说积分点）上被调用的，而 VUMAT 的一次调用会计算很多个（nblock 个）积分点上的变量，nblock 的具体数值与计算机相关，一般个人主机是 136（部分 AMD 的 CPU 上是 144），这里涉及 ABAQUS 的显式程序 Explicit 的并行计算。因此，在写 VUMAT 时，需要注意每次更新 nblock 个积分点的应力（循环 nblock 次）。

编写完用户子程序后，可以通过简单的例子来验证所写的 UMAT 或 VUMAT 的正确性，通常情况下，先通过一个单元的模型来进行验证，一个单元的模型比较简单，输出相对较少，计算速度快，容易快速检查和定位子程序代码中的问题；另外，采用一个单元进行验证，结合前面提到的用户子程序调试（debug）方法，使用起来比较方便。一个单元的模型主要需要验证以下几方面内容：

（1）通过给定位移边界条件来验证应力和状态变量的积分方法是否正确。这其中包括一些测试：单轴拉伸和单轴压缩测试；斜方向单轴拉伸和压缩测试；单轴拉伸（或压缩）和有限转动测试；有限剪切情况的测试。

（2）通过给定载荷边界来验证雅可比求解的正确性，施加力边界后，可以输出边界上的力位移曲线以及材料点的力位移曲线，查看是否符合预期。

（3）将测试结果和解析解（或 ABAQUS 中的材料模型计算的结果）进行比较。

如果上面提到的测试均通过了，并且与解析解（或者已有的数值结果）吻合得很好，那么就可以将该子程序应用于解决更加复杂的问题。

5.1.3 用户材料子程序 UMAT 和 VUMAT 的接口

1. 用户材料子程序 UMAT 的接口

要想在模型中使用用户子程序 UMAT，就需要在 inp 中进行一些特殊的设置，有以下两种方式可以实现。

（1）在模型的 inp 文件中修改关键字，如下：

```
1  *MATERIAL, NAME = ISOPLAS
2  *USER MATERIAL, CONSTANTS = 8, UNSYMM
3  30.E6, 0.3, 30.E3, 0., 40.E2, 0.1, 50.E3, 0.5
4  *DEPVAR
5  13
6  *INITIAL CONDITIONS, TYPE = SOLUTION
```

（2）在 Abaqus/CAE 中进行设置，最终相当于修改了 inp 文件的关键字。设置方法如图 5.1 所示。

说明：可以通过比较图 5.1 中的设置与 inp 文件的对应关系来理解 Abaqus/CAE 和 inp 文件的关系。如果材料刚度矩阵是非对称的，那么需要使用非对称材料刚度矩阵选项或者关键字 UNSYMM，如上例代码所示。关键字 DEPVAR（或者图 5.1（b）所示的界面）用于指定每个材料点上的 SDV（解依赖的状态变量）的个数。语句 "*Initial Conditions, Type = Solution" 用来指定 SDV 的初始值，对于简单的用户子程序 UMAT，如果没有使用解依赖

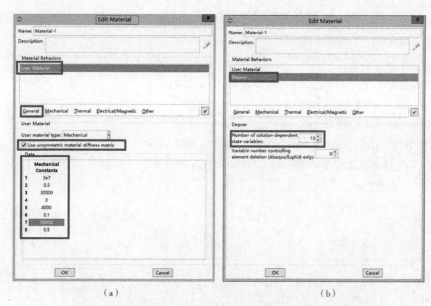

图 5.1　在 Abaqus/CAE 界面中设置用户材料子程序的参数

（a）用户自定义材料参数列表的设置界面；（b）解依赖的状态变量（SDV）及其个数的设置界面

的状态变量，那么这个就不是必需的，可以不设置。

解依赖的状态变量 SDV 可以输出到结果文件中，分别用 SDV1、SDV2、…来标识，可以在 Abaqus/Viewer 中对这些变量绘制云图、X-Y 曲线、路径曲线等，进行后处理。

在计算过程中，如果材料的雅可比矩阵不变，在分析中也没有引入其他非线性（如接触等），那么此时可以通过使用拟牛顿法（quasi-Newton method）来进行求解，也就是在一定的迭代步内不更新材料的雅可比矩阵，从而可以提高计算效率。如果使用拟牛顿法进行求解，则需要在 Abaqus/CAE 界面中进行设置，方法如图 5.2 所示。

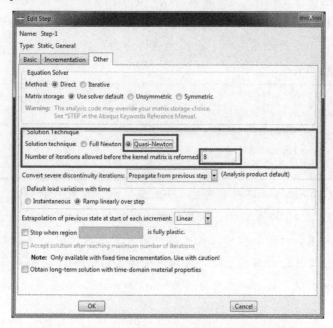

图 5.2　在 Abaqus/CAE 中设置拟牛顿迭代来求解

所有用户子程序 UMAT 都要满足同样的接口，才能被 ABAQUS 求解器正确调用和计算。用户子程序 UMAT 的接口如下：

```fortran
1  ! 用户子程序 UMAT 的接口
2        SUBROUTINE UMAT(STRESS,STATEV,DDSDDE,SSE,SPD,SCD,              &
3        RPL,DDSDDT,DRPLDE,DRPLDT,                                      &
4        STRAN,DSTRAN,TIME,DTIME,TEMP,DTEMP,PREDEF,DPRED,CMNAME,        &
5        NDI,NSHR,NTENS,NSTATV,PROPS,NPROPS,COORDS,DROT,PNEWDT,         &
6        CELENT,DFGRD0,DFGRD1,NOEL,NPT,LAYER,KSPT,JSTEP,KINC)
7  !
8        INCLUDE 'ABA_PARAM.INC'
9  !
10       CHARACTER * 80 CMNAME
11       DIMENSION STRESS(NTENS),STATEV(NSTATV),                        &
12       DDSDDE(NTENS,NTENS),DDSDDT(NTENS),DRPLDE(NTENS),               &
13       STRAN(NTENS),DSTRAN(NTENS),TIME(2),PREDEF(1),DPRED(1),         &
14       PROPS(NPROPS),COORDS(3),DROT(3,3),DFGRD0(3,3),DFGRD1(3,3),     &
15       JSTEP(4)
16
17       ! 用户可在这里编写代码来赋值 DDSDDE, STRESS, STATEV, SSE, SPD, SCD 变量
18       ! 以及赋值 RPL, DDSDDT, DRPLDE, DRPLDT, PNEWDT 变量
19
20       RETURN
21       END SUBROUTINE
```

如果需要在一个分析中使用多个材料子程序（例如，模型的不同区域具有不同的材料属性，需要定义不同的材料子程序），那么可以在一个 UMAT 中通过采用不同的材料名称来调用各自的材料子程序，但是以 UMAT 为名称的子程序只能有一个（即程序头只能有一个），程序进入 UMAT 后具体使用哪一段代码进行应力更新，可以通过这里的方法来进行选择。具体的伪代码如下：

```fortran
1  if(CMNAME(1:4).eq.'MAT1') then
2      call UMAT_MAT1(argument_list)
3  else if (CMNAME(1:4).eq.'MAT2') then
4      call UMAT_MAT2(argument_list)
5  end if
```

注意：ABAQUS 中传入的字符串变量（如表面的名称或材料的标签（名称））始终以大写字母的形式传递到用户子例程中。如果将这些标签与相应的小写字母的字符串进行直接比较会得到错误的结果，对于类似的比较必须使用大写字母。例如，在上面的 UMAT 中，当需要定义多个用户定义的材料模型时，应该将变量 CMNAME 与'MAT1'和'MAT2'进行比较（即使在材料定义时赋予的材料名称分别为'mat1'和'mat2'，也要用对应的大写字母的字符串进行比较）。

下面对 UMAT 中的变量传入的一些变量进行简单说明：

（1）在 UMAT 中可以被使用的变量（所有传进来的变量都可以被使用）：

① 每个增量步开始时的应力 STRESS、应变 STRAN、SDV（STATEV）。

② 应变增量 DSTRAN、转动增量 DROT、增量步开始和结束时的变形梯度 DFGRD0 和 DFGRD1。

③ 总时间 TIME、时间增量 DTIME、温度 TEMP、温度增量 DTEMP、用户定义的场变量 PREDEF。

④ 材料常数 PROPS、材料点位置 COORDS、特征单元长度 CELENT。

⑤ 单元编号 NOEL、积分点编号 NPT、复合材料各层编号 LAYER。

⑥ 当前的 Step 编号 JSTEP 和 increment 编号 KINC。

（2）在 UMAT 中必须被定义（赋值）的变量有：应力 STRESS、材料的雅可比矩阵 DDSDDE、解依赖的状态变量 SDV（STATEV）。

应力 STRESS、材料的雅可比矩阵 DDSDDE 是 UMAT 最核心的两个变量。如果它们其中之一没有被定义，计算就会发生错误；如果它们其中之一定义得不合理，计算也可能发生错误。所以对于 UMAT 的编写，首先要推导出合适的应力更新公式和材料雅可比矩阵的表达式，然后按照公式进行编写。如果在程序中使用了解依赖的状态变量 SDV，并且它的更新对于计算结果有影响，那么也必须对其进行合理定义，否则将发生错误。

（3）可以被定义（不是必需的）的变量有：应变能 SSE、塑性耗散 SPD、蠕变耗散 SCD、建议的新的时间增量 PNEWDT。这些变量的计算结果并不影响最终模型的结果，它们可以被定义后用于输出，来验证计算结果是否合理。

说明：关于每个变量更加细致的描述可以查阅 UMAT 的帮助文档。

2. 用户材料子程序 VUMAT 的接口

与用户子程序 UMAT 类似，如果想在模型中使用用户子程序 VUMAT，则需要在模型中进行相应的设置设置方式主要有两种，分别是在 Abaqus/CAE 中设置和对 inp 文件进行修改。在 Abaqus/CAE 中的设置与用户子程序 UMAT 的设置相同，对应的 inp 文件的修改如下：

```
1  *MATERIAL, NAME = MAT1
2  *USER MATERIAL, CONSTANTS = 4
3  30.E6, 0.3, 30.E3, 40.E3
4  *DEPVAR
5  5
6  *INITIAL CONDITIONS, TYPE = SOLUTION
7  ** 数据行:指定解依赖的状态变量的初始值
```

用户子程序 VUMAT 的接口如下：

```
1  !用户子程序 VUMAT 的接口
2      subroutine vumat(                                              &
3  !只读变量(不可更改)-
```

```
 4        nblock, ndir, nshr, nstatev, nfieldv, nprops, lanneal,        &
 5        stepTime, totalTime, dt, cmname, coordMp, charLength,         &
 6        props, density, strainInc, relSpinInc,                        &
 7        tempOld, stretchOld, defgradOld, fieldOld,                    &
 8        stressOld, stateOld, enerInternOld, enerInelasOld,            &
 9        tempNew, stretchNew, defgradNew, fieldNew,                    &
10 ! 可写变量(可以更改)-
11        stressNew, stateNew, enerInternNew, enerInelasNew )
12 !
13        include 'vaba_param.inc'
14 !
15        dimension props(nprops), density(nblock), coordMp(nblock, * ),  &
16        charLength(nblock), strainInc(nblock,ndir + nshr),            &
17        relSpinInc(nblock,nshr), tempOld(nblock),                     &
18        stretchOld(nblock,ndir + nshr),                               &
19        defgradOld(nblock,ndir + nshr + nshr),                        &
20        fieldOld(nblock,nfieldv), stressOld(nblock,ndir + nshr),      &
21        stateOld(nblock,nstatev), enerInternOld(nblock),             &
22        enerInelasOld(nblock), tempNew(nblock),                      &
23        stretchNew(nblock,ndir + nshr),                               &
24        defgradNew(nblock,ndir + nshr + nshr),                        &
25        fieldNew(nblock,nfieldv),                                     &
26        stressNew(nblock,ndir + nshr), stateNew(nblock,nstatev),     &
27        enerInternNew(nblock), enerInelasNew(nblock)
28 !
29        character * 80 cmname
30 !
31        do km = 1,nblock
32         ! 编写代码
33        end do
34
35        return
36        end
```

5.1.4　UMAT 和 VUMAT 中的一些惯例

（1）应力和应变以向量的形式存储。

① 对于平面应力单元，应力分量的存储顺序：σ_{11}，σ_{22}，σ_{12}。应变分量的存储顺序与此类似。

② 对于（广义）平面应变和轴对称单元，应力分量的存储顺序：σ_{11}，σ_{22}，σ_{33}，σ_{12}。应变分量的存储顺序与此类似。

③ 对于三维实体单元，应力分量的存储顺序：σ_{11}，σ_{22}，σ_{33}，σ_{12}，σ_{13}，σ_{23}。应变分

量的存储顺序与此类似。

（2）在用户子程序 UMAT 中，剪切应变是以工程应变的形式存储的，即存储的是 γ_{12}：

$$\gamma_{12} = 2\varepsilon_{12} \tag{5.1}$$

（3）无论是二维问题还是三维问题，变形梯度张量 $\boldsymbol{F}_{ij}$ 总是存储了三维的形式。

（4）在大变形分析中，转动的处理方式分为以下几种：

① 对于一般的非线性分析，传进来的转动增量 $\Delta\boldsymbol{R}$ 是通过 Hughes-Winget 公式计算的[14]：

$$\Delta\boldsymbol{R} = \left(\boldsymbol{I} - \frac{1}{2}\Delta\boldsymbol{W}\right)^{-1} \cdot \left(\boldsymbol{I} + \frac{1}{2}\Delta\boldsymbol{W}\right) \tag{5.2}$$

式中，$\Delta\boldsymbol{W}$——对转动率进行中心差分积分得到的转动率增量，

$$\Delta\boldsymbol{W} = \boldsymbol{W}_{n+1/2}\Delta t = \mathrm{asym}\left(\frac{\partial\Delta\boldsymbol{u}}{\partial\boldsymbol{x}}_{n+1/2}\right) \tag{5.3}$$

这里计算转动增量 $\Delta\boldsymbol{R}$ 是有近似的，如果转动增量非常大，则可以通过变形梯度 $\boldsymbol{F}$ 来得到更加精确的转动增量 $\Delta\boldsymbol{R}$。

② 每次传进来的应力已经被转动增量转动过了，即通过 UMAT 传递进来的应力是表达在共轴旋转坐标系下的。如果需要用总体坐标系下的应力进行计算和其他处理，则可以通过子程序 ROTSIG 将应力张量转动回去。

③ 如果分析中使用了材料方向，那么应力和应变分量都是表达在局部坐标系下的（同样，在有限变形中，应力和应变在这个坐标系的基础上经过了转动）。

④ 如果用户子程序 UMAT 被用在减缩积分单元（如 C3D8R）或者壳单元（如 S4）和梁单元（如 B31）中，就必须指定沙漏刚度和横向剪切刚度。

5.1.5 时间积分方法

将率形式的本构方程转换为增量形式的本构方程（从而可以编写代码），需要选择一个合适的时间积分方法，主要的时间积分方法有：向前欧拉法（显式时间积分方法）、向后欧拉法（隐式时间积分方法）、中点法。

向前欧拉法在时间上是一直向前推进计算的，不需要进行迭代，所以实现起来相对简单，但是该求解方法是有稳定性限制的，即

$$\mid\Delta\boldsymbol{\varepsilon}\mid < \Delta\varepsilon_{\mathrm{stab}} \tag{5.4}$$

式中，$\Delta\varepsilon_{\mathrm{stab}}$ 一般要小于弹性应变。所以对于向前欧拉法，必须控制时间增量，以满足稳定性要求，通常情况下，这个时间增量是很小的，并且和材料常数相关。

对于向后欧拉或者中点法，它们的算法通常比较复杂，而且一般需要进行局部迭代以达到收敛。它们的好处是，一般情况下没有稳定性限制（也就是无条件稳定的），时间增量可以相对取得大一些。

另外，内变量的演化也必须是增量形式的，需要自己推导增量形式的内变量演化方程，进而编程进行内变量的更新。

5.1.6 计算一致雅可比矩阵

对于小变形问题（如线弹性）或者体积变化很小的大变形问题（如金属塑性），一致雅可比矩阵定义为

$$C = \frac{\partial \Delta \boldsymbol{\sigma}}{\partial \Delta \boldsymbol{\varepsilon}} \tag{5.5}$$

注意：对于一些特定的材料本构方程或者积分方法，雅可比矩阵有可能是非对称的。

另外，在有些情况下，我们只能得到近似的一致雅可比矩阵，此时程序的二次收敛性（h^2）将丢失，也就是说，求解问题的收敛性可能会变差，不能达到二次收敛（h^2）。但是，这并不影响计算结果的正确性和合理性，只要最终问题收敛了，结果就是正确的和可信的。所以，对于一些复杂的本构关系，在很难准确得到本构的雅可比矩阵时，我们可以给一个近似的雅可比矩阵并增加程序的迭代次数来达到收敛。对于向前欧拉法，一致雅可比矩阵通常很容易计算（通常就是材料的弹性矩阵）。

对于有大的体积变化的大变形问题（如压力相关塑性），精确的一致雅可比矩阵通过下面的公式求解：

$$C = \frac{1}{J} \frac{\partial \Delta (J\boldsymbol{\sigma})}{\partial \Delta \boldsymbol{\varepsilon}} \tag{5.6}$$

这样才能保证求解的问题快速收敛。这里，J 是变形梯度 F 的行列式。

对于用户子程序 VUMAT，并不需要计算材料的雅可比矩阵，因为 ABAQUS 的显式程序 Explicit 采用的是直接时间积分，不需要进行迭代求解，所以不需要提供切向刚度矩阵，而只需要将应力的更新过程编写正确即可。

5.1.7 超弹性本构方程（Hyperelastic）

完全形式的本构关系通常是通过将柯西应力 $\boldsymbol{\sigma}$ 和变形梯度 F 联系起来来定义的，如橡胶的弹性[15,16]。

一致雅可比矩阵定义如下：

$$\delta(J\boldsymbol{\sigma}) = J(C : \delta D + \delta W \cdot \boldsymbol{\sigma} - \boldsymbol{\sigma} \cdot \delta W) \tag{5.7}$$

式中，J——变形梯度 F 的行列式，$J = |F|$；

C——材料的雅可比矩阵；

δD——虚变形率，定义如下：

$$\delta D = \text{sym}(\delta F \cdot F^{-1}) \tag{5.8}$$

δW——虚转动张量，定义如下：

$$\delta W = \text{asym}(\delta F \cdot F^{-1}) \tag{5.9}$$

5.2 UMAT 和 VUMAT 中的客观率

在 ABAQUS 内置的求解代码中，针对不同的模块（求解器）和单元类型采用了不同的

客观率，具体的对应关系如表 5.1 所示。

表 5.1　ABAQUS 中不同的模块（求解器）和单元类型采用的不同的客观率

求解器	单元类型	客观率
Abaqus/Standard	实体单元（连续体）	Jaumann 率
	结构单元（壳单元、膜单元、梁单元、桁架单元）	Green-Naghdi 率
Abaqus/Explicit	实体单元（连续体）	Jaumann 率、Green-Naghdi 率
	结构单元（壳单元、膜单元、梁单元、桁架单元）	Green-Naghdi 率

本节将通过编写 ABAQUS 用户子程序 UMAT 和 VUMAT 来比较 Jaumann 率和 Green-Naghdi 率结果，并分析 Jaumann 率的局限性。其中，应力的更新过程使用次弹性本构关系。

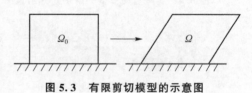

图 5.3　有限剪切模型的示意图

选择一个有限元剪切的模型（图 5.3），考察在有限剪切变形的情况下采用各种客观率的模拟结果，特别是剪应力的结果。

5.2.1　有限剪切问题的理论解

1. 从 Jaumann 率推导的理论解

次弹性各向同性材料的本构方程的 Jaumann 率形式为

$$\dot{\boldsymbol{\sigma}} = (\lambda \operatorname{tr} \boldsymbol{D})\boldsymbol{I} + 2\mu \boldsymbol{D} + \boldsymbol{W} \cdot \boldsymbol{\sigma} + \boldsymbol{\sigma} \cdot \boldsymbol{W}^{\mathrm{T}} \tag{5.10}$$

本例中，施加给物体的给定的全场位移为

$$x(t) = X + ktY, \ y(t) = Y, \ z(t) = Z \tag{5.11}$$

根据上述本构关系和施加的位移场，可以解得全场的应力为

$$\begin{cases} \sigma_x = \mu\left[1 + \sin\left(-kt - \dfrac{\pi}{2}\right)\right] = \mu[1 - \cos(kt)] \\ \sigma_y = -\sigma_x = -\mu[1 - \cos(kt)] \\ \sigma_{xy} = k\mu\sin(kt) \end{cases} \tag{5.12}$$

2. 从 Green-Naghdi 率推导的理论解

次弹性各向同性材料的本构方程的 Green-Naghdi 率形式为

$$\dot{\boldsymbol{\sigma}} = (\lambda \operatorname{tr}\boldsymbol{D})\boldsymbol{I} + 2\mu\boldsymbol{D} + \boldsymbol{\Omega} \cdot \boldsymbol{\sigma} + \boldsymbol{\sigma} \cdot \boldsymbol{\Omega}^{\mathrm{T}} \tag{5.13}$$

由上述本构关系和极分解定理，可以得到 Green-Naghdi 率下应力场的理论解为

$$\sigma_x = -\sigma_y = 4\mu[\cos(2\beta)\ln\cos\beta + \beta\sin(2\beta) - \sin^2\beta]$$
$$\sigma_{xy} = 2\mu\cos(2\beta)[2\beta - 2\tan(2\beta)\ln\cos\beta - \tan\beta] \tag{5.14}$$

式中，$\beta = \tan^{-1}(t/2)$。

说明：关于本问题理论解的详细推导，参见文献［17］的第 117 页。

接下来，通过一个简单的模型，采用不同客观率的用户材料子程序进行计算，以验证编

写的用户子程序的正确性。模型尺寸：$1\text{ m}\times1\text{ m}\times1\text{ m}$。模型参数：杨氏模量 $E=210\text{ GPa}$；泊松比 $\nu=0.3$；密度 $\rho=7\ 800\text{ kg/m}^3$。该模型的网格划分示意如图 5.4 所示。

图 5.4　有限剪切模型的网格划分示意图

变形前　　　　　　　　　变形后

图 5.5　有限剪切模型变形前后的对比

（书后附彩插）

边界条件：施加位移边界条件，添加整个部件的整体位移场为 $u_1=ktY$，$u_2=0$，$u_3=0$，从而可以使全场都产生一个纯剪切的变形。

结果分析：计算完成后，变形前后的模型如图 5.5 所示，从图中可以看出，变形在全场所有单元都是一致的，验证了所施加的是一个纯剪切的变形场。

下面分别给出几种客观率下对应的用户材料子程序和计算得到的剪切应力（S12）随加载过程的曲线，以及它们之间的比较。

5.2.2　用 UMAT 实现 Jaumann 率

因为在 ABAQUS 隐式算法中，软件采用的本构关系的客观率即 Jaumann 率，所以在编程中只需实现一步：

$$\boldsymbol{\sigma}_{t+\Delta t}=\Delta\boldsymbol{R}\cdot\boldsymbol{\sigma}_t\cdot\Delta\boldsymbol{R}^\mathrm{T}+\Delta\boldsymbol{\sigma},\ \Delta\boldsymbol{\sigma}=\boldsymbol{C}^{\sigma\mathrm{J}}:\Delta\boldsymbol{\varepsilon} \tag{5.15}$$

式中，$\Delta\boldsymbol{R}\cdot\boldsymbol{\sigma}_t\cdot\Delta\boldsymbol{R}^\mathrm{T}$ 已经在子程序外实现。

UMAT 传入的应力是已经旋转的应力，存储在 STRESS(NTENS) 中；应变增量保存在 DSTRAN(NTENS) 中；Jaumann 率弹性矩阵存储在 DDSDDE(NTENS,NTENS) 中，用传入的弹性常数 PROPS(i) 更新弹性矩阵。UMAT 传入的应变为工程应变，弹性矩阵表示如下：

$$\boldsymbol{C}^{\sigma\mathrm{J}}=\begin{bmatrix} \lambda+2\mu & \lambda & \lambda & 0 & 0 & 0 \\ \lambda & \lambda+2\mu & \lambda & 0 & 0 & 0 \\ \lambda & \lambda & \lambda+2\mu & 0 & 0 & 0 \\ 0 & 0 & 0 & \mu & 0 & 0 \\ 0 & 0 & 0 & 0 & \mu & 0 \\ 0 & 0 & 0 & 0 & 0 & \mu \end{bmatrix} \tag{5.16}$$

用户子程序 UMAT 实现 Jaumann 率的代码如下：

```
1    SUBROUTINE UMAT(STRESS,STATEV,DDSDDE,SSE,SPD,SCD,            &
2    RPL,DDSDDT,DRPLDE,DRPLDT,                                    &
3    STRAN,DSTRAN,TIME,DTIME,TEMP,DTEMP,PREDEF,DPRED,CMNAME,      &
4    NDI,NSHR,NTENS,NSTATV,PROPS,NPROPS,COORDS,DROT,PNEWDT,       &
```

```
5        CELENT,DFGRD0,DFGRD1,NOEL,NPT,LAYER,KSPT,KSTEP,KINC)
6   !
7        INCLUDE 'ABA_PARAM.INC'
8   !
9        CHARACTER * 80 CMNAME
10       DIMENSION STRESS(NTENS),STATEV(NSTATV),                    &
11       DDSDDE(NTENS,NTENS),DDSDDT(NTENS),DRPLDE(NTENS),           &
12       STRAN(NTENS),DSTRAN(NTENS),TIME(2),PREDEF(1),DPRED(1),     &
13       PROPS(NPROPS),COORDS(3),DROT(3,3),DFGRD0(3,3),DFGRD1(3,3)
14
15       ! 读取和计算材料参数
16       E = PROPS(1)
17       v = PROPS(2)
18       G = E/2/(1 + v)
19       lamda = v * E/(1 + v)/(1-2 * v)
20
21       DDSDDE = 0
22       ! 计算材料刚度矩阵 DDSDDE
23       do i = 1, NDI
24         do j = 1, NDI
25               DDSDDE(i,j) = lamda
26           end do
27           DDSDDE(i,i) = lamda + 2 * G
28       end do
29
30       do i = NDI + 1,NTENS
31           DDSDDE(i,i) = G
32       end do
33
34       ! 应力更新
35       do i = 1,NTENS
36         do j = 1,NTENS
37           STRESS(i) = STRESS(i) + DDSDDE(i,j) * DSTRAN(j)
38         end do
39       end do
40
41       END SUBROUTINE
```

在用户子程序 UMAT 中，对于不同的剪切应变（由于是线性加载，计算时间和加载历程成正比，因此计算时间和加载的剪切应变之间可以相互转换），得到剪切应力如图 5.6 所示，计算更长时间下的剪切应力和剪切应变的关系如图 5.7 所示（对应更大的剪切变形，最大剪切变形达到 1 200%）。

上面这个问题采用 Jaumann 率的理论解也是三角函数形式。通过上述计算可以发现，在大变形时剪切应力会产生振荡，材料会出现软化现象。因此，在所要求解的问题会发生大变形剪切的情况下，应慎用 Jaumann 率。

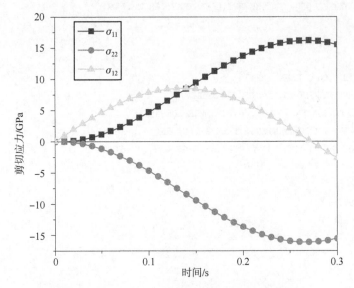

图 5.6　Jaumann 率下有限剪切变形的模拟结果

（书后附彩插）

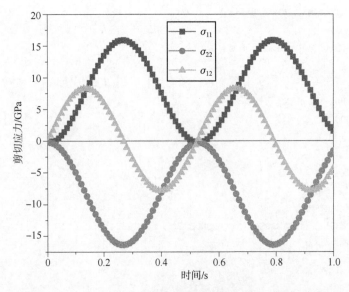

图 5.7　Jaumann 率下有限剪切变形的模拟结果（更长时间）

（书后附彩插）

本例模型的 inp 文件和用户子程序文件：

Jaumann-umat. inp

Jaumann-umat. for

扫描二维码

获取相关资料

5.2.3　用 VUMAT 实现 Green-Naghdi 率

Green-Naghdi 率是在共轴旋转坐标系下对应力进行更新的，且在 VUMAT 中，传入的应力也是在共轴旋转坐标系下描述的，则应力更新的公式如下：

$$\hat{\boldsymbol{\sigma}}_{t+\Delta t} = \hat{\boldsymbol{\sigma}}_t + \Delta\hat{\boldsymbol{\sigma}}, \quad \delta\Delta\hat{\boldsymbol{\sigma}} = \boldsymbol{C}^{\hat{\sigma}\hat{D}} : \Delta\hat{\boldsymbol{\varepsilon}} \tag{5.17}$$

其中，未更新的应力存储于 STRESSOLD 中，而更新后的应力存储于数组 STRESSNEW 中。在用户子程序 VUMAT 中，采用的应变为柯西应变张量，应变增量存储在 STRAININC 变量中，对于次弹性各向同性材料，弹性矩阵为

$$\boldsymbol{C}^{\hat{\sigma}\hat{D}} = \begin{bmatrix} \lambda+2\mu & \lambda & \lambda & 0 & 0 & 0 \\ \lambda & \lambda+2\mu & \lambda & 0 & 0 & 0 \\ \lambda & \lambda & \lambda+2\mu & 0 & 0 & 0 \\ 0 & 0 & 0 & 2\mu & 0 & 0 \\ 0 & 0 & 0 & 0 & 2\mu & 0 \\ 0 & 0 & 0 & 0 & 0 & 2\mu \end{bmatrix} \tag{5.18}$$

用户子程序 VUMAT 实现 Green-Naghdi 率的代码如下：

```
1       subroutine vumat(nblock, ndir, nshr, nstatev, nfieldv, nprops,        &
2          lanneal,stepTime, totalTime, dt, cmname, coordMp, charLength,      &
3          props, density, strainInc, relSpinInc,                            &
4          tempOld, stretchOld, defgradOld, fieldOld,                        &
5          stressOld, stateOld, enerInternOld, enerInelasOld,                &
6          tempNew, stretchNew, defgradNew, fieldNew,                        &
7           stressNew, stateNew, enerInternNew, enerInelasNew )
8
9       include 'vaba_param. inc'
10      dimension props(nprops), density(nblock), coordMp(nblock, * ),        &
11         charLength(nblock), strainInc(nblock,ndir + nshr),                &
12         relSpinInc(nblock,nshr), tempOld(nblock),                        &
13         stretchOld(nblock,ndir + nshr),defgradOld(nblock,ndir + nshr + nshr), &
14         fieldOld(nblock,nfieldv), stressOld(nblock,ndir + nshr),          &
15         stateOld(nblock,nstatev), enerInternOld(nblock),                  &
16         enerInelasOld(nblock),tempNew(nblock),stretchNew(nblock,ndir + nshr), &
17         defgradNew(nblock,ndir + nshr + nshr), fieldNew(nblock,nfieldv),  &
18         stressNew(nblock,ndir + nshr), stateNew(nblock,nstatev),          &
19         enerInternNew(nblock), enerInelasNew(nblock), C(ndir + nshr,ndir + nshr)
20 !
21      character * 80 cmname
22 !
23      !读取各计算材料参数
24      E = props(1)
25      amiu = props(2)
```

```
26        lamda = amiu * E/(1.0 + amiu)/(1.0 - 2.0 * amiu)
27        G = E/2.0/(1 + amiu)
28        C = 0
29        ! 计算材料的雅可比矩阵
30        do i = 1,ndir
31            do j = 1,ndir
32                C(i,j) = lamda
33            end do
34            C(i,i) = lamda + 2 * G
35        end do
36        do i = 1,nshr
37            C(ndir + i,ndir + i) = 2 * G
38        end do
39        ! 更新应力
40        do i = 1,nblock
41            stressNew(i,:) = stressOld(i,:) + matmul(C,strainInc(i,:))
42        end do
43
44        end subroutine
```

注意：上面代码中第 41 行在进行应力更新计算 $\Delta\hat{\boldsymbol{\sigma}} = \boldsymbol{C}^{\hat{\sigma}\hat{D}}:\Delta\hat{\boldsymbol{\varepsilon}}$ 时，使用了矩阵乘法函数 matmul()，这样既可以简化代码，又可以提高计算效率（一般 Fortran 语言内置函数的计算效率都非常高）。

图 5.8 所示为用户子程序 VUMAT 实现 Green-Naghdi 率的代码计算得到的结果和 5.2.2 节的用户子程序 UMAT 实现 Jaumann 率的代码计算得到的结果的比较。

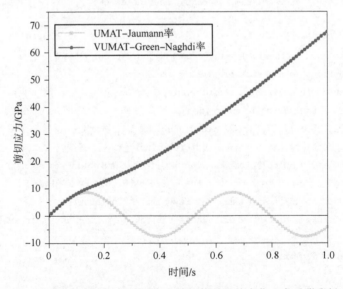

图 5.8　两种客观率下的剪切应力随加载时间的变化（书后附彩插）

由图 5.8 可以看出，在小变形时，由 Jaumann 率和 Green-Naghdi 率更新得到的剪切应力基本吻合，这也验证了小变形情况下使用不同的应力更新算法的结果基本一致。在大变形情况下，采用 Jaumann 率进行更新得到的应力应变曲线会出现软化和振荡，而采用 Green-Naghdi 率进行更新得到的应力应变曲线基本呈线性上升，所以在大变形计算中，如果有大剪切情况发生，则选用 Green-Naghdi 率进行应力更新更加合适。

本例模型的 inp 文件和用户子程序文件：

Green-Naghdi-vumat. inp

Green-Naghdi-vumat. for

扫描二维码
获取相关资料

5.2.4 用 UMAT 实现 Green-Naghdi 率

为了加深对各种应力客观率的理解，本节采用用户子程序 UMAT 来实现 Green-Naghdi 率。Green-Naghdi 率中进行应力更新是在共轴旋转坐标系下完成的，所以应将所需要的量都旋转到共轴旋转坐标系下再进行更新。采用 Green-Naghdi 率进行应力更新的基本公式为

$$\begin{cases} \hat{\pmb{\sigma}}_{t+\Delta t} = \hat{\pmb{\sigma}}_t + \Delta t \cdot \pmb{C}^{\hat{\pmb{\sigma}}\hat{\pmb{D}}} : \hat{\pmb{D}} \\ \pmb{\sigma}_t = \Delta \pmb{R}^{\mathrm{T}} \cdot \pmb{\sigma}_t^{\mathrm{Aba}} \cdot \Delta \pmb{R} \end{cases} \tag{5.19}$$

式中，$\pmb{\sigma}_t^{\mathrm{Aba}}$——$t$ 时刻 ABAQUS 内部程序传入的柯西应力。

由于 $\pmb{\sigma}_t = \pmb{R} \cdot \hat{\pmb{\sigma}}_t \cdot \pmb{R}^{\mathrm{T}}$，因此还需要知道转动张量才能确定 $\hat{\pmb{\sigma}}_t$ 项。实质上，这里的 $\pmb{R}$ 应该是 $\pmb{R}_t$，表示在 t 时刻的转动张量。

转动张量可以通过极分解定理（对变形梯度 $\pmb{F}$ 进行左极分解或者右极分解）求得，由此可以得到 $\hat{\pmb{\sigma}}_t$。

关于 $\Delta t \cdot \pmb{C}^{\hat{\pmb{\sigma}}\hat{\pmb{D}}} : \hat{\pmb{D}}$ 项，其求解公式如下：

$$\begin{aligned} \Delta t \cdot \pmb{C}^{\hat{\pmb{\sigma}}\hat{\pmb{D}}} : \hat{\pmb{D}} &= \pmb{C}^{\hat{\pmb{\sigma}}\hat{\pmb{D}}} : (\hat{\pmb{D}} \Delta t) \\ &= \pmb{C}^{\hat{\pmb{\sigma}}\hat{\pmb{D}}} : (\pmb{R}^{\mathrm{T}} \cdot \pmb{D} \cdot \pmb{R} \Delta t) \\ &= \pmb{C}^{\hat{\pmb{\sigma}}\hat{\pmb{D}}} : (\pmb{R}^{\mathrm{T}} \cdot \pmb{D} \Delta t \cdot \pmb{R}) \end{aligned} \tag{5.20}$$

最后，将得到的 $\hat{\pmb{\sigma}}_{t+\Delta t}$ 转化到当前坐标系下即可。

按照上述公式和流程实现在 UMAT 中采用 Green-Naghdi 率进行应力更新，实现的用户子程序 UMAT 的代码如下：

```
1      SUBROUTINE UMAT(STRESS,STATEV,DDSDDE,SSE,SPD,SCD,        &
2        RPL,DDSDDT,DRPLDE,DRPLDT,                              &
3        STRAN,DSTRAN,TIME,DTIME,TEMP,DTEMP,PREDEF,DPRED,CMNAME, &
4        NDI,NSHR,NTENS,NSTATV,PROPS,NPROPS,COORDS,DROT,PNEWDT,  &
5        CELENT,DFGRD0,DFGRD1,NOEL,NPT,LAYER,KSPT,KSTEP,KINC)
6
7        INCLUDE 'ABA_PARAM. INC'
8        CHARACTER * 80 CMNAME
9        dimension STRESS(NTENS),STATEV(NSTATV),                &
10       DDSDDE(NTENS,NTENS),DDSDDT(NTENS),DRPLDE(NTENS),       &
11       STRAN(NTENS),DSTRAN(NTENS),TIME(2),PREDEF(1),DPRED(1), &
12       PROPS(NPROPS),COORDS(3),DROT(3,3),DFGRD0(3,3),DFGRD1(3,3)
```

```
13
14      double precision S1(3,3),S2(3,3),R(3,3),UU(3,3),R2(3,3),          &
15        S3(3,3),S4(3,3),de(3,3),de1(3,3),de2(ntens),UU2(3,3),S5(3,3)
16      integer ipiv(3)
17      double precision tept(3,3),V(3,3),AINV(3,3),tept2(3,3)
18
19      ! 读取和计算材料参数
20      E = PROPS(1)
21      amiu = PROPS(2)
22      G = E/2.0/(1.0 + amiu)
23      lamda = amiu * E/(1.0 + amiu)/(1.0-2.0 * amiu)
24      DDSDDE = 0.0
25
26      ! 将应力和应变增量由 voigt 形式转换为张量矩阵形式
27      call voigt2tensor_3D(STRESS, S1)
28      call voigt2tensor_3D(dstran, de)
29
30      ! 对应力张量 S1 进行转动,具体参见前面的公式
31      S2 = MATMUL(MATMUL(TRANSPOSE(DROT),S1),DROT)
32
33      ! 对前一时刻的变形梯度进行左极分解,求 R1
34      tept = MATMUL(TRANSPOSE(DFGRD0),DFGRD0)
35      call CJCBI(tept,3,1.e-3,V,L)
36      do i = 1,3
37         tept(i,i) = sqrt(tept(i,i))
38      end do
39      UU = MATMUL(MATMUL(V,tept),TRANSPOSE(V))
40
41      ! 对当前时刻的变形梯度进行左极分解,求 R2
42      tept2 = MATMUL(TRANSPOSE(DFGRD1),DFGRD1)
43      call CJCBI(tept2,3,1.e-3,V,L)
44      do i = 1,3
45         tept2(i,i) = sqrt(tept2(i,i))
46      end do
47      UU2 = MATMUL(MATMUL(V,tept2),TRANSPOSE(V))
48
49      call InverseMat(UU,3)
50      call InverseMat(UU2,3)
51
52      R = MATMUL(DFGRD0,UU)
53      R2 = MATMUL(DFGRD1,UU2)
54
55      ! 对应力张量 S2 和应变增量矩阵 de 进行转动,具体参见前面的公式
```

```
56        S3 = MATMUL(MATMUL(TRANSPOSE(R),S2),R)
57        de1 = MATMUL(MATMUL(TRANSPOSE(R2),de),R2)
58
59        ! 将 de2 转换为 Voigt 形式
60        call tensor2voigt_3D(de1, de2)
61
62        ! 计算材料刚度矩阵 DDSDDE
63        do i = 1, NDI
64          do j = 1, NDI
65             DDSDDE(i,j) = lamda
66          end do
67          DDSDDE(i,i) = lamda + 2 * G
68        end do
69        do i = NDI + 1,NTENS
70           DDSDDE(i,i) = 2 * G
71        end do
72
73        ! 更新应力
74        do i = 1,ndi
75          do j = 1,NTENS
76              S3(i,i) = S3(i,i) + DDSDDE(i,j) * de2(j)
77          end do
78        end do
79
80        do j = 1,NTENS
81          S3(1,2) = S3(1,2) + DDSDDE(4,j) * de2(j)
82          S3(1,3) = S3(1,3) + DDSDDE(5,j) * de2(j)
83          S3(2,3) = S3(2,3) + DDSDDE(6,j) * de2(j)
84        end do
85
86        S3(2,1) = S3(1,2)
87        S3(3,1) = S3(1,3)
88        S3(3,2) = S3(2,3)
89
90        ! 将更新后的应力 S3 用 R2 转动回去
91        S5 = MATMUL(MATMUL(R2,S3),TRANSPOSE(R2))
92        ! 将 S5 转换到 Voigt 形式
93        call tensor2voigt_3D(S5,STRESS)
94
95        END SUBROUTINE
96
97        ! 子程序,将 3 * 3 应力或应变矩阵转换为 voigt 形式
98        SUBROUTINE tensor2voigt_3D(Stensor, Svoigt)
```

```
 99      implicit none
100      real * 8 Stensor(3,3), Svoigt(6)
101      Svoigt(1) = Stensor(1,1)
102      Svoigt(2) = Stensor(2,2)
103      Svoigt(3) = Stensor(3,3)
104      Svoigt(4) = Stensor(1,2)
105      Svoigt(5) = Stensor(2,3)
106      Svoigt(6) = Stensor(3,1)
107  END SUBROUTINE
108
109  ! 子程序,将 voigt 应力或应变矩阵转换为张量矩阵形式
110  SUBROUTINE voigt2tensor_3D(Svoigt, Stensor)
111      implicit none
112      real * 8 Stensor(3,3), Svoigt(6)
113      Stensor(1,1)  = Svoigt(1)
114      Stensor(2,2)  = Svoigt(2)
115      Stensor(3,3)  = Svoigt(3)
116      Stensor(1,2)  = Svoigt(4)
117      Stensor(2,3)  = Svoigt(5)
118      Stensor(3,1)  = Svoigt(6)
119      Stensor(2,1)  = Svoigt(4)
120      Stensor(3,2)  = Svoigt(5)
121      Stensor(1,3)  = Svoigt(6)
122  END SUBROUTINE
123
124  ! 子程序,求 3 * 3 矩阵的逆
125  SUBROUTINE InverseMat(aa,n)
126      dimension aa(3,3),a(3,3)
127      double precision aa,a,det
128
129      det = aa(1,1) * aa(2,2) * aa(3,3) + aa(1,2) * aa(2,3) * aa(3,1) +        &
130           aa(1,3) * aa(2,1) * aa(3,2)
131      det = det - aa(2,2) * aa(1,3) * aa(3,1) - aa(2,3) * aa(3,2) * aa(1,1) -  &
132           aa(1,2) * aa(2,1) * aa(3,3)
133
134      a(1,1) = aa(2,2) * aa(3,3) - aa(2,3) * aa(3,2)
135      a(2,2) = aa(1,1) * aa(3,3) - aa(1,3) * aa(3,1)
136      a(3,3) = aa(2,2) * aa(1,1) - aa(2,1) * aa(1,2)
137      a(1,2) = aa(2,3) * aa(3,1) - aa(3,3) * aa(2,1)
138      a(1,3) = - aa(2,2) * aa(3,1) + aa(2,1) * aa(3,2)
139      a(2,3) = aa(1,2) * aa(3,1) - aa(1,1) * aa(3,2)
140      a(2,1) = a(1,2)
141      a(3,2) = a(2,3)
```

```
142        a(3,1) = a(1,3)
143        aa = a/det
144     END SUBROUTINE
145
146     ! 子程序,求矩阵的特征值和特征向量
147     SUBROUTINE CJCBI(A,N,EPS,V,L)
148        DIMENSION A(N,N),V(N,N)
149        double precision A,V,FM,CN,SN,OMEGA,X,Y
150        INTEGER P,Q
151        L = 1
152        do i = 1,N
153          V(i,i) = 1.0
154          do j = 1,N
155            if(i. ne. j)V(i,j) = 0.0
156          end do
157        end do
158 25     FM = 0.0
159        do i = 2,N
160          do j = 1,i - 1
161            if ( ABS(A(i,j)). GT. FM ) then
162              FM = ABS(A(i,j))
163              P = i
164              Q = j
165            end if
166          end do
167        end do
168
169        if ( FM. LT. EPS ) then
170          L = 1
171          RETURN
172        end if
173        if ( L. GT. 100 ) then
174          L = 0
175          RETURN
176        end if
177        L = L + 1
178        X =  - A(P,Q)
179        Y = (A(Q,Q) - A(P,P))/2.0
180        OMEGA = X/sqrt(X * X + Y * Y)
181        if ( Y. LT. 0.0 )OMEGA = - OMEGA
182        SN = 1.0 + sqrt(1.0 - OMEGA * OMEGA)
183        SN = OMEGA/SQRT(2.0 * SN)
184        CN = SQRT(1.0 - SN * SN)
```

```
185        FM = A(P,P)
186        A(P,P) = FM * CN * CN + A(Q,Q) * SN * SN + A(P,Q) * OMEGA
187        A(Q,Q) = FM * SN * SN + A(Q,Q) * CN * CN-A(P,Q) * OMEGA
188        A(P,Q) = 0.0
189        A(Q,P) = 0.0
190
191        do j = 1,N
192          if (( j. ne. P). and. (j. ne. Q) ) then
193            FM = A(P,j)
194            A(P,j) = FM * CN + A(Q,j) * SN
195            A(Q,j) = -FM * SN + A(Q,j) * CN
196          end if
197        end do
198
199        do i = 1,N
200          if ( (i. ne. P). and. (i. ne. Q) ) then
201            FM = A(i,P)
202            A(i,P) = FM * CN + A(i,Q) * SN
203            A(i,Q) = -FM * SN + A(i,Q) * CN
204          end if
205        end do
206
207        do i = 1,N
208          FM = V(i,P)
209          V(i,P) = FM * CN + V(i,Q) * SN
210          V(i,Q) = -FM * SN + V(i,Q) * CN
211        end do
212        goto 25
213      END SUBROUTINE
```

注意：在这个例子中使用了很多辅助子程序来提高代码的模块化程度和可读性，在实际使用时，将这些子程序放在同一个文件中即可。

接下来，采用用户子程序 UMAT 实现 Green-Naghdi 率，实现的方法和代码在前面已经列出。将得到的结果和前面的结果以及理论解（剪切应力和剪切应变成正比）放在同一种图中进行比较，如图 5.9 所示。从图中可以看出，用 UMAT 和用 ABAQUS 内置代码采用 Jaumann 率进行应力更新，得到的结果完全一致，用 VUMAT 实现 Green-Naghdi 率和用 UMAT 实现 Green-Naghdi 率进行应力更新得到的结果也完全一致，说明了我们的程序和计算过程的正确性。但是，我们也注意到，两种客观率（特别是 Jaumann 率）计算得到的结果与理论解都有不小的差距，计算结果已经和我们的直观认识相违背了。所以在大变形计算中有大剪切发生的情况下，要慎用 Jaumann 率。

图 5.10 所示为图 5.9 的局部放大图。由此可以看出，在小剪切的情况下（剪切应变小于 100%），各种方法吻合得均较好；而在大剪切的情况下，不同的应力更新方法的结果会产生较大的差异。所以，在剪切应变较小时，采用这两种客观率都是合适的。

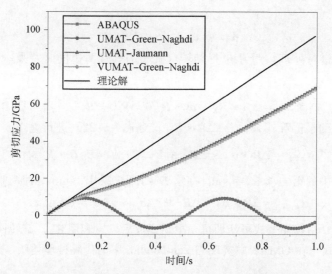

图 5.9 各种客观率下剪切应力随加载时间的变化及其与理论解的比较（书后附彩插）

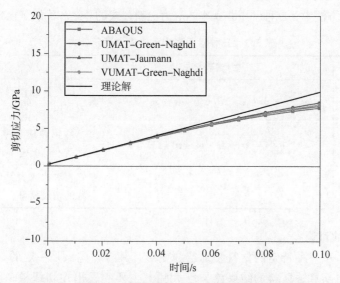

图 5.10 各种客观率下剪切应力随加载时间的变化及其与
理论解的比较（局部放大图）（书后附彩插）

本例模型的 inp 文件和用户子程序文件：
Green-naghdi-umat. inp
Green-naghdi-umat. for

扫描二维码
获取相关资料

5.2.5 用 VUMAT 实现 Jaumann 率

与上面在 UMAT 中实现 Green-Naghdi 率类似，在 VUMAT 中实现 Jaumann 率也不是
很直观，需要对应力、变形率等量进行转动，然后在相应的坐标系下进行更新。Jaumann

率的更新公式如下：

$$\hat{\boldsymbol{\sigma}}_{n+1} = \hat{\boldsymbol{\sigma}}_n + \mathrm{d}t \cdot \boldsymbol{C}^{\hat{\boldsymbol{\sigma}}\hat{\boldsymbol{D}}} : \hat{\boldsymbol{D}} \tag{5.21}$$

对式（5.21）进行处理，用 $\boldsymbol{R}$ 进行旋转（式子的等号两边同时左乘一个 $\boldsymbol{R}_{n+1}$、右乘一个 $\boldsymbol{R}_{n+1}^{\mathrm{T}}$），

$$\boldsymbol{R}_{n+1} \cdot \hat{\boldsymbol{\sigma}}_{n+1} \cdot \boldsymbol{R}_{n+1}^{\mathrm{T}} = \Delta\boldsymbol{R} \cdot \boldsymbol{R}_n \cdot \hat{\boldsymbol{\sigma}}_n \cdot \boldsymbol{R}_n^{\mathrm{T}} \cdot \Delta\boldsymbol{R}^{\mathrm{T}} + \boldsymbol{R}_{n+1} \cdot \mathrm{d}t \cdot \boldsymbol{C} : \hat{\boldsymbol{D}} \cdot \boldsymbol{R}_{n+1}^{\mathrm{T}} \tag{5.22}$$

式（5.22）用到了恒等式 $\boldsymbol{R}_{n+1} = \Delta\boldsymbol{R} \cdot \boldsymbol{R}_n$。对式（5.22）进行整理，可得

$$\boldsymbol{\sigma}_{n+1} = \Delta\boldsymbol{R} \cdot \boldsymbol{\sigma}_n \cdot \Delta\boldsymbol{R}^{\mathrm{T}} + \boldsymbol{R}_{n+1} \cdot \mathrm{d}t \cdot \boldsymbol{C} : \hat{\boldsymbol{D}} \cdot \boldsymbol{R}_{n+1}^{\mathrm{T}} \tag{5.23}$$

对式（5.23）中的第二项 $\boldsymbol{R}_{n+1} \cdot \mathrm{d}t \cdot \boldsymbol{C} : \hat{\boldsymbol{D}} \cdot \boldsymbol{R}_{n+1}^{\mathrm{T}}$ 采用 Jaumann 率进行更新：

$$\boldsymbol{\sigma}_{t+\Delta t} = \Delta\boldsymbol{R} \cdot \boldsymbol{\sigma}_t \cdot \Delta\boldsymbol{R}^{\mathrm{T}} + \Delta\boldsymbol{\sigma}, \qquad \Delta\boldsymbol{\sigma} = \boldsymbol{C}^{\boldsymbol{\sigma}\mathrm{J}} : \Delta\boldsymbol{\varepsilon} \tag{5.24}$$

因此，只需要旋转 $\hat{\boldsymbol{D}}$ 后按照公式更新即可，更新完成后，再利用 $\boldsymbol{R}_{n+1}$ 旋转回共轴旋转坐系。以上公式的实现方式与在 UMAT 中实现 Green-Naghdi 率的代码过程类似，此处不再附代码。

5.2.6 关于客观率的一些讨论

1. 几种客观率的关系和比较

非线性有限元方法中，三种常用客观率的应力更新公式的总结和优缺点比较如表 5.2 所示。

表 5.2　三种常用客观率的应力更新公式

客观率	应力更新公式	特点
Truesdell 率	$\boldsymbol{\sigma}^{\nabla\mathrm{T}} = \dot{\boldsymbol{\sigma}} + \nabla \cdot v\boldsymbol{\sigma} - \boldsymbol{L} \cdot \boldsymbol{\sigma} - \boldsymbol{\sigma} \cdot \boldsymbol{L}^{\mathrm{T}}$	编程实现困难，商业软件中一般不采用
Green-Naghdi 率	$\boldsymbol{\sigma}^{\nabla\mathrm{G}} = \dot{\boldsymbol{\sigma}} - \boldsymbol{\Omega} \cdot \boldsymbol{\sigma} - \boldsymbol{\sigma} \cdot \boldsymbol{\Omega}^{\mathrm{T}}$	与柯西应力率在运动学上一致，必须准确确定旋转张量 $\boldsymbol{R}$
Jaumann 率	$\boldsymbol{\sigma}^{\nabla\mathrm{J}} = \dot{\boldsymbol{\sigma}} - \boldsymbol{W} \cdot \boldsymbol{\sigma} - \boldsymbol{\sigma} \cdot \boldsymbol{W}^{\mathrm{T}}$	相对比较容易编程实现，产生对称的切线模量

2. 切线模量的讨论

我们知道，对于一种特定的材料和确定的变形，其应力应该是一定的，但为什么采用这几种不同的应力更新算法所得的结果差异巨大呢？主要问题出在切线模量上。Jaumann 率、Green-Naghdi 率和 Truesdell 率都是客观的，只要采用了正确的切向模量，就必然能得到正确且相同的结果。这几种应力率对应的切向模量（$\boldsymbol{C}^{\boldsymbol{\sigma}\mathrm{T}}$、$\boldsymbol{C}^{\boldsymbol{\sigma}\mathrm{G}}$、$\boldsymbol{C}^{\boldsymbol{\sigma}\mathrm{J}}$）有如下关系：

$$\begin{cases} \boldsymbol{C}^{\boldsymbol{\sigma}\mathrm{T}} = \boldsymbol{C}^{\boldsymbol{\sigma}\mathrm{J}} - \boldsymbol{C}^* \\ \boldsymbol{C}^* = \boldsymbol{C}' - \boldsymbol{\sigma} \otimes \boldsymbol{I} \\ \boldsymbol{C}' : \boldsymbol{D} = \boldsymbol{D} \cdot \boldsymbol{\sigma} + \boldsymbol{\sigma} \cdot \boldsymbol{D} \\ \boldsymbol{C}^{\boldsymbol{\sigma}\mathrm{T}} = \boldsymbol{C}^{\boldsymbol{\sigma}\mathrm{G}} - \boldsymbol{C}^* - \boldsymbol{C}^{\mathrm{spin}} \\ \boldsymbol{C}^{\mathrm{spin}} : \boldsymbol{D} = (\boldsymbol{W} - \boldsymbol{\Omega}) \cdot \boldsymbol{\sigma} + \boldsymbol{\sigma} \cdot (\boldsymbol{W} - \boldsymbol{\Omega})^{\mathrm{T}} \end{cases} \tag{5.25}$$

由于在计算时对不同的应力率采用了相同的切向模量，因此得到的计算结果差异巨大。

3. 应力更新的本质

我们看到，不同的应力更新算法的公式有很大差别：

$$\dot{\boldsymbol{\sigma}} = (\lambda^{J} \text{tr}\, \boldsymbol{D})\boldsymbol{I} + 2\mu^{J}\boldsymbol{D} + \boldsymbol{W} \cdot \boldsymbol{\sigma} + \boldsymbol{\sigma} \cdot \boldsymbol{W}^{T} \tag{5.26}$$

$$\dot{\boldsymbol{\sigma}} = (\lambda^{G} \text{tr}\, \boldsymbol{D})\boldsymbol{I} + 2\mu^{G}\boldsymbol{D} + \boldsymbol{\Omega} \cdot \boldsymbol{\sigma} + \boldsymbol{\sigma} \cdot \boldsymbol{\Omega}^{T} \tag{5.27}$$

但是实质上，它们的区别就是在不同的坐标系中对应力进行更新。在我们的分析中，常用的几种坐标系有：当前构型下的坐标系、初始构型下的坐标系、共轴旋转坐标系。而 Jaumann 率的更新是在当前构型下的坐标系中完成，Green-Naghdi 率的更新是在共轴旋转坐标系中完成。

5.3　典型弹性材料的 UMAT 和 VUMAT 实现

5.3.1　各向同性等温弹性材料

1. 各向同性等温弹性材料的本构方程

各向同性等温弹性材料的本构方程为（通过拉梅常数 λ 和 μ 表示）[18]

$$\sigma_{ij} = \lambda \delta_{ij} \varepsilon_{kk} + 2\mu \varepsilon_{ij} \tag{5.28}$$

将式（5.28）表达为 Jaumann 率的形式（共轴旋转坐标系下）：

$$\dot{\sigma}^{J}_{ij} = \lambda \delta_{ij} \dot{\varepsilon}_{kk} + 2\mu \dot{\varepsilon}_{ij} \tag{5.29}$$

在共轴旋转框架下进行时间积分，可得

$$\Delta\sigma^{J}_{ij} = \lambda \delta_{ij} \Delta\varepsilon_{kk} + 2\mu \Delta\varepsilon_{ij} \tag{5.30}$$

所以应力更新的过程为

$$\boldsymbol{\sigma}_{t+\Delta t} = \Delta\boldsymbol{R} \cdot \boldsymbol{\sigma}_{t} \cdot \Delta\boldsymbol{R}^{T} + \Delta\boldsymbol{\sigma}, \quad \Delta\boldsymbol{\sigma} = \boldsymbol{C}^{\sigma J} : \Delta\boldsymbol{\varepsilon} \tag{5.31}$$

式中，$\Delta\boldsymbol{R} \cdot \boldsymbol{\sigma}_{t} \cdot \Delta\boldsymbol{R}^{T}$ 已经在用户子程序 UMAT 外实现了。

用户子程序 UMAT 中传入的应力是已经用 $\Delta\boldsymbol{R}$ 旋转过的应力，存储在 STRESS (NTENS) 中，应变增量存储在 DSTRAN(NTENS) 中，Jaumann 率弹性矩阵存储在 DDSDDE(NTENS,NTENS) 中，用传入的弹性常数 PROPS(i) 更新弹性矩阵。UMAT 传入的应变为工程应变，弹性矩阵表示如下：

$$\boldsymbol{C}^{\sigma J} = \begin{bmatrix} \lambda+2\mu & \lambda & \lambda & 0 & 0 & 0 \\ \lambda & \lambda+2\mu & \lambda & 0 & 0 & 0 \\ \lambda & \lambda & \lambda+2\mu & 0 & 0 & 0 \\ 0 & 0 & 0 & \mu & 0 & 0 \\ 0 & 0 & 0 & 0 & \mu & 0 \\ 0 & 0 & 0 & 0 & 0 & \mu \end{bmatrix} \tag{5.32}$$

2. 各向同性等温弹性材料的用户材料子程序 UMAT

由式（5.30）和式（5.32）可以编写子程序的代码，下面给出 ABAQUS 隐式程序的用户子程序 UMAT 的实现，代码如下：

```
1    SUBROUTINE UMAT(STRESS,STATEV,DDSDDE,SSE,SPD,SCD,        &
2    RPL,DDSDDT,DRPLDE,DRPLDT,                                &
3    STRAN,DSTRAN,TIME,DTIME,TEMP,DTEMP,PREDEF,DPRED,CMNAME,  &
4    NDI,NSHR,NTENS,NSTATV,PROPS,NPROPS,COORDS,DROT,PNEWDT,   &
5    CELENT,DFGRD0,DFGRD1,NOEL,NPT,LAYER,KSPT,KSTEP,KINC)
6  ! - - - - - - - - - - - - - - - - - - - - - - - - - - - - - - - - - - - - - - -
```

```
7 !    props(1) - 杨氏模量 e
8 !    props(2) - 泊松比 xnu
9 !-------------------------------------------------------------
10     INCLUDE 'ABA_PARAM.INC'
11     CHARACTER * 80 CMNAME
12     DIMENSION STRESS(NTENS),STATEV(NSTATV),                          &
13     DDSDDE(NTENS,NTENS),DDSDDT(NTENS),DRPLDE(NTENS),                 &
14     STRAN(NTENS),DSTRAN(NTENS),TIME(2),PREDEF(1),DPRED(1),           &
15     PROPS(NPROPS),COORDS(3),DROT(3,3),DFGRD0(3,3),DFGRD1(3,3)
16 !-------------------------------------------------------------
17     E = PROPS(1)
18     xnu = PROPS(2)
19     G = E/2/(1 + xnu)
20     lamda = xnu * E/(1 + xnu)/(1 - 2 * xnu)
21     DDSDDE(i,j) = 0
22
23     do i = 1, NDI
24       do j = 1, NDI
25         DDSDDE(i,j) = lamda
26       end do
27         DDSDDE(i,i) = lamda + 2 * G
28     end do
29
30     do i = NDI + 1,NTENS
31       DDSDDE(i,i) = G
32     end do
33
34     do i = 1,NTENS
35       do j = 1,NTENS
36           STRESS(i) = STRESS(i) + DDSDDE(i,j) * DSTRAN(j)
37       end do
38     end do
39
40     RETURN
41     END SUBROUTINE
```

说明：上面的程序只适用于三维实体单元、（广义）平面应变单元、轴对称单元的情况，并不适用于平面应力单元，因为平面应力单元的材料刚度矩阵和上面的程序写出的有所不同。

3. 各向同性等温弹性材料的用户材料子程序 VUMAT

同样，也可以用 VUMAT 实现各向同性等温弹性材料的本构模型。下面给出 ABAQUS 显式程序的用户子程序 VUMAT 的实现，代码如下：

```
1     subroutine vumat(                                                &
2 !只读变量-
```

```fortran
3          nblock, ndir, nshr, nstatev, nfieldv, nprops, lanneal,       &
4          stepTime, totalTime, dt, cmname, coordMp, charLength,        &
5          props, density, strainInc, relSpinInc,                       &
6          tempOld, stretchOld, defgradOld, fieldOld,                   &
7          stressOld, stateOld, enerInternOld, enerInelasOld,           &
8          tempNew, stretchNew, defgradNew, fieldNew,                   &
```
9 ! 可写变量 -
```fortran
10         stressNew, stateNew, enerInternNew, enerInelasNew)
11
12     include 'vaba_param. inc'
13     dimension props(nprops), density(nblock), coordMp(nblock),       &
14        charLength(nblock), strainInc(nblock, ndir + nshr),          &
15        relSpinInc(nblock, nshr), tempOld(nblock),                   &
16        stretchOld(nblock, ndir + nshr),defgradOld(nblock,ndir + nshr + nshr), &
17        fieldOld(nblock, nfieldv), stressOld(nblock, ndir + nshr),   &
18        stateOld(nblock, nstatev), enerInternOld(nblock),            &
19        enerInelasOld(nblock), tempNew(nblock),                      &
20        stretchNew(nblock, ndir + nshr),defgradNew(nblock,ndir + nshr + nshr), &
21        fieldNew(nblock, nfieldv), stressNew(nblock,ndir + nshr),    &
22        stateNew(nblock, nstatev), enerInternNew(nblock),            &
23        enerInelasNew(nblock)
24 !
25     character * 80 cmname
26
```
27 !   读取弹性常数
```fortran
28     e       = props(1)
29     xnu     = props(2)
30     twomu   = e / ( one + xnu )
31     sixmu   = three * twomu
32     alamda  = twomu * ( e - twomu ) / ( sixmu - two * e )
33
```
34 !   更新前 4 个应力分量,如果是二维情况,这就是全部的应力分量
```fortran
35     do k = 1, nblock
36        trace = strainInc(k,1) + strainInc(k,2) + strainInc(k,3)
37        stressNew(k,1) = stressOld(k,1) +                            &
38            twomu * strainInc(k,1) + alamda * trace
39        stressNew(k,2) = stressOld(k,2) +                            &
40            twomu * strainInc(k,2) + alamda * trace
41        stressNew(k,3) = stressOld(k,3) +                            &
42            twomu * strainInc(k,3) + alamda * trace
43        stressNew(k,4) = stressOld(k,4) + twomu * strainInc(k,4)
44
45        stressPower = half *                                         &
```

```
46            (( stressOld(k,1) + stressNew(k,1) ) * strainInc(k,1) +        &
47             ( stressOld(k,2) + stressNew(k,2) ) * strainInc(k,2) +        &
48             ( stressOld(k,3) + stressNew(k,3) ) * strainInc(k,3) ) +      &
49             ( stressOld(k,4) + stressNew(k,4) ) * strainInc(k,4)
50       enerInternNew(k) = enerInternOld(k) + stressPower/density(k)
51     end do
52
53 !    如果是三维问题(nshr>1),则更新后2个应力分量
54     if ( nshr . gt. 1 ) then
55
56     do k = 1, nblock
57         stressNew(k,5) = stressOld(k,5) + twomu * strainInc(k,5)
58         stressNew(k,6) = stressOld(k,6) + twomu * strainInc(k,6)
59         stressPower = half *                                             &
60           (( stressOld(k,1) + stressNew(k,1) ) * strainInc(k,1) +        &
61            ( stressOld(k,2) + stressNew(k,2) ) * strainInc(k,2) +        &
62            ( stressOld(k,3) + stressNew(k,3) ) * strainInc(k,3) ) +      &
63            ( stressOld(k,4) + stressNew(k,4) ) * strainInc(k,4) +        &
64            ( stressOld(k,5) + stressNew(k,5) ) * strainInc(k,5) +        &
65            ( stressOld(k,6) + stressNew(k,6) ) * strainInc(k,6)
66
67         enerInternNew(k) = enerInternOld(k) + stressPower / density(k)
68     end do
69
70     end if
71 !
72     return
73     end
```

说明：上面的程序同时考虑了二维（nshr=1）和三维（nshr>1）的情况，所以可适用于二维平面应变、轴对称以及三维模型。

5.3.2 非等温弹性材料

1. 非等温弹性材料的本构方程

非等温弹性材料的本构方程如下：

$$\sigma_{ij} = \lambda(T)\delta_{ij}\varepsilon_{kk}^{el} + 2\mu(T)\varepsilon_{ij}^{el}, \quad \varepsilon_{ij}^{el} = \varepsilon_{ij} - \alpha T\delta_{ij} \tag{5.33}$$

式中，α——材料的热膨胀系数。

将式（5.33）写成 Jaumann 率的形式：

$$\dot{\sigma}_{ij}^{J} = \lambda\delta_{ij}\dot{\varepsilon}_{kk}^{el} + 2\mu\dot{\varepsilon}_{ij}^{el} + \dot{\lambda}\delta_{ij}\varepsilon_{kk}^{el} + 2\dot{\mu}\varepsilon_{ij}^{el}, \quad \dot{\varepsilon}_{ij}^{el} = \dot{\varepsilon}_{ij} - \alpha\dot{T}\delta_{ij} \tag{5.34}$$

在共轴旋转框架下进行时间积分，可得

$$\begin{cases} \Delta\sigma_{ij}^{J} = \lambda\delta_{ij}\Delta\varepsilon_{kk}^{el} + 2\mu\Delta\varepsilon_{ij}^{el} + \Delta\lambda\delta_{ij}\varepsilon_{kk}^{el} + 2\Delta\mu\varepsilon_{ij}^{el} \\ \Delta\varepsilon_{ij}^{el} = \Delta\varepsilon_{ij} - \alpha\Delta T\delta_{ij} \end{cases} \tag{5.35}$$

式（5.35）即在共轴旋转坐标系下增量形式的应力更新方程，可以根据该方程来写用户材料子程序。

2. 非等温弹性材料的用户材料子程序 UMAT

由式（5.35）可以编写代码，如下：

```
1        SUBROUTINE UMAT(STRESS,STATEV,DDSDDE,SSE,SPD,SCD,                    &
2       RPL,DDSDDT,DRPLDE,DRPLDT,                                            &
3       STRAN,DSTRAN,TIME,DTIME,TEMP,DTEMP,PREDEF,DPRED,CMNAME,             &
4       NDI,NSHR,NTENS,NSTATV,PROPS,NPROPS,COORDS,DROT,PNEWDT,             &
5       CELENT,DFGRD0,DFGRD1,NOEL,NPT,LAYER,KSPT,KSTEP,KINC)
6 ! - - - - - - - - - - - - - - - - - - - - - - - - - - - - - - - - - - - -
7 !    非等温弹性材料的用户子程序 UMAT
8 ! - - - - - - - - - - - - - - - - - - - - - - - - - - - - - - - - - - - -
9        INCLUDE 'ABA_PARAM.INC'
10       CHARACTER * 80 CMNAME
11       DIMENSION STRESS(NTENS),STATEV(NSTATV),                             &
12      DDSDDE(NTENS,NTENS),DDSDDT(NTENS),DRPLDE(NTENS),                    &
13      STRAN(NTENS),DSTRAN(NTENS),TIME(2),PREDEF(1),DPRED(1),             &
14      PROPS(NPROPS),COORDS(3),DROT(3,3),DFGRD0(3,3),DFGRD1(3,3)
15 ! - - - - - - - - - - - - - - - - - - - - - - - - - - - - - - - - - - - -
16 !    eelas - 弹性应变
17 !    etherm - 热应变
18 !    dtherm - 热应变增量
19 !    deldse - 由于温度改变而引起的刚度变化
20 ! - - - - - - - - - - - - - - - - - - - - - - - - - - - - - - - - - - - -
21       dimension eelas(6), etherm(6), dtherm(6), deldse(6,6)
22 !
23       parameter(zero = 0.0, one = 1.0, two = 2.0, three = 3.0, six = 6.0)
24 ! - - - - - - - - - - - - - - - - - - - - - - - - - - - - - - - - - - - -
25 !    props(1) - e(t0),   props(2) - nu(t0),   props(3) - t0
26 !    props(4) - e(t1),   props(5) - nu(t1),   props(6) - t1
27 !    props(7) - alpha,   props(8) - t_initial
28 !    增量步开始时的弹性参数
29       fac1 = (temp - props(3))/(props(6) - props(3))
30       if (fac1 .lt. zero) fac1 = zero
31       if (fac1 .gt. one) fac1 = one
32       fac0 = one - fac1
33       emod = fac0 * props(1) + fac1 * props(4)
34       enu = fac0 * props(2) + fac1 * props(5)
35       ebulk3 = emod/(one - two * enu)
36       eg20 = emod/(one + enu)
37       eg0 = eg20/two
38       elam0 = (ebulk3 - eg20)/three
```

```
39  !
40  !     增量步结束时的弹性参数
41        fac1 = (temp + dtemp - props(3))/(props(6) - props(3))
42        if (fac1 .lt. zero) fac1 = zero
43        if (fac1 .gt. one) fac1 = one
44        fac0 = one - fac1
45        emod = fac0 * props(1) + fac1 * props(4)
46        enu = fac0 * props(2) + fac1 * props(5)
47        ebulk3 = emod/(one - two * enu)
48        eg2 = emod/(one + enu)
49        eg = eg2/two
50        elam = (ebulk3 - eg2)/three
51        deldse = zero
52  !
53  !     增量步结束时的弹性刚度和刚度变化
54        do k1 = 1,ndi
55          do k2 = 1,ndi
56            ddsdde(k2,k1) = elam
57            deldse(k2,k1) = elam - elam0
58          end do
59          ddsdde(k1,k1) = eg2 + elam
60          deldse(k1,k1) = eg2 + elam - eg20 - elam0
61        end do
62        do k1 = ndi + 1,ntens
63          ddsdde(k1,k1) = eg
64          deldse(k1,k1) = eg - eg0
65        end do
66  !
67  !     计算热膨胀
68        do k1 = 1,ndi
69          etherm(k1) = props(7) * (temp - props(8))
70          dtherm(k1) = props(7) * dtemp
71        end do
72
73        do k1 = ndi + 1,ntens
74          etherm(k1) = zero
75          dtherm(k1) = zero
76        end do
77  !
78  !     计算应力,弹性应变和热应变
79        do k1 = 1, ntens
80          do k2 = 1, ntens
81            stress(k2) = stress(k2) + ddsdde(k2,k1) * (dstran(k1) - dtherm(k1))        &
```

```
82                          + deldse(k2,k1) * ( stran(k1) - etherm(k1))
83          end do
84          etherm(k1) = etherm(k1) + dtherm(k1)
85          eelas(k1) = stran(k1) + dstran(k1) - etherm(k1)
86        end do
87 !
88 !    将弹性应变和热应变存储到状态变量矩阵中
89        do k1 = 1, ntens
90          statev(k1) = eelas(k1)
91          statev(k1 + ntens) = etherm(k1)
92        end do
93        return
94      end subroutine
```

5.3.3　Neo-Hookean 超弹性材料

Neo-Hookean 超弹性材料是类似于胡克定律的超弹性材料模型，其可以用于预测经历大变形的材料的非线性应力应变行为[19,20]。该模型是 Ronald Rivlin 于 1948 年提出的。与线性弹性材料相比，Neo-Hookean 超弹性材料的应力-应变曲线不是线性的。其应力、应变之间的关系最初是线性的，但是在某一点之后，应力-应变曲线会趋于平稳。Neo-Hookean 没有考虑能量耗散释放的热量，并且假设在变形的所有阶段材料都有完美的弹性。

Neo-Hookean 超弹性材料基于交联聚合物链的统计热力学，可用于塑料和橡胶类物质的模拟。最初聚合物链在施加应力时可以相对于彼此移动。到达一定的变形后，聚合物链将被拉伸到共价交联所允许的最大点，这将导致材料的弹性模量显著增加。Neo-Hookean 超弹性材料不能预测在大应变下模量的显著增加，所以通常仅在应变低于 20% 情况下的计算才是准确的。

1. Neo-Hookean 超弹性材料的本构方程

对于超弹性材料，需要定义合适的应变能密度函数，Neo-Hookean 超弹性材料的应变能密度函数如下：

$$U = U(I_1, I_2, J) = C_{10}(I_1 - 3) + \frac{1}{D_1}(J - 1)^2 \tag{5.36}$$

式中，I_1、I_2、J 是应变的三个不变量，由柯西格林应变张量 $\boldsymbol{B}$ 表达如下：

$$I_1 = \mathrm{tr}\,\boldsymbol{B}, \quad I_2 = \frac{1}{2}[I_1^2 - \mathrm{tr}(\boldsymbol{B} \cdot \boldsymbol{B})], \quad \boldsymbol{B} = \boldsymbol{F} \cdot \boldsymbol{F}^{\mathrm{T}}, \quad J = \det \boldsymbol{F} \tag{5.37}$$

一般情况下，Neo-Hookean 超弹性材料的本构方程可以直接写成如下形式：

$$\sigma_{ij} = \frac{2}{J} C_{10}\left(\overline{B}_{ij} - \frac{1}{3}\delta_{ij}\overline{B}_{kk}\right) + \frac{2}{D_1}(J - 1)\delta_{ij}, \quad \overline{B}_{ij} = B_{ij}/J^{2/3} \tag{5.38}$$

定义虚变形率为

$$\delta D_{ij} \equiv \frac{1}{2}(\delta F_{im}F_{mj}^{-1} + F_{mi}^{-1}\delta F_{jm}) \tag{5.39}$$

Kirchhoff 应力通过下面的表达式定义：

$$\tau_{ij} = J\sigma_{ij} \tag{5.40}$$

从而可以通过对 Kirchhoff 应力的变分来推导材料的雅可比矩阵：

$$\delta\tau_{ij} - \delta W_{ik}\tau_{kj} + \tau_{ik}\delta W_{kj} = JC_{ijkl}\delta D_{kl} \tag{5.41}$$

式中，C_{ijkl}——雅可比矩阵的分量。

将代入 Noe-Hookean 模型，可以得到材料的雅可比矩阵，如下：

$$C_{ijkl} = \frac{2}{J}C_{10}\left(\frac{1}{2}(\delta_{ik}\overline{B}_{jl} + \overline{B}_{ik}\delta_{jl} + \delta_{il}\overline{B}_{jk} + \overline{B}_{il}\delta_{jk}) - \frac{2}{3}\delta_{ij}\overline{B}_{kl} - \frac{2}{3}\overline{B}_{ij}\delta_{kl} + \frac{2}{9}\delta_{ij}\delta_{kl}\overline{B}_{mm}\right) +$$
$$\frac{2}{D_1}(2J-1)\delta_{ij}\delta_{kl} \tag{5.42}$$

虽然式（5.42）看起来很复杂，但是代码实现起来很直观。

2. Neo-Hookean 超弹性材料的用户材料子程序 UMAT

接下来，通过用户子程序 UMAT，根据之前推导得到的应力更新公式（式（5.38）和雅可比矩阵公式（式（5.42））来实现 Neo-Hookean 超弹性材料。

```fortran
1        SUBROUTINE UMAT(STRESS,STATEV,DDSDDE,SSE,SPD,SCD,          &
2       RPL,DDSDDT,DRPLDE,DRPLDT,                                   &
3       STRAN,DSTRAN,TIME,DTIME,TEMP,DTEMP,PREDEF,DPRED,CMNAME,     &
4       NDI,NSHR,NTENS,NSTATV,PROPS,NPROPS,COORDS,DROT,PNEWDT,      &
5       CELENT,DFGRD0,DFGRD1,NOEL,NPT,LAYER,KSPT,KSTEP,KINC)
6       INCLUDE 'ABA_PARAM. INC'
7       CHARACTER * 80 CMNAME
8       DIMENSION STRESS(NTENS),STATEV(NSTATV),                     &
9       DDSDDE(NTENS,NTENS),DDSDDT(NTENS),DRPLDE(NTENS),            &
10      STRAN(NTENS),DSTRAN(NTENS),TIME(2),PREDEF(1),DPRED(1),      &
11      PROPS(NPROPS),COORDS(3),DROT(3,3),DFGRD0(3,3),DFGRD1(3,3)
12 ! ------------------------------------------------------------
13 !    eelas-对数弹性应变，  eelasp - 弹性主应变
14 !    bbar -偏右柯西-格林张量, bbarp-bbar 的主值,bbarn-bbar 的主方向
15 !    distgr - 变形梯度的偏量（畸变张量）
16 ! ------------------------------------------------------------
17      dimension eelas(6),eelasp(3),bbar(6),bbarp(3),bbarn(3,3),distgr(3,3)
18      parameter(zero = 0. d0,one = 1. d0,two = 2. d0,three = 3. d0,four = 4. d0,small = 1. d-6)
19 ! ------------------------------------------------------------
20 !    props(1) - c10,   props(2) - d1
21 ! ------------------------------------------------------------
22 !    弹性参数
23      c10 = props(1)
24      d1  = props(2)
25      penalty = small/c10
26      if(d1. lt. penalty) d1 = penalty
27 !    雅可比行列式和畸变张量
28      det = dfgrd1(1, 1) * dfgrd1(2, 2) * dfgrd1(3, 3) -          &
29        dfgrd1(1, 2) * dfgrd1(2, 1) * dfgrd1(3, 3)
30      if(nshr. eq. 3) then
31        det = det + dfgrd1(1, 2) * dfgrd1(2, 3) * dfgrd1(3, 1) +  &
```

```
32              dfgrd1(1, 3) * dfgrd1(3, 2) * dfgrd1(2, 1) -                    &
33              dfgrd1(1, 3) * dfgrd1(3, 1) * dfgrd1(2, 2) -                    &
34              dfgrd1(2, 3) * dfgrd1(3, 2) * dfgrd1(1, 1)
35      end if
36      scale = det * * ( - one/three)
37      do k1 = 1, 3
38        do k2 = 1, 3
39          distgr(k2, k1) = scale * dfgrd1(k2, k1)
40        end do
41      end do
42 !    计算偏左柯西-格林变形张量
43      bbar(1) = distgr(1, 1) * * 2 + distgr(1, 2) * * 2 + distgr(1, 3) * * 2
44      bbar(2) = distgr(2, 1) * * 2 + distgr(2, 2) * * 2 + distgr(2, 3) * * 2
45      bbar(3) = distgr(3, 3) * * 2 + distgr(3, 1) * * 2 + distgr(3, 2) * * 2
46      bbar(4) = distgr(1, 1) * distgr(2,1) + distgr(1,2) * distgr(2,2) +     &
47            distgr(1, 3) * distgr(2, 3)
48      if(nshr. eq. 3) then
49        bbar(5) = distgr(1, 1) * distgr(3,1) + distgr(1,2) * distgr(3,2) +   &
50              distgr(1, 3) * distgr(3, 3)
51        bbar(6) = distgr(2, 1) * distgr(3,1) + distgr(2,2) * distgr(3,2) +   &
52              distgr(2, 3) * distgr(3, 3)
53      end if
54 !    计算应力(应力更新)
55      trbbar = (bbar(1) + bbar(2) + bbar(3))/three
56      eg = two * c10/det
57      ek = two/d1 * (two * det - one)
58      pr = two/d1 * (det - one)
59      do k1 = 1,ndi
60        stress(k1) = eg * (bbar(k1) - trbbar) + pr
61      end do
62      do k1 = ndi + 1,ndi + nshr
63        stress(k1) = eg * bbar(k1)
64      end do
65 !    计算刚度矩阵
66      eg23 = eg * two/three
67      ddsdde(1, 1) = eg23 * (bbar(1) + trbbar) + ek
68      ddsdde(2, 2) = eg23 * (bbar(2) + trbbar) + ek
69      ddsdde(3, 3) = eg23 * (bbar(3) + trbbar) + ek
70      ddsdde(1, 2) = - eg23 * (bbar(1) + bbar(2) - trbbar) + ek
71      ddsdde(1, 3) = - eg23 * (bbar(1) + bbar(3) - trbbar) + ek
72      ddsdde(2, 3) = - eg23 * (bbar(2) + bbar(3) - trbbar) + ek
73      ddsdde(1, 4) = eg23 * bbar(4)/two
74      ddsdde(2, 4) = eg23 * bbar(4)/two
```

```
75      ddsdde(3, 4) = -eg23 * bbar(4)
76      ddsdde(4, 4) =  eg * (bbar(1) + bbar(2))/two
77      if(nshr. eq. 3) then
78        ddsdde(1, 5) =  eg23 * bbar(5)/two
79        ddsdde(2, 5) = -eg23 * bbar(5)
80        ddsdde(3, 5) =  eg23 * bbar(5)/two
81        ddsdde(1, 6) = -eg23 * bbar(6)
82        ddsdde(2, 6) =  eg23 * bbar(6)/two
83        ddsdde(3, 6) =  eg23 * bbar(6)/two
84        ddsdde(5, 5) =  eg * (bbar(1) + bbar(3))/two
85        ddsdde(6, 6) =  eg * (bbar(2) + bbar(3))/two
86        ddsdde(4,5) =  eg * bbar(6)/two
87        ddsdde(4,6) =  eg * bbar(5)/two
88        ddsdde(5,6) =  eg * bbar(4)/two
89      end if
90      do k1 = 1, ntens
91        do k2 = 1, k1 - 1
92          ddsdde(k1, k2) = ddsdde(k2, k1)
93        end do
94      end do
95  !   计算对数弹性应变(不是必需的,只用于输出)
96      call sprind(bbar, bbarp, bbarn, 1, ndi, nshr)
97      eelasp(1) = log(sqrt(bbarp(1))/scale)
98      eelasp(2) = log(sqrt(bbarp(2))/scale)
99      eelasp(3) = log(sqrt(bbarp(3))/scale)
100     eelas(1) = eelasp(1) * bbarn(1,1) * * 2 + eelasp(2) * bbarn(2, 1) * * 2 +      &
101          eelasp(3) * bbarn(3, 1) * * 2
102     eelas(2) = eelasp(1) * bbarn(1, 2) * * 2 + eelasp(2) * bbarn(2, 2) * * 2 +      &
103          eelasp(3) * bbarn(3, 2) * * 2
104     eelas(3) = eelasp(1) * bbarn(1, 3) * * 2 + eelasp(2) * bbarn(2, 3) * * 2 +      &
105          eelasp(3) * bbarn(3, 3) * * 2
106
107     eelas(4) = two * (eelasp(1) * bbarn(1, 1) * bbarn(1, 2) +                       &
108               eelasp(2) * bbarn(2, 1) * bbarn(2, 2) +                               &
109               eelasp(3) * bbarn(3, 1) * bbarn(3, 2))
110     if(nshr. eq. 3) then
111       eelas(5) = two * (eelasp(1) * bbarn(1, 1) * bbarn(1, 3) +                     &
112                 eelasp(2) * bbarn(2, 1) * bbarn(2, 3) +                             &
113                 eelasp(3) * bbarn(3, 1) * bbarn(3, 3))
114       eelas(6) = two * (eelasp(1) * bbarn(1, 2) * bbarn(1, 3) +                     &
115                 eelasp(2) * bbarn(2, 2) * bbarn(2, 3) +                             &
116                 eelasp(3) * bbarn(3, 2) * bbarn(3, 3))
117     end if
```

```
118  !    将弹性应变存储到状态变量矩阵中
119       do k1 = 1, ntens
120          statev(k1) = eelas(k1)
121       end do
122    end subroutine
```

3. Neo-Hookean 超弹性材料的用户材料子程序 VUMAT

在 Abaqus/Explicit 中，传入用户子程序 VUMAT 中的应力是在共轴旋转坐标系下的，因此需要对之前推导得到的共轴旋转应力进一步推导，以得到共轴旋转坐标系下应力更新的表达式。

Neo-Hookean 超弹性材料的本构方程如下：

$$\boldsymbol{\sigma} = \frac{2}{J}C_{10}\left(\overline{\boldsymbol{B}} - \frac{1}{3}\mathrm{tr}(\overline{\boldsymbol{B}})\boldsymbol{I}\right) + \frac{2}{D_1}(J-1)\boldsymbol{I}, \quad \overline{\boldsymbol{B}} = \boldsymbol{B}/J^{2/3} \tag{5.43}$$

将 $\boldsymbol{F} = \boldsymbol{R} \cdot \boldsymbol{U}$ 代入式（5.43），可得

$$\boldsymbol{\sigma} = \boldsymbol{R}\left\{\frac{2}{J}C_{10}\left(\overline{\boldsymbol{U}}^2 - \frac{1}{3}\mathrm{tr}(\overline{\boldsymbol{U}}^2)\boldsymbol{I}\right) + \frac{2}{D_1}(J-1)\boldsymbol{I}\right\}\boldsymbol{R}^{\mathrm{T}}, \quad \overline{\boldsymbol{U}} = \boldsymbol{U}/J^{1/3} \tag{5.44}$$

在式（5.44）中，大括号内的表达式即共轴旋转坐标系下的应力表达式：

$$\boldsymbol{\sigma}^{\mathrm{corot}} = \frac{2}{J}C_{10}\left(\overline{\boldsymbol{U}}^2 - \frac{1}{3}\mathrm{tr}(\overline{\boldsymbol{U}}^2)\boldsymbol{I}\right) + \frac{2}{D_1}(J-1)\boldsymbol{I} \tag{5.45}$$

根据式（5.45），可以编写用户子程序 VUMAT 的代码，如下：

```
1     subroutine vumat(                                              &
2      nblock, ndir, nshr, nstatev, nfieldv, nprops, lanneal,        &
3      stepTime, totalTime, dt, cmname, coordMp, charLength,         &
4      props, density, strainInc, relSpinInc,                        &
5      tempOld, stretchOld, defgradOld, fieldOld,                    &
6      stressOld, stateOld, enerInternOld, enerInelasOld,            &
7      tempNew, stretchNew, defgradNew, fieldNew,                    &
8      stressNew, stateNew, enerInternNew, enerInelasNew)
9      include 'vaba_param. inc'
10     dimension props(nprops), density(nblock), coordMp(nblock),    &
11     charLength(nblock), strainInc(nblock, ndir + nshr),           &
12     relSpinInc(nblock, nshr), tempOld(nblock),                    &
13     stretchOld(nblock, ndir + nshr),defgradOld(nblock,ndir + nshr + nshr),  &
14     fieldOld(nblock, nfieldv), stressOld(nblock, ndir + nshr),    &
15     stateOld(nblock, nstatev), enerInternOld(nblock),             &
16     enerInelasOld(nblock), tempNew(nblock),                       &
17     stretchNew(nblock, ndir + nshr),defgradNew(nblock,ndir + nshr + nshr),  &
18     fieldNew(nblock, nfieldv), stressNew(nblock,ndir + nshr),     &
19     stateNew(nblock, nstatev), enerInternNew(nblock),             &
20     enerInelasNew(nblock)
21  !
```

```
22        character * 80 cmname
23 !  -----------------------------------------------------------------
24 !    props(1) - c10
25 !    props(2) - d1
26 !  -----------------------------------------------------------------
27 !    弹性参数
28      c10 = props(1)
29      d1  = props(2)
30      shrMod  = two * c10
31      blkMod  = two/d1
32 !
33 !    在分析开始时假设材料是纯线弹性的
34      twomu = two * shrMod
35      alamda = blkMod - third * twomu
36
37      if ( totalTime .eq. zero ) then
38        do k = 1, nblock
39          trace = strainInc(k,1) + strainInc(k,2) + strainInc(k,3)
40          stressNew(k,1) = stressOld(k,1) +                        &
41              twomu * strainInc(k,1) + alamda * trace
42          stressNew(k,2) = stressOld(k,2) +                        &
43              twomu * strainInc(k,2) + alamda * trace
44          stressNew(k,3) = stressOld(k,3) +                        &
45              twomu * strainInc(k,3) + alamda * trace
46          stressNew(k,4) = stressOld(k,4) + twomu * strainInc(k,4)
47        end do
48        if ( nshr .gt. 1 ) then
49          do k = 1, nblock
50            stressNew(k,5) = stressOld(k,5) + twomu * strainInc(k,5)
51            stressNew(k,6) = stressOld(k,6) + twomu * strainInc(k,6)
52          end do
53        end if
54        return
55      end if
56 !    计算 b 矩阵,应力等(在一个 block 块内)
57      if ( nshr .gt. 1 ) then        ! 3D(三维)情形下
58        do k = 1, nblock
59 !        根据拉伸张量和雅可比矩阵计算左柯西 - 格林张量
60          bxx   = stretchNew(k,1) * stretchNew(k,1) +       &
61              stretchNew(k,4) * stretchNew(k,4) +           &
```

```
62                   stretchNew(k,6) * stretchNew(k,6)
63          byy   = stretchNew(k,2) * stretchNew(k,2) +       &
64                  stretchNew(k,4) * stretchNew(k,4) +       &
65                  stretchNew(k,5) * stretchNew(k,5)
66          bzz   = stretchNew(k,3) * stretchNew(k,3) +       &
67                  stretchNew(k,5) * stretchNew(k,5) +       &
68                  stretchNew(k,6) * stretchNew(k,6)
69          bxy   = stretchNew(k,1) * stretchNew(k,4) +       &
70                  stretchNew(k,4) * stretchNew(k,2) +       &
71                  stretchNew(k,6) * stretchNew(k,5)
72          bxz   = stretchNew(k,1) * stretchNew(k,6) +       &
73                  stretchNew(k,4) * stretchNew(k,5) +       &
74                  stretchNew(k,6) * stretchNew(k,3)
75          byz   = stretchNew(k,4) * stretchNew(k,6) +       &
76                  stretchNew(k,2) * stretchNew(k,5) +       &
77                  stretchNew(k,5) * stretchNew(k,3)
78          detu  = stretchNew(k,3) *                         &
79                  ( stretchNew(k,1) * stretchNew(k,2) -     &
80                  stretchNew(k,4) * stretchNew(k,4) ) +     &
81                  stretchNew(k,6) *                         &
82                  ( stretchNew(k,4) * stretchNew(k,5) -     &
83                  stretchNew(k,6) * stretchNew(k,2) ) -     &
84                  stretchNew(k,5) *                         &
85                  ( stretchNew(k,1) * stretchNew(k,5) -     &
86                  stretchNew(k,6) * stretchNew(k,4) )
87
88          xpow = exp ( - log(detu) * two_thirds )
89          bxx = bxx * xpow
90          byy = byy * xpow
91          bzz = bzz * xpow
92          bxy = bxy * xpow
93          bxz = bxz * xpow
94          byz = byz * xpow
95   !    计算 BI1( BIJ 的第一不变量 )
96          bi1 = bxx + byy + bzz
97   !
98   !    计算 BDIJ( BIJ 的偏斜部分 )
99          bdxx = bxx - third * bi1
100         bdyy = byy - third * bi1
101         bdzz = bzz - third * bi1
```

```
102            bdxy = bxy
103            bdxz = bxz
104            bdyz = byz
105 !
106 !     计算应变能及其导数
107 !     neo-Hookean：U = (1/2) * shrMod * (I1 - 3) + (1/2) * blkMod * (J-1)^2
108            duDi1 = half * shrMod
109            duDi3 = blkMod * ( detu - one )
110 !
111 !     计算柯西应力(真实应力)
112            detuInv = one / detu
113            factor = two * duDi1 * detuInv
114            stressNew(k,1) = factor * bdxx + duDi3
115            stressNew(k,2) = factor * bdyy + duDi3
116            stressNew(k,3) = factor * bdzz + duDi3
117            stressNew(k,4) = factor * bdxy
118            stressNew(k,5) = factor * bdyz
119            stressNew(k,6) = factor * bdxz
120 !
121 !     更新内部比能(每单位质量上的内能)
122            enerInternNew(k) = half * shrMod * ( bi1 - three )+        &
123                          half * blkMod * ( detu - one ) ** 2
124            enerInternNew(k) = enerInternNew(k)/density(k)
125         end do
126      end if
127
128      return
129      end
```

Abaqus/Explicit 在启动计算前，会进行数据检查，在检查的过程中会给定一组虚假的应变来检查程序的流程。在检查时，传入 VUMAT 的 totalTime 和 stepTime 都为 0，根据用户给定的本构关系，程序进行计算并得到初始的稳定时间增量。如果这个稳定时间增量太大，就会导致计算不稳定（不收敛），所以在上面的这个子程序中需要给出弹性的计算过程（如程序的第 43~61 行），以保证得到一个比较合适的初始稳定时间增量。

接下来，通过单个单元的单轴拉伸算例来验证上述 Neo-Hookean 超弹性材料的用户子程序 UMAT 和 VUMAT。模型尺寸：1 m×1 m×1 m。材料参数：密度 $\rho = 930$ kg/m³；弹性常数 $C_{10} = 0.46$ MPa；$D_1 = 0.22$ MPa⁻¹。为了模拟准静态的拉伸过程，将 Abaqus/Explicit 中的计算时间设置为 10 s，并采用光滑幅值曲线加载。将模型的一个方向由 1 m 拉伸为 7 m，相应的对数应变为 $\epsilon = \ln 6 = 1.946$。计算得到的 Neo-Hookean 超弹性材料的单个单元模型在单轴拉伸下的轴向应力-应变曲线如图 5.11 所示。从图中可以看出，二者吻合良好。

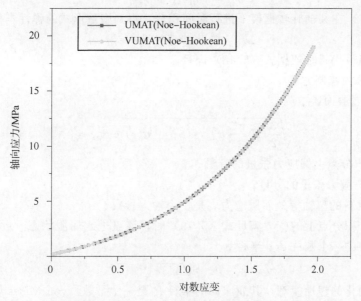

图 5.11　分别利用前述 UMAT 和 VUMAT 计算得到的 Neo-Hookean 超弹性
材料的单个单元模型在单轴拉伸下的轴向应力-应变曲线（书后附彩插）

5.4　混合硬化塑性材料的 UMAT 和 VUMAT 实现

自然界中，经常会遇到一些材料在变形后无法恢复（例如，金属在载荷的作用下，当其
局部应力超过其屈服应力后，释放载荷但变形无法恢复到载荷作用之前的状态），这时我们
说金属进入了塑性[21,22]。材料的塑性在自然界和生产生活中随处可见，对材料的塑性的准
确模拟可以为生产中的设计提供更好的指导。

ABAQUS 中提供了大量塑性本构模型。然而，对于一些新的材料，其塑性行为往往较
为复杂，ABAQUS 中现有的塑性模型无法准确模拟，此时我们就需要借助 ABAQUS 的用
户子程序 UMAT 和 VUMAT 来实现。本节将通过几个典型的塑性本构的 UMAT 和
VUMAT 的实现，来介绍如何编写含有塑性行为的材料本构。

5.4.1　混合硬化塑性材料的本构方程

本节给出混合硬化塑性本构的控制方程，用户子程序要根据这些控制方程来编写。混合
硬化塑性本构的控制方程涉及两部分，分别是材料在屈服之前的弹性部分和屈服后的塑性
部分。

1. 弹性部分的控制方程

全量形式的弹性本构方程为

$$\sigma_{ij} = \lambda \delta_{ij} \epsilon_{kk}^{\mathrm{el}} + 2\mu \epsilon_{ij}^{\mathrm{el}} \tag{5.46}$$

式中，上标 el 表示弹性。

式（5.46）在 Jaumann 率（共轴旋转框架下）下的率形式为

$$\dot{\sigma}_{ij}^{\mathrm{J}} = \lambda \delta_{ij} \dot{\varepsilon}_{kk}^{\mathrm{el}} + 2\mu \dot{\varepsilon}_{ij}^{\mathrm{el}} \tag{5.47}$$

将式（5.47）在共轴旋转框架下进行时间积分，得到增量形式的弹性本构方程：

$$\Delta \sigma_{ij}^{\mathrm{J}} = \lambda \delta_{ij} \Delta \varepsilon_{kk}^{\mathrm{el}} + 2\mu \Delta \varepsilon_{ij}^{\mathrm{el}} \tag{5.48}$$

用户子程序中编写代码时依据式（5.48）进行。

2. 塑性部分的控制方程

von Mises 屈服面函数为

$$\sqrt{\frac{3}{2}(\boldsymbol{S}_{ij} - \boldsymbol{\alpha}_{ij}):(\boldsymbol{S}_{ij} - \boldsymbol{\alpha}_{ij})} - \sigma_{\mathrm{Y}} = 0 \tag{5.49}$$

式中，$\boldsymbol{S}_{ij}$——积分点上偏应力张量的分量；

$\boldsymbol{\alpha}_{ij}$——背应力张量的分量；

σ_{Y}——材料的单轴等效屈服应力，是一个输入参数。

当材料某个积分点上的应力满足式（5.49）时，该点进入屈服状态。von Mises 屈服面是偏应力空间中的一个圆柱，其半径为

$$R = \sqrt{2/3}\,\sigma_{\mathrm{Y}} \tag{5.50}$$

对于运动硬化的塑性模型，其屈服面的半径 R 是一个常数。von Mises 屈服面的法线可以写为

$$Q_{ij} = \sqrt{\frac{3}{2}}(S_{ij} - \alpha_{ij})/\sigma_{\mathrm{Y}} \tag{5.51}$$

定义等效塑性应变率如下：

$$\dot{\bar{\varepsilon}}^{\mathrm{pl}} = \sqrt{\frac{2}{3}\dot{\varepsilon}_{ij}^{\mathrm{pl}}\dot{\varepsilon}_{ij}^{\mathrm{pl}}} \tag{5.52}$$

式中，上标 pl 表示塑性。

定义塑性流动法则如下：

$$\dot{\varepsilon}_{ij}^{\mathrm{pl}} = \frac{3}{2}(S_{ij} - \alpha_{ij})\dot{\bar{\varepsilon}}^{\mathrm{pl}}/\sigma_{\mathrm{Y}} \tag{5.53}$$

背应力张量通过 Prager-Ziegler 线性动态硬化法则进行更新：

$$\dot{\alpha}_{ij} = \frac{2}{3}h\dot{\varepsilon}_{ij}^{\mathrm{pl}} \tag{5.54}$$

式（5.50）～式（5.54）决定了材料的塑性演化行为。但是，我们无法根据这几个式子直接进行编程，需要先进行时间积分，将其转换成可编程的增量形式。积分程序如下：首先进行弹性预测，也就是基于纯的弹性行为来计算等效应力，计算公式如下：

$$\bar{\sigma}^{\mathrm{pr}} = \sqrt{\frac{3}{2}(\boldsymbol{S}^{\mathrm{pr}} - \boldsymbol{\alpha}^{\circ}):(\boldsymbol{S}^{\mathrm{pr}} - \boldsymbol{\alpha}^{\circ})}, \quad S_{ij}^{\mathrm{pr}} = S_{ij}^{\circ} + 2\mu \Delta e_{ij} \tag{5.55}$$

式中，上标 o 表示上一步的计算结果；上标 pr 表示预测。

如果弹性预测应力 $\bar{\sigma}^{\mathrm{pr}}$ 超过了屈服应力 σ_{Y}，材料就会发生塑性流动。采用向后欧拉法对式（5.53）进行积分，可得

$$\Delta \varepsilon_{ij}^{\mathrm{pl}} = \frac{3}{2}(S_{ij}^{\mathrm{pr}} - \alpha_{ij}^{\circ})\Delta \bar{\varepsilon}^{\mathrm{pl}}/\bar{\sigma}^{\mathrm{pr}} \tag{5.56}$$

经过一些推导，可以得到封闭形式的等效塑性应变增量的表达式，如下：

$$\Delta \bar{\varepsilon}^{\mathrm{pl}} = (\bar{\sigma}^{\mathrm{pr}} - \sigma_{\mathrm{Y}})/(h + 3\mu) \tag{5.57}$$

从而可以得到背应力、应力张量和塑性应变的更新表达式：

$$\Delta\alpha_{ij} = \eta_{ij} h \Delta\bar{\varepsilon}^{\text{pl}}, \qquad \Delta\varepsilon_{ij}^{\text{pl}} = \frac{3}{2}\eta_{ij}\Delta\bar{\varepsilon}^{\text{pl}} \qquad (5.58)$$

$$\sigma_{ij} = \alpha_{ij}^{\circ} + \Delta\alpha_{ij} + \eta_{ij}\sigma_y + \frac{1}{3}\delta_{ij}\sigma_{kk}^{\text{pr}}, \qquad \eta_{ij} = (S_{ij}^{\text{pr}} - \alpha_{ij}^{\circ})/\bar{\sigma}^{\text{pr}} \qquad (5.59)$$

此外，还可以同时从下面的表达式中得到材料的一致雅可比矩阵：

$$\Delta\dot{\sigma}_{ij} = \lambda^{*}\delta_{ij}\Delta\dot{\varepsilon}_{kk} + 2\mu^{*}\Delta\dot{\varepsilon}_{ij} + \left(\frac{h}{1+h/3\mu} - 3\mu^{*}\right)\eta_{ij}\eta_{kl}\Delta\dot{\varepsilon}_{kl} \qquad (5.60)$$

$$\mu^{*} = \mu(\sigma_y + h\Delta\bar{\varepsilon}^{\text{pl}})/\bar{\sigma}^{\text{pr}}, \qquad \lambda^{*} = k - \frac{2}{3}\mu^{*}$$

上面的这种算法通常被称为弹性预测-径向返回算法[23]，因为在有效塑性加载条件下，对试验应力的校正会使得应力状态沿着由从屈服面中心向量所定义的方向返回到屈服面上。关于这一算法更加详细的公式推导请参考 ABAQUS 用户子程序手册 1.2.22[1]。

5.4.2　混合硬化塑性材料的用户材料子程序 UMAT

混合硬化塑性材料的用户子程序 UMAT 的代码如下：

```
1      subroutine umat(stress, statev, ddsdde, sse, spd, scd, rpl,        &
2   ddsddt,drplde, drpldt, stran, dstran, time, dtime, temp, dtemp,      &
3   predef, dpred,cmname, ndi, nshr, ntens, nstatv, props, nprops,       &
4   coords, drot, pnewdt, celent, dfgrd0, dfgrd1, noel, npt, layer,      &
5   kspt, kstep, kinc)
6   include 'aba_param. inc'
7   character * 80 cmname
8
9      dimension stress(ntens), statev(nstatv), ddsdde(ntens, ntens),     &
10  ddsddt(ntens), drplde(ntens), stran(ntens), dstran(ntens),          &
11  time(2) predef(1), dpred(1), props(nprops), coords(3),              &
12  drot(3, 3), dfgrd0(3, 3), dfgrd1(3, 3)
13 !   局部变量
14 !-----------------------------------------------------------------
15 !   eelas   - 弹性应变
16 !   eplas   - 塑性应变
17 !   alpha   - 背应力
18 !   flow    - 塑性流动方向
19 !   olds    - 增量步开始时的应力
20 !   oldpl   - 增量步开始时的塑性应变
21     dimension eelas(6), eplas(6), alpha(6), flow(6), olds(6), oldpl(6)
22
23     parameter(zero = 0. d0, one = 1. d0, two = 2. d0, three = 3. d0, six = 6. d0,     &
24            enumax = . 4999d0, toler = 1.0d - 6)
25 !-----------------------------------------------------------------
```

```fortran
26 !    props(1) - 杨氏模量 e
27 !    props(2) - 泊松比 nu
28 !    props(3) - 屈服应力 syield
29 !    props(4) - 硬化模量 hard
30 !- - - - - - - - - - - - - - - - - - - - - - - - - - - - - - - - - - - - - - - - - - - - - - - - - - - - - - - -
31 !    计算弹性参数
32      emod = props(1)
33      enu = min(props(2), enumax)
34      ebulk3 = emod/(one - two * enu)
35      eg2 = emod/(one + enu)
36      eg = eg2/two
37      eg3 = three * eg
38      elam = (ebulk3-eg2)/three
39
40 !    计算弹性刚度矩阵
41      do k1 = 1, ndi
42        do k2 = 1, ndi
43          ddsdde(k2, k1) = elam
44        end do
45        ddsdde(k1, k1) = eg2 + elam
46      end do
47      do k1 = ndi + 1, ntens
48        ddsdde(k1, k1) = eg
49      end do
50
51 !    从状态变量中读取上一步的弹性应变、塑性应变和背应力张量并将其旋转
52 !    注意:旋转函数中,对于应力张量,使用参数 1;对于工程应变,使用参数 2
53      call rotsig(statev(          1), drot, eelas, 2, ndi, nshr)
54      call rotsig(statev(  ntens + 1), drot, eplas, 2, ndi, nshr)
55      call rotsig(statev(2 * ntens + 1), drot, alpha, 1, ndi, nshr)
56
57 !    存储应力和塑性应变,计算弹性预测应力和弹性应变 c
58      do k1 = 1, ntens
59        olds(k1) = stress(k1)
60        oldpl(k1) = eplas(k1)
61        eelas(k1) = eelas(k1) + dstran(k1)
62        do k2 = 1, ntens
63          stress(k2) = stress(k2) + ddsdde(k2, k1) * dstran(k1)
64        end do
65      end do
66
67 !    计算等效 von Mises 应力
```

```
68          smises = (stress(1)-alpha(1)-stress(2) + alpha(2)) ** 2 +      &
69               (stress(2)-alpha(2)-stress(3) + alpha(3)) ** 2 +      &
70               (stress(3)-alpha(3)-stress(1) + alpha(1)) ** 2
71          do k1 = ndi + 1,ntens
72            smises = smises + six * (stress(k1)-alpha(k1)) ** 2
73          end do
74          smises = sqrt(smises/two)
75
76    !      得到屈服应力和硬化模量
77          syield = props(3)
78          hard = props(4)
79
80    !      检查是否进入了屈服
81          if(smises. gt. (one + toler) * syield) then
82
83    !        如果代码进入了这个 if 循环,说明已经发生了屈服
84    !        将静水压力与偏应力张量分开
85    !        计算塑性流动方向
86            shydro = (stress(1) + stress(2) + stress(3))/three
87            do k1 = 1,ndi
88              flow(k1) = (stress(k1) − alpha(k1) − shydro)/smises
89            end do
90            do k1 = ndi + 1,ntens
91              flow(k1) = (stress(k1) − alpha(k1))/smises
92            end do
93
94    !        求解等效塑性应变增量
95            deqpl = (smises-syield)/(eg3 + hard)
96
97    !        更新背应力、弹性应变、塑性应变、应力张量
98            do k1 = 1,ndi
99              alpha(k1) = alpha(k1) + hard * flow(k1) * deqpl
100             eplas(k1) = eplas(k1) + three/two * flow(k1) * deqpl
101             eelas(k1) = eelas(k1)-three/two * flow(k1) * deqpl
102             stress(k1) = alpha(k1) + flow(k1) * syield + shydro
103           end do
104           do k1 = ndi + 1,ntens
105             alpha(k1) = alpha(k1) + hard * flow(k1) * deqpl
106             eplas(k1) = eplas(k1) + three * flow(k1) * deqpl
107             eelas(k1) = eelas(k1)-three * flow(k1) * deqpl
108             stress(k1) = alpha(k1) + flow(k1) * syield
109           end do
```

```
110
111  !       计算塑性耗散能 SPD
112          spd = zero
113          do k1 = 1,ntens
114             spd = spd + (stress(k1) + olds(k1)) * (eplas(k1) - oldpl(k1))/two
115          end do
116
117  !       计算雅可比矩阵(材料切线刚度矩阵)
118  !       首先计算有效模量
119          effg = eg * (syield + hard * deqpl)/smises
120          effg2 = two * effg
121          effg3 = three * effg
122          efflam = (ebulk3 - effg2)/three
123          effhrd = eg3 * hard/(eg3 + hard) - effg3
124          do k1 = 1, ndi
125             do k2 = 1, ndi
126                ddsdde(k2, k1) = efflam
127             end do
128             ddsdde(k1, k1) = effg2 + efflam
129          end do
130          do k1 = ndi + 1, ntens
131             ddsdde(k1, k1) = effg
132          end do
133          do k1 = 1, ntens
134             do k2 = 1, ntens
135                ddsdde(k2, k1) = ddsdde(k2, k1) + effhrd * flow(k2) * flow(k1)
136             end do
137          end do
138       endif
139
140  !       将弹性应变、塑性应变背应力张量存储到状态变量 statev 中
141          do k1 = 1,ntens
142             statev(k1) = eelas(k1)
143             statev(k1 + ntens) = eplas(k1)
144             statev(k1 + 2 * ntens) = alpha(k1)
145          end do
146  !
147          return
148          end
```

上面的这个用户子程序 UMAT 除了背应力张量中的静水压力项（第 86 行的变量 shydro）不在求解中起作用外，其计算结果与 ABAQUS 中的线性运动硬化金属塑性材料模

型的结果完全相同。这个微小的差异是因为，用户子程序 UMAT 中使用 Prager 演化定律来产生偏背应力张量，而 ABAQUS 中的线性运动硬化金属塑性材料模型则使用 Ziegler 演化定律，其中包含了流体静水压力对背应力张量的额外贡献。

对于大变形问题（特别是大应变问题），必须对应力和应变进行旋转，如上面代码中的第 59～61 行，通过 ABAQUS 的 Utility 函数 rotsig() 来实现。使用方法如下：

```
1  call rotsig(statev(1), drot, eelas, 2, ndi, nshr)
```

上面这行代码可以将增量旋转 drot 应用于 statev 变量，并将旋转的结果存储在变量 eelas 中。变量 statev 由 ndi 个直接分量和 nshr 个剪切分量组成。当第 4 个参数的值为 1 时，表示变换的数组包含的是张量剪切分量，如 α_{ij}；当第 4 个参数的值为 2 时，表示该数组包含的是工程剪切分量，如 $\varepsilon_{ij}^{\text{pl}}$。上述旋转过程必须在积分程序之前进行。

此外，需要指出的是，上面的子程序只适用于线性硬化模型，因为这里采用的经典的 Prager-Ziegler 理论只适用于这种情况。对于更加复杂的非线性运动硬化模型，积分程序更加复杂，公式也比上面推导的要复杂得多。但是，只要能够得到合适的积分公式，那么在 UMAT 中的实现就很简单，按照具体的公式去编写即可。

5.4.3　混合硬化塑性材料的用户材料子程序 VUMAT

下面给出混合硬化塑性材料的用户子程序 VUMAT，在此只给出平面应变情况下的用户子程序代码，对于三维的情况，只需要做出相应的扩展。

```
1       subroutine vumat(                                              &
2         nblock, ndir, nshr, nstatev, nfieldv, nprops, lanneal,       &
3         stepTime, totalTime, dt, cmname, coordMp, charLength,        &
4         props, density, strainInc, relSpinInc,                       &
5         tempOld, stretchOld, defgradOld, fieldOld,                   &
6         stressOld, stateOld, enerInternOld, enerInelasOld,           &
7         tempNew, stretchNew, defgradNew, fieldNew,                   &
8         stressNew, stateNew, enerInternNew, enerInelasNew)
9       include 'vaba_param.inc'
10      dimension props(nprops), density(nblock), coordMp(nblock),     &
11       charLength(nblock), strainInc(nblock, ndir + nshr),           &
12       relSpinInc(nblock, nshr), tempOld(nblock),                    &
13       stretchOld(nblock, ndir + nshr),defgradOld(nblock,ndir + nshr + nshr), &
14       fieldOld(nblock, nfieldv), stressOld(nblock, ndir + nshr),    &
15       stateOld(nblock, nstatev), enerInternOld(nblock),             &
16       enerInelasOld(nblock), tempNew(nblock),                       &
17       stretchNew(nblock, ndir + nshr),defgradNew(nblock,ndir + nshr + nshr), &
18       fieldNew(nblock, nfieldv), stressNew(nblock,ndir + nshr),     &
19       stateNew(nblock, nstatev), enerInternNew(nblock),             &
20       enerInelasNew(nblock)
21
22      character * 80 cmname
```

```
23  !
24  !      状态变量各个分量的意义：
25  !          state( * , 1) = 背应力的 11 分量
26  !          state( * , 2) = 背应力的 22 分量
27  !          state( * , 3) = 背应力的 33 分量
28  !          state( * , 4) = 背应力的 12 分量
29  !          state( * , 5) = 等效塑性应变
30  !      读取弹性常数
31         e       = props(1)
32         xnu     = props(2)
33         yield   = props(3)
34         hard    = props(4)
35
36  !      计算弹性常数
37         twomu   = e / ( one + xnu )
38         thremu  = three_halfs * twomu
39         sixmu   = three * twomu
40         alamda  = twomu * ( e - twomu ) / ( sixmu - two * e )
41         term    = one / ( twomu * ( one + hard/thremu ) )
42         con1    = sqrt( two_thirds )
43
44  !      如果 stepTime 等于零，则假定材料是纯弹性，使用初始弹性模量计算，以得到合适的稳定时间增量
45         if( stepTime . eq. zero ) then
46
47         do i = 1, nblock
48  !          计算试应力，用于估计初始稳定时间增量
49             trace = strainInc (i, 1) + strainInc (i, 2) + strainInc (i, 3)
50             stressNew(i, 1) = stressOld(i, 1) + alamda * trace +        &
51                       twomu * strainInc(i,1)
52             stressNew(i, 2) = stressOld(i, 2) + alamda * trace +        &
53                       twomu * strainInc(i, 2)
54             stressNew(i, 3) = stressOld(i, 3) + alamda * trace +        &
55                       twomu * strainInc(i,3)
56             stressNew(i, 4) = stressOld(i, 4) +                         &
57                       twomu * strainInc(i, 4)
58         end do
59
60         else
61
62  !      在 block 块内进行塑性计算
63         do i = 1, nblock
64  !          计算弹性预测应力
65             trace = strainInc(i, 1) + strainInc(i, 2) + strainInc(i, 3)
```

```
66          sig1 = stressOld(i, 1) + alamda * trace + twomu * strainInc(i, 1)

67          sig2 = stressOld(i, 2) + alamda * trace + twomu * strainInc(i, 2)

68          sig3 = stressOld(i, 3) + alamda * trace + twomu * strainInc(i, 3)

69          sig4 = stressOld(i, 4)                   + twomu * strainInc(i, 4)

70 !        通过背应力来量测弹性预测应力

71          s1 = sig1 - stateOld(i, 1)

72          s2 = sig2 - stateOld(i, 2)

73          s3 = sig3 - stateOld(i, 3)

74          s4 = sig4 - stateOld(i, 4)

75 !        通过背应力来量测弹性预测应力的偏斜部分

76          smean = third * ( s1 + s2 + s3 )

77          ds1 = s1 - smean

78          ds2 = s2 - smean

79          ds3 = s3 - smean

80 !        弹性预测应力差的偏斜部分的大小

81          dsmag = sqrt( ds1 ** 2 + ds2 ** 2 + ds3 ** 2 + two * s4 ** 2 )

82

83 !        检查是否发生了屈服,facyld = 0 代表没有,facyld = 1 代表屈服了

84          radius = con1 * yield

85          sigdif = dsmag - radius

86          facyld = half + sign(half,sigdif)

87

88 !        为了防止发生除 0 操作,当 dsmag = 0 时,增加一个额外的保护因子

89          dsmag  = dsmag + ( one - facyld )

90

91 !        计算 gama 的增量(显式地包含时间步长)

92          diff   = dsmag - radius

93          dgamma = facyld * term * diff

94

95 !        更新等效塑性应变

96          deqps  = con1 * dgamma

97          stateNew(i, 5) = stateOld(i, 5) + deqps

98

99 ! 用 DSMAG 除以 DGAMMA,以便在后面的计算中将偏应力显式地转换成单位大小的张量

100         dgamma = dgamma / dsmag

101

102 !        更新背应力

103         factor  = hard * dgamma * two_thirds

104         stateNew(i, 1) = stateOld(i, 1) + factor * ds1

105         stateNew(i, 2) = stateOld(i, 2) + factor * ds2

106         stateNew(i, 3) = stateOld(i, 3) + factor * ds3

107         stateNew(i, 4) = stateOld(i, 4) + factor *   s4

108
```

```
109 !       更新应力
110         factor    = twomu * dgamma
111         stressNew(i, 1) = sig1 - factor * ds1
112         stressNew(i, 2) = sig2 - factor * ds2
113         stressNew(i, 3) = sig3 - factor * ds3
114         stressNew(i, 4) = sig4 - factor *  s4
115
116 !       更新比内能
117         stressPower = half *                                    &
118             (( stressOld(i, 1) + stressNew(i, 1) ) * strainInc(i, 1) +   &
119           ( stressOld(i, 2) + stressNew(i, 2) ) * strainInc(i, 2) +   &
120           ( stressOld(i, 3) + stressNew(i, 3) ) * strainInc(i, 3) +   &
121         two * ( stressOld(i, 4) + stressNew(i, 4) ) * strainInc(i, 4) )
122         enerInternNew(i) = enerInternOld(i) + stressPower/density(i)
123
124 !     更新耗散的非弹性比能量
125       smean = third * (stressNew(i,1) + stressNew(i,2) + stressNew(i,3))
126       equivStress = sqrt( three_halfs *                         &
127                 ( (stressNew(i, 1) - smean) ** 2 +               &
128                   (stressNew(i, 2) - smean) ** 2 +               &
129                   (stressNew(i, 3)-smean) ** 2 +                 &
130              two * stressNew(i, 4) ** 2 ) )
131
132       plasticWorkInc = equivStress * deqps
133       enerInelasNew(i) = enerInelasOld(i) + plasticWorkInc/density(i)
134     end do
135
136     end if
137     return
138     end
```

下面通过一个单个单元单轴循环加载的算例，分别验证混合硬化塑性材料的 UMAT 和用户子程序 VUMAT 的正确性。模型尺寸：$1 \text{ m} \times 1 \text{ m} \times 1 \text{ m}$。材料参数：密度 $\rho = 7\,800 \text{ kg/m}^3$，杨氏模量 $E = 210 \text{ GPa}$，泊松比 $\nu = 0.3$，初始屈服应力 $\sigma_Y^0 = 300 \text{ GPa}$，硬化模量 $h = 1.0 \text{ GPa}$。为了模拟准静态的拉伸过程，Abaqus/Explicit 中的计算时间设置为 10 s（对应的 Abaqus/Standard 中也设置为 10 s），对于每一个单调加载段，在 Abaqus/Explicit 中采用光滑幅值曲线加载，在 Abaqus/Standard 中采用线性加载。循环加载的过程中，每次反向加载的幅值较前一个循环都有增加，具体的加载位移随时间的变化曲线如图 5.12 所示。采用两个子程序计算得到的轴向应力-轴向对数应变的曲线如图 5.13 所示，从图中可以看出，两个用户子程序计算得到的结果吻合良好，并且得到了完美的混合硬化塑性模型的滞回曲线。滞回环在竖直方向的半高度与输入的材料参数一致（$\sigma_Y^0 = 300 \text{ GPa}$），这说明子程序计算过程是可靠的。

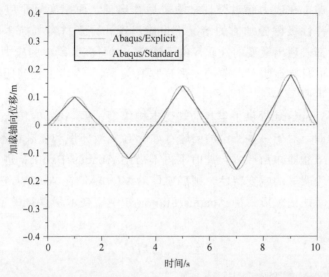

图 5.12 分别在 **Abaqus/Standard** 和 **Abaqus/Explicit** 中验证混合硬化塑性材料的
用户子程序的单个单元单轴循环加载的位移−时间曲线（书后附彩插）

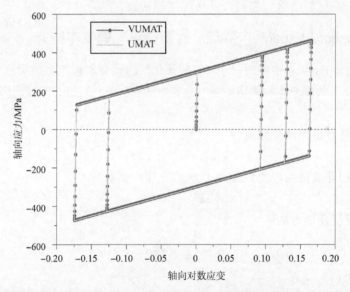

图 5.13 分别在 **Abaqus/Standard** 和 **Abaqus/Explicit** 中采用混合硬化塑性材料的用户子程序
的单个单元单轴循环加载的轴向应力随轴向对数应变的变化曲线（书后附彩插）

5.5 蠕变材料模型的 VUMAT 实现

5.5.1 蠕变材料模型概述

蠕变是固体材料在保持应力不变的条件下，应变随时间延长而增加的现象。它与塑性变形不同，塑性变形通常在应力超过弹性极限之后才出现，而蠕变只要应力的作用时间相当长，它在应力小于弹性极限施加力的情况下也能出现。许多材料（如金属、塑料、岩石和冰）在一定条件下都表现出蠕变的性质。由于蠕变，材料在某瞬时的应力状态一般不仅与该瞬时的变形有关，而且与该瞬时以前的变形过程有关[24]。许多工程问题都涉及蠕变，因此对蠕变的研究至关重要[25]。

虽然 Abaqus/Standard 提供了丰富的蠕变本构模型，但 Abaqus/Explicit 还没有关于蠕变的本构模型。然而，对于一些特定的问题（如含有大量部件和复杂接触关系的模型），采用 Abaqus/Standard 很难求解收敛，此时不得不借助 Abaqus/Explicit 进行求解，如果其中涉及的材料具有较为明显的蠕变特性，则需要借助 VUMAT 在 Abaqus/Explicit 中实现蠕变本构模型[26]。"时间硬化"形式是 Abaqus/Standard 中蠕变本构幂律模型的一种基本形式，其计算公式为

$$\dot{\bar{\varepsilon}}^{cr} = A\bar{q}^{n}t^{m} \tag{5.61}$$

式中，$\dot{\bar{\varepsilon}}^{cr}$——单轴等效蠕变应变率；

$\bar{q}$——单轴等效偏应力；

t——蠕变时间；

A, n, m——材料参数，它们可以是温度的函数。

5.5.2　Abaqus/ Explicit 中实现"时间硬化"蠕变本构

本节在 Abaqus/Explicit 中实现一个"时间硬化"的蠕变本构模型的用户子程序 VUMAT。首先对"时间硬化"的蠕变本构模型的基本公式（式（5.61））进行时间积分，可得

$$\Delta\bar{\varepsilon}^{cr} = A\bar{q}^{n}t^{m}\Delta t \tag{5.62}$$

采用加法分解，更新总的蠕变应变为

$$\bar{\varepsilon}^{cr}_{t+\Delta t} = \bar{\varepsilon}^{cr}_{t} + \Delta\bar{\varepsilon}^{cr} \tag{5.63}$$

所以由蠕变引起的等效塑性应变张量为

$$\Delta\boldsymbol{\varepsilon}^{pl} = \Delta\bar{\varepsilon}^{cr}\boldsymbol{n} \tag{5.64}$$

式中，$\boldsymbol{n}$——塑性流动的方向，

$$\boldsymbol{n} = \frac{\partial\bar{q}}{\partial\boldsymbol{\sigma}} = \frac{3}{2\bar{q}}\boldsymbol{\sigma}^{dev} \tag{5.65}$$

式中，$\boldsymbol{\sigma}^{dev}$——偏应力张量，

$$\boldsymbol{\sigma}^{dev} = \boldsymbol{\sigma} - \frac{1}{3}\mathrm{tr}(\boldsymbol{\sigma})\boldsymbol{I} \tag{5.66}$$

$\bar{q}$——等效 Mises 应力；

$$\bar{q} = \sqrt{\frac{3}{2}\boldsymbol{\sigma}^{dev}:\boldsymbol{\sigma}^{dev}} \tag{5.67}$$

所以一个增量步内的弹性应变增量为

$$\Delta\boldsymbol{\varepsilon}^{e} = \Delta\boldsymbol{\varepsilon} - \Delta\boldsymbol{\varepsilon}^{pl} \tag{5.68}$$

从而可以计算这个增量步内的应力增量：

$$\Delta\boldsymbol{\sigma} = \boldsymbol{C}:\Delta\boldsymbol{\varepsilon}^{e} \tag{5.69}$$

最终可以得到更新的应力张量：

$$\boldsymbol{\sigma}_{\text{new}} = \boldsymbol{\sigma}_{\text{old}} + \Delta\boldsymbol{\sigma} = \boldsymbol{\sigma}_{\text{old}} + \boldsymbol{C} : \Delta\boldsymbol{\varepsilon}^{\text{e}} \tag{5.70}$$

通过上面的推导过程和计算公式，编写 VUMAT 用户子程序，可以在 Abaqus/Explicit 中实现蠕变本构模型。代码如下：

```
1      subroutine vumat(                                              &
2       nblock, ndir, nshr, nstatev, nfieldv, nprops, lanneal,       &
3       stepTime, totalTime, dt, cmname, coordMp, charLength,        &
4       props, density, strainInc, relSpinInc,                       &
5       tempOld, stretchOld, defgradOld, fieldOld,                   &
6       stressOld, stateOld, enerInternOld, enerInelasOld,           &
7       tempNew, stretchNew, defgradNew, fieldNew,                   &
8       stressNew, stateNew, enerInternNew, enerInelasNew )

10      include 'vaba_param.inc'

12      dimension props(nprops), density(nblock),coordMp(nblock, * ), &
13       charLength(nblock), strainInc(nblock,ndir + nshr),          &
14       relSpinInc(nblock,nshr), tempOld(nblock),                   &
15       stretchOld(nblock,ndir + nshr),                             &
16       defgradOld(nblock,ndir + nshr + nshr),                      &
17       fieldOld(nblock,nfieldv), stressOld(nblock,ndir + nshr),    &
18       stateOld(nblock,nstatev), enerInternOld(nblock),           &
19       enerInelasOld(nblock), tempNew(nblock),                     &
20       stretchNew(nblock,ndir + nshr),                             &
21       defgradNew(nblock,ndir + nshr + nshr),                      &
22       fieldNew(nblock,nfieldv),                                    &
23       stressNew(nblock,ndir + nshr), stateNew(nblock,nstatev),   &
24       enerInternNew(nblock), enerInelasNew(nblock)

26      character * 80 cmname
27 !
28 !    局部变量
29      parameter ( zero = 0.d0, one = 1.d0, two = 2.d0,
30      *     third = 1.d0/3.d0, half = 0.5d0, op5 = 1.5d0)

32      real * 8 A,n,m,timeScale,totCreepTime,dtCreep
33      real * 8 decreep, de_tcreep

35 ! 状态变量：
36 !    STATE( * ,1) = 热蠕变应变
37 ! 材料参数：
```

```fortran
38 !    props(1)        杨氏模量
39 !    props(2)        泊松比
40 !    props(3..)      时间蠕变材料参数
41     e      = props(1)
42     xnu    = props(2)
43     A      = props(3)
44     n      = props(4)
45     m      = props(5)
46     timeScale = props(6)
47     timeScale = 864000.0        ! 1 s = 10 days
48     totScaleTime = totalTime * timeScale
49     creepStartTime = totalTime
50     totCreepTime = max((totalTime - creepStartTime) * timeScale,0.d0)
51     totCreepTime = totalTime * timeScale
52     dtCreep = dt * timeScale
53 !
54     if ( stepTime. eq. zero ) then
55       ! 初始时刻试算，以便为主程序提供合适的稳定时间增量计算
56       do k = 1, nblock
57         e = 195.98e3 - 72.6 * tempNew(k)
58         xnu = 0.29 + 4.41e-5 * tempNew(k)
59         twomu   = e / ( one + xnu )
60         alamda = xnu * twomu / ( one - two * xnu )
61         thremu = op5 * twomu
62
63         trace = strainInc(k,1) + strainInc(k,2) + strainInc(k,3)
64         stressNew(k,1) = stressOld(k,1) +            &
65            twomu * strainInc(k,1) + alamda * trace
66         stressNew(k,2) = stressOld(k,2) +            &
67            twomu * strainInc(k,2) + alamda * trace
68         stressNew(k,3) = stressOld(k,3) +            &
69            twomu * strainInc(k,3) + alamda * trace
70         stressNew(k,4) = stressOld(k,4) + twomu * strainInc(k,4)
71       end do
72       if ( nshr. gt. 1 ) then
73         do k = 1, nblock
74           stressNew(k,5) = stressOld(k,5) + twomu * strainInc(k,5)
75           stressNew(k,6) = stressOld(k,6) + twomu * strainInc(k,6)
76         end do
77       end if
78       return
79     end if
```

```fortran
80
81      if ( nshr. gt. 1 ) then        ! 3D 情况
82
83        do k = 1, nblock
84          ! 温度相关的弹性常数
85          e = 195.98e3 - 72.6 * tempNew(k)
86          xnu = 0.29 + 4.41e - 5 * tempNew(k)
87          twomu  = e / ( one + xnu )
88          alamda = xnu * twomu / ( one - two * xnu )
89          thremu = op5 * twomu
90
91          decreep = 0. d0
92
93          trace = strainInc(k,1) + strainInc(k,2) + strainInc(k,3)
94
95          s11 = stressOld(k,1) + twomu * strainInc(k,1) + alamda * trace
96          s22 = stressOld(k,2) + twomu * strainInc(k,2) + alamda * trace
97          s33 = stressOld(k,3) + twomu * strainInc(k,3) + alamda * trace
98          s12 = stressOld(k,4) + twomu * strainInc(k,4)
99          s23 = stressOld(k,5) + twomu * strainInc(k,5)
100         s13 = stressOld(k,6) + twomu * strainInc(k,6)
101
102         smean = third * ( s11 + s22 + s33 )
103
104         s11 = s11 - smean
105         s22 = s22 - smean
106         s33 = s33 - smean
107
108         ! 计算 Mises 应力
109         vmises = sqrt( op5 * ( s11 * s11 + s22 * s22 + s33 * s33 +     &
110            two * s12 * s12 + two * s13 * s13 + two * s23 * s23 ) )
111
112         ! 时间蠕变公式
113         if(stepTime < = creepStartTime ) then
114             de_tcreep = 0. d0
115         else
116             de_tcreep = A * vmises * * n * totCreepTime * * m * dtCreep
117         end if
118
119         ! 通过塑性的方式更新蠕变应变
120         ! write( * , * )vmises
121         if (vmises < = 0. d0)then
```

```fortran
122              flow11 = 0. d0
123              flow22 = 0. d0
124              flow33 = 0. d0
125              flow12 = 0. d0
126              flow23 = 0. d0
127              flow13 = 0. d0
128          else
129              flow11 = s11 * op5/vmises
130              flow22 = s22 * op5/vmises
131              flow33 = s33 * op5/vmises
132              flow12 = s12 * op5/vmises
133              flow23 = s23 * op5/vmises
134              flow13 = s13 * op5/vmises
135          end if
136
137          decreep = decreep + de_tcreep
138
139          depl11 = decreep * flow11
140          depl22 = decreep * flow22
141          depl33 = decreep * flow33
142          depl12 = decreep * flow12
143          depl23 = decreep * flow23
144          depl13 = decreep * flow13
145
146      ! 更新应力
147          traceNew = strainInc(k,1) + strainInc(k,2) + strainInc(k,3) -      &
148                     depl11 - depl22 - depl33
149          stressNew(k,1) = stressOld(k,1) +                                   &
150           twomu * (strainInc(k,1) - depl11) + alamda * traceNew
151          stressNew(k,2) = stressOld(k,2) +                                   &
152           twomu * (strainInc(k,2)-depl22) + alamda * traceNew
153          stressNew(k,3) = stressOld(k,3) +                                   &
154           twomu * (strainInc(k,3)-depl33) + alamda * traceNew
155
156          stressNew(k,4) = stressOld(k,4) + twomu * (strainInc(k,4) - depl12)
157          stressNew(k,5) = stressOld(k,5) + twomu * (strainInc(k,5) - depl23)
158          stressNew(k,6) = stressOld(k,6) + twomu * (strainInc(k,6) - depl13)
159  !
160  ! 更新状态变量
161  !
162          stateNew(k,1) = stateOld(k,1) + de_tcreep        ! 时间蠕变
163
```

```
164    !更新能量
165            stressPower = half *                                        &
166            (( stressOld(k,1) + stressNew(k,1) ) * strainInc(i, 1) +    &
167             ( stressOld(k,2) + stressNew(k,2) ) * strainInc(i, 2) +    &
168             ( stressOld(k,3) + stressNew(k,3) ) * strainInc(i, 3) ) +  &
169             ( stressOld(k,4) + stressNew(k,4) ) * strainInc(i, 4) +    &
170             ( stressOld(k,5) + stressNew(k,5) ) * strainInc(i, 5) +    &
171             ( stressOld(k,6) + stressNew(k,6) ) * strainInc(i, 6)
172            enerInternNew(k) = enerInternOld(k) + stressPower / density(k)
173
174        end do
175
176      else if ( nshr .eq. 1 ) then      !平面应变和轴对称的情况(未实现)
177        write( * , * )"We have not implement 2D cases!"
178
179      end if
180
181      return
182      end
```

可以看出，上述子程序的实现与标准的塑性本构模型用户子程序 VUMAT 的实现是类似的。

5.5.3　模型验证

本节通过一个具体的单轴拉伸的例子来验证 VUMAT 用户子程序的正确性，并将之与 Abaqus/Standard 中自带的蠕变本构模型进行比较。

建立如图 5.14 所示的有限元模型，进行单轴拉伸，在杆的一端加载 20 MPa 的拉伸应力。采用时间硬化的蠕变本构模型，模型的材料参数如表 5.3 所示。

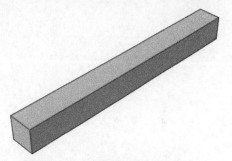

图 5.14　用于蠕变模型验证的单轴拉伸有限元示意图

表 5.3　时间蠕变模型的材料参数

参数	杨氏模量 E/MPa	泊松比 ν	$A/(\mathrm{MPa}^{-5} \cdot \mathrm{s}^{-0.8})$	n	m
值	20 000	0.3	2.5×10^{-11}	5	-0.2

接下来，采用 Abaqus/Explicit 计算。本构模型采用编写的 VUMAT 蠕变本构用户子程序，由于 Abaqus/Explicit 计算时间有限，因此子程序中的蠕变时间不使用真实的计算时间，而是乘以一个放大系数，在本算例中，先在 0.001 s 内通过线性幅值曲线将 20 MPa 的载荷加载，然后保持载荷至 0.01 s。蠕变时间在真实时间的基础上放大 10^7 倍，从而可以和前面 Abaqus/Standard 中的蠕变时间对应上。计算得到的整个模拟过程的杆的轴向应力和应

变随时间的变化及其与 Abaqus/Standard 计算结果的比较如图 5.15 所示。从图中可以看出，二者吻合得非常好，说明编写的蠕变用户子程序 VUMAT 是可靠的，可用于后续更复杂的工程问题中。

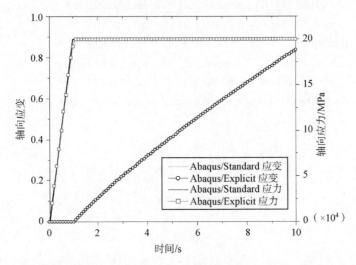

图 5.15　Abaqus/Standard 与 Abaqus/Explicit 的蠕变计算结果比较（轴向应力和轴向应变随加载时间的变化，其中 Abaqus/Explicit 的计算时间放大了 10^7 倍）（书后附彩插）

第 6 章
重定义场变量子程序 USDFLD 和 VUSDFLD

如果要定义复杂的材料行为，但又不想使用用户子程序 UMAT 或 VUMAT，则可以使用用户子程序 USDFLD 或 VUSDFLD 来实现。例如，当某个积分点的应力达到某个阈值后，该积分点失效，不再承载。对于这种材料行为，使用用户子程序 USDFLD 或 VUSDFLD 可以方便地实现。

6.1 用户子程序 USDFLD 和 VUSDFLD 概述

ABAQUS 中的大部分材料属性可以定义为场变量 f_i 的函数，而用户子程序 USDFLD 和 VUSDFLD 允许用户在单元的积分点（材料点）上自定义场变量。并且，这两个子程序可以在求解过程中访问结果数据，因此，我们可以定义依赖于求解结果的材料属性，即 $f_i = f_i(\boldsymbol{\sigma}, \boldsymbol{\varepsilon}, \boldsymbol{\varepsilon}^{\mathrm{pl}}, \dot{\boldsymbol{\varepsilon}}, \cdots)$。

如果想要在模型中使用用户子程序 USDFLD 或 VUSDFLD，就需要进行相应的设置，Abaqus/CAE 中的设置如图 6.1 所示。

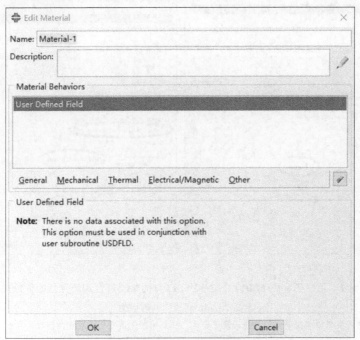

图 6.1 用户子程序 USDFLD 或 VUSDFLD 在 Abaqus/CAE 中的设置

与之对应的在 inp 文件中的关键字设置如下：

```
1 *MATERIAL, NAME = Material-1
2 *ELASTIC, DEPENDENCIES = 1
3 ** Table of modulus values decreasing as a function of field variable 1.
4 2000., 0.3, 0., 0.00
5 1500., 0.3, 0., 0.01
6 1200., 0.3, 0., 0.02
7 1000., 0.3, 0., 0.04
8 *USER DEFINED FIELD
9 *DEPVAR
10 1
```

代码中的第 8 行对应图 6.1 所示的界面设置，其他行是其附近的 inp 关键字，"*USER DEFINED FIELD"需要包含在材料关键字的内部。

上面的设置只是声明了模型中要用到用户子程序 USDFLD 或 VUSDFLD，而如果想要是材料属性依赖于场变量的值，还需要设置其依赖关系，一般通过表格来设置，也可以通过其他用户子程序（如 CREEP）来实现，在此介绍通过表格的方式来实现。假设所要研究的材料的属性依赖于两个场变量 f_1 和 f_2。其中，材料的杨氏模量只依赖于场变量 f_1，而其热膨胀系数依赖于场变量 f_1 和 f_2，具体的依赖关系由表格给出，其他值下的依赖关系通过表格中的数据线性插值得到，其实现方式的 Abaqus/CAE 界面如图 6.2 所示。

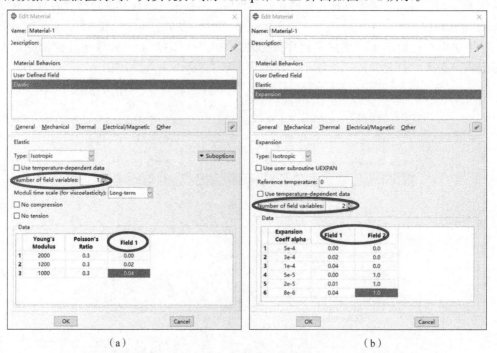

（a）　　　　　　　　　　　　　　　　（b）

图 6.2　用户子程序 USDFLD 或 VUSDFLD 的材料属性和场变量的依赖关系
在 Abaqus/CAE 中的设置

（a）杨氏模量和场变量的依赖关系设置界面；（b）热膨胀系数和场变量的依赖关系设置界面

图 6.2 所示界面对应的 inp 文件中的设置如下（图 6.2（a）对应第 2～5 行，图 6.2（b）对应第 6～13 行）：

```
 1  *material, name = Material-1
 2  *elastic, dependencies = 1
 3  2000. , 0. 3, , 0. 00
 4  1200. , 0. 3, , 0. 02
 5  1000. , 0. 3, , 0. 04
 6  *expansion, dependencies = 2
 7  5e - 4, 0. 0,   0. 00,   0. 0
 8  3e - 4, 0. 0,   0. 02,   0. 0
 9  1e - 4, 0. 0,   0. 04,   0. 0
10  **
11  5e - 5, 0. 0,   0. 00,   1. 0
12  2e - 5, 0. 0,   0. 03,   1. 0
13  8e - 6, 0. 0,   0. 04,   1. 0
14  *USER DEFINED FIELD
15  *DEPVAR
16  1
```

在用户子程序 USDFLD（或 VUSDFLD）中，必须使用解依赖的状态变量（SDV）来存储用户自定义的场变量，此时需要定义状态变量的个数，在 inp 文件中的定义方法可参见上述代码中的第 15、16 行，这里定义了一个状态变量，与之对应的 Abaqus/CAE 中的设置如图 6.3 所示。

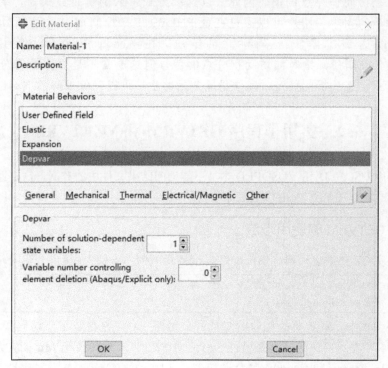

图 6.3　用户子程序 USDFLD（或 VUSDFLD）的解依赖的状态变量 SDV 在 Abaqus/CAE 中的设置

用户子程序 USDFLD 和 VUSDFLD 中定义的场变量会传入表 6.1 列出的子程序（即它们可以和表 6.1 中的用户子程序联合使用，从而可以定义更加复杂的材料行为）。

表 6.1　用户子程序 USDFLD 和 VUSDFLD 中定义的场变量可以传入的其他子程序

子程序	意义
CREEP	定义时间相关的黏塑性行为（蠕变和膨胀）
HETVAL	在传热分析中定义内部热源
UEXPAN	定义增量热应变
（V）UHARD	定义各向同性塑性或混合硬化模型的屈服面尺寸和硬化参数
UHYPEL	定义次弹性应力-应变关系
（V）UMAT	用户材料子程序。自定义材料的应力-应变关系
UMATHT	定义材料的热行为
（V）UTRS	为黏弹性材料定义递减时移函数

前面已提到，用户子程序 USDFLD、VUSDFLD 可以在求解过程中访问结果数据，因此我们可以定义依赖于求解结果的材料属性，即 $f_i = f_i(\boldsymbol{\sigma}, \boldsymbol{\varepsilon}, \boldsymbol{\varepsilon}^{\mathrm{pl}}, \dot{\boldsymbol{\varepsilon}}, \cdots)$。具体访问结果数据的方法是通过 ABAQUS 的实用子程序 GETVRM 和 VGETVRM 来进行的，6.2 节将对此进行详细介绍。需要注意的是，在 Abaqus/Standard 中，用户子程序 USDFLD 仅在增量开始时能访问积分点的值。因此，以这种方式引入的解是显式的，结果的准确性取决于时间增量的大小，用户可以通过变量 PNEWDT 来控制用户子程序 USDFLD 中的时间增量，以达到求解的准确性。同样地，在 Abaqus/Explicit 中，用户子程序 VUSDFLD 也仅在增量开始时能访问积分点的值，但这通常不是显式动态分析所关心的问题，因为显式动态分析的稳定时间增量通常足够小，可以确保求解的准确性。

6.2　实用子程序 GETVRM 和 VGETVRM

用户子程序 USDFLD 和 VUSDFLD 本身不能访问结果文件中的数据，需要通过 ABAQUS 的实用子程序 GETVRM 和 VGETVRM 来进行访问。

6.2.1　GETVRM 的使用方法

实用子程序 GETVRM 可以在 Abaqus/Standard 中使用，其程序接口（调用方法）如下：

```
1    call getvrm('var', array, jarray, flgray, jrcd,      &
2    jmac, jmatyp, matlayo, laccfla)
```

在传入的参数中，最重要的是输出变量的关键字 var，它指定了要访问哪个输出变量。例如，"var＝'S'"表示要访问应力张量；"var＝'MISES'"表示要访问 Mises 应力。主要的输出变量有 array、jarray 和 flgary，其意义如表 6.2 所示。

表 6.2　实用子程序 GETVRM 的主要输出变量及其意义

变量	意义
array	输出变量的独立的浮点型分量
jarray	输出变量的独立的整型值分量
flgary	字符数组，包含了对应于独立分量的标记

对于只含有单个下标的变量（一般是向量）的分量，按照位置 1、2、3 等依次输出即可。对于双下标的变量（一般是二维张量）的分量，输出分两种情况：如果是对称张量（如应力、应变等），则输出顺序为 11、22、33、12、13、23；如果是非对称张量（如变形梯度），则输出顺序为 11、22、33、12、13、23、21、31、32。例如，对于平面应力单元的应力张量，array 变量的存储顺序为：array(1)＝S11，array(2)＝S22，array(3)＝0.0，array(4)＝S12。

注意：并不是所有单元都支持实用子程序 GETVRM。由于实用子程序 GETVRM 访问的是单元的材料点，因此所有不具有材料点的单元都不支持实用子程序 GETVRM，如所有声学单元、接触单元和流体单元。

6.2.2　VGETVRM 的使用方法

实用子程序 VGETVRM 可以在 Abaqus/Explicit 中使用，其程序接口（调用方法）如下：

```
1    call vgetvrm ('VAR', rData, jData, cData, jStatus)
```

与实用子程序 GETVRM 类似，在传入实用子程序 VGETVRM 的参数中，最重要的是输出变量的关键字 VAR，它指定了我们要访问哪个输出变量。例如，"VAR＝'S'"表示要访问应力张量，"VAR＝'MISES'"表示要访问 Mises 应力。实用子程序 VGETVRM 的主要返回变量及其意义如表 6.3 所示。

表 6.3　实用子程序 VGETVRM 的主要返回变量及其意义

变量	意义
rData	实型数组，输出变量的独立的浮点型分量
jData	整型数组，输出变量的独立的整型值分量
cData	字符数组，包含了对应于独立分量的标记
jStatus	访问状态，0 表示成功，1 表示失败

实用子程序 VGETVRM 的输出变量的顺序与实用子程序 GETVRM 是相同的。例如，对于三维实体单元的应力张量，rData 返回的分量为 S11、S22、S33、S12、S13、S23，jData 返回的全是 0，cData 返回的都是 N/A。

注意：实用子程序 VGETVRM 返回的应变分量是应变张量的分量，而实用子程序 GETVRM 返回的是工程应变。同样的，实用子程序 VGETVRM 也不支持没有积分点的单元的访问。

6.3　用户子程序 USDFLD 的接口及应用

6.3.1　用户子程序 USDFLD 的接口

用户子程序 USDFLD 是用于 Abaqus/Standard 中的场变量定义子程序，其具有以下特性：

（1）允许将材料点处的场变量定义为时间函数或输出变量标识符表中列出的任何可用的材料点处的量的函数，但用户定义的输出变量 UVARM 和 UVARMn 除外。

（2）可用于引入解相关的材料特性，因为此类特性可以很容易地定义为场变量的函数。

（3）将在材料定义中包含了用户子定义场变量的单元的所有材料点上被调用。

（4）可以调用实用子程序 GETVRM 访问材料点的数据。

（5）可以使用和更新解依赖的状态变量（SDV）。

（6）可以与用户子程序 UFIELD 一起使用，以指定预定义的场变量。

用户子程序 USDFLD 的 Fortran 程序接口如下：

```
1    !用户子程序 USDFLD 的接口
2    subroutine usdfld(field, statev, pnewdt, direct, t,       &
3    celent, time, dtime, cmname, orname, nfield,              &
4    nstatv, noel, npt, layer, kspt, kstep, kinc, ndi,         &
5    nshr, coord, jmac, jmatyp, matlayo, laccfla)
6
7    include 'aba_param. inc'
8
9    character * 80 cmname,orname
10   character * 8   flgray(15)
11   dimension field(nfield), statev(nstatv), direct(3, 3),    &
12     t(3, 3), time(2), coord( * ), jmac( * ), jmatyp( * )
13   dimension array(15), jarray(15)
14
15   !用户在此处定义场变量 field
16   !如果需要,也可以定义状态变量 statev 和时间增量 pnewdt
17   end
```

下面分别解释子程序的输入输出参数及其意义，这些参数主要分为以下三类。

1）必须定义和更新的变量

field(nfield)：场变量数组，包含了当前积分点上的所有场变量，它们传进来时是有值的，其值是当前增量步开始时节点上值的插值。更新后的场变量的值会传入以下子程序：CREEP，HETVAL，UEXPAN，UHYPEL，UMAT，UMATHT 和 UTRS。

2）可以定义和更新的变量

statev(nstatv)：状态变量数组，包含了所有解依赖的状态变量（SDV），它们传进来时是有值的，其值是当前增量步开始时的状态变量的值。状态变量数组的长度（nstatv）通过

关键字 *DEPVAR 进行设置。

pnewdt：时间比，建议的时间增量与当前使用的时间增量（dtime）的比值，如果该比值为 1，则表明建议的时间增量与当前使用的时间增量一致。注意，这个变量的更新可以和 ABAQUS 输入文件中设置的自动更新时间增量一起使用，并不冲突。

3）只能使用的变量

除了上面提到的三个变量外，其他变量可被使用，但不能被定义和更新，否则会出现错误。

6.3.2　USDFLD 模拟复合材料层合板的失效

本节将考虑一个中心带孔的层合复合材料板在面内压缩载荷下的损伤失效行为。因为模型是对称的，所以在有限元建模时只模拟 1/4 模型，并施加对称边界条件，以提高计算效率。模型的几何及相应的有限元模型如图 6.4 所示。

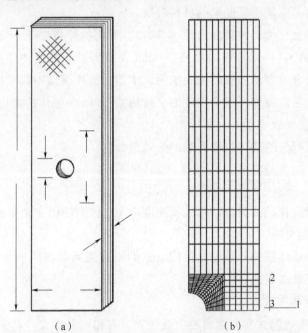

（a）　　　　　　　　（b）

图 6.4　中心带孔的层合复合材料板模型和有限元网格示意图

本模型中的层合复合材料板共含有 8 个铺层，每个铺层的材料行为可参见文献 [27, 28]。铺层的初始弹性参数：径向模量 $E_{11} = 156.5 \text{ GPa}$，横向模量 $E_{22} = 13.0 \text{ GPa}$，剪切模量 $G_{12} = 6.96 \text{ GPa}$，泊松比 $\nu = 0.23$。

材料在剪切过程中逐渐累积损伤，导致非线性的应力-应变关系：

$$\gamma_{12} = G_{12}^{-1}\sigma_{12} + \alpha\sigma_{12}^3 \tag{6.1}$$

式中，G_{12} 为铺层的初始剪切模量；非线性通过因子 α 来表征，$\alpha = 0.8 \times 10^{-14}$。

为了考虑非线性，非线性应力-应变关系必须以不同的形式表示，增量步结束时的应力必须作为应变的线性函数给出，如下：

$$\sigma_{12}^{(i+1)} = (1-d)G_{12}\gamma_{12}^{(i+1)} \tag{6.2}$$

式中，d——相场变量。

式（6.2）最直观和简单的处理方式就是线性化，使用泰勒级数将式（6.2）展开如下：

$$\gamma_{12}^{(i+1)} \approx -2\alpha(\sigma_{12}^{(i)})^3 + (G_{12}^{-1} + 3\alpha(\sigma_{12}^{(i)})^2)\sigma_{12}^{(i+1)} \tag{6.3}$$

反解式（6.3），可得

$$\sigma_{12}^{(i+1)} = \frac{1 + 2\alpha(\sigma_{12}^{(i)})^3/(\gamma_{12}^{(i)} + \Delta\gamma_{12})}{1 + 3\alpha G_{12}(\sigma_{12}^{(i)})^2}G_{12}\gamma_{12}^{(i+1)} \tag{6.4}$$

式（6.4）右边的应力是第 i 步的，因此式（6.4）可以直接用于显式地进行应力更新。对比式（6.4）和式（6.2）可以发现，只要定义如下相场变量，就可将二者统一：

$$d = \frac{3\alpha G_{12}(\sigma_{12}^{(i)})^2 - 2\alpha(\sigma_{12}^{(i)})^3/\gamma_{12}^{(i)}}{1 + 3\alpha G_{12}(\sigma_{12}^{(i)})^2} \tag{6.5}$$

式（6.5）可以通过用户子程序 USDFLD 来实现，相场变量 d 的值可以直接赋给第三个场变量，用其来定义依赖于场变量的材料参数。

这里用到了如下复合材料的强度特性（参数）：横向拉伸强度 $Y_t = 102.2$ MPa，铺层剪切强度 $S_c = 106.9$ MPa，基体抗压强度 $Y_c = 253.0$ MPa，纤维屈曲强度 $X_c = 2.708$ GPa。这些强度参数可以组合成多轴加载的失效准则。本节的分析模型中仅考虑三种不同的失效模式，没有考虑纤维的屈曲破坏，因为主要的失效模式是纤维-基体的剪切失效。

1）基体拉伸开裂失效

含有非线性剪切行为的基体拉伸开裂的失效指数为

$$e_m^2 = \left(\frac{\sigma_{22}}{Y_t}\right)^2 + \frac{2\sigma_{12}^2/G_{12} + 3\alpha\sigma_{12}^4}{2S_c^2/G_{12} + 3\alpha S_c^4} \tag{6.6}$$

如果复合材料以这种模式失效，则其横向刚度 E_{22} 和泊松比 ν 会变成 0。

2）基体压缩开裂失效

基体压缩开裂和基体拉伸开裂是互斥的（它们不可能同时在同一个积分点发生），因此可以通过同一个场变量来表征。

3）纤维-基体剪切失效

纤维-基体剪切失效模式和上面两种失效模式含有相同的形式，其失效指数为

$$e_{fs}^2 = \left(\frac{\sigma_{11}}{X_c}\right)^2 + \frac{2\sigma_{12}^2/G_{12} + 3\alpha\sigma_{12}^4}{2S_c^2/G_{12} + 3\alpha S_c^4} \tag{6.7}$$

纤维-基体剪切失效模式可以和上面两种失效模式同时发生，因此需要使用一个新的场变量来表示其失效指数。

在子程序中，基体的拉伸和压缩失效指数（e_m）存储在 SDV(1) 中，当这个指数的值超过 1.0 时，SDV(1) 的值（f_1）始终保持 1.0；纤维-基体剪切失效指数（e_{fs}）存储在 SDV(2) 中，当这个指数的值超过 1.0 时，SDV(2) 的值（f_2）始终保持 1.0。相场变量 d 的值也通过用户子程序 USDFLD 来计算，在此将其作为第三个场变量（f_3）存储在 SDV(3) 中。复合材料的弹性常数及其三个场变量（f_1、f_2、f_3）的对应关系如表 6.4 所示。

表 6.4　复合材料的弹性常数及其与三个场变量的对应关系

材料状态	弹性常数				f_1	f_2	f_3
没有失效	E_{11}	E_{22}	ν_{12}	G_{12}	0	0	0
基体的拉伸和压缩失效	E_{11}	0	0	G_{12}	1	0	0
纤维–基体剪切失效	E_{11}	E_{22}	0	0	0	1	0
基体的拉伸和压缩失效，纤维–基体剪切失效	E_{11}	0	0	0	1	1	0
基体的剪切损伤	E_{11}	E_{22}	ν_{12}	0	0	0	1
基体的拉伸和压缩失效，基体的剪切损伤	E_{11}	0	0	0	1	0	1
纤维–基体剪切失效，基体的剪切损伤	E_{11}	E_{22}	0	0	0	1	1
所有失效模式	E_{11}	0	0	0	1	1	1

表 6.4 中的对应关系需要加入模型的输入文件，可以在 Abaqus/CAE 中设置（图 6.5）或通过 inp 文件加入，代码如下：

```
1  *material, name = mat-composite
2  *elastic, type = lamina, dependencies = 3
3  ** e1, e2, nu12, g12, g13, g23, fv1
4  ** fv2, fv3
5  22.7e6, 1.88e6, 0.23, 1.01e6, 1.01e6, 1.01e6, , 0,
6  0, 0
7  22.7e6, 1.00e0, 0.00, 1.01e6, 1.01e6, 1.01e6, , 1,
8  0, 0
9  22.7e6, 1.88e6, 0.00, 1.00e0, 1.01e6, 1.01e6, , 0,
10 1, 0
11 22.7e6, 1.00e0, 0.00, 1.00e0, 1.01e6, 1.01e6, , 1,
12 1, 0
13 22.7e6, 1.88e6, 0.23, 1.00e0, 1.01e6, 1.01e6, , 0,
14 0, 1
15 22.7e6, 1.00e0, 0.00, 1.00e0, 1.01e6, 1.01e6, , 1,
16 0, 1
17 22.7e6, 1.88e6, 0.00, 1.00e0, 1.01e6, 1.01e6, , 0,
18 1, 1
19 22.7e6, 1.00e0, 0.00, 1.00e0, 1.01e6, 1.01e6, , 1,
20 1, 1
21 *depvar
22 3
23 *user defined field
```

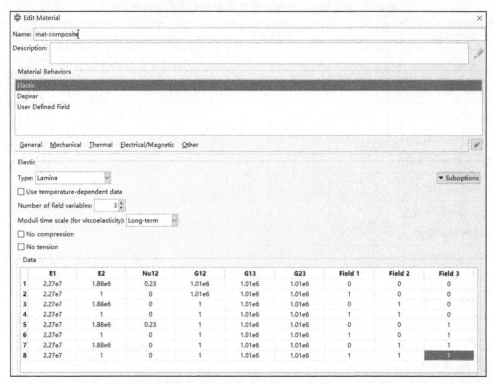

图 6.5　材料常数对场变量的依赖关系在 Abaqus/CAE 中的设置

注意：该代码并没有完全按照表 6.4 来输入，对模量为 0 的位置都给了一个相对较小的数（这里给的是 1.0），这是为了防止模量为 0 引起的数值奇异。

模拟复合材料层合板失效的用户子程序 USDFLD 的代码如下：

```
1    ! 模拟复合材料层合板失效的用户子程序 USDFLD
2    subroutine usdfld (field, statev, pnewdt, direct, t,        &
3    celent, time, dtime, cmname, orname, nfield, nstatv,        &
4    noel, npt, layer, kspt, kstep, kinc, ndi, nshr,             &
5     coord, jmac, jmatyp, matlayo, laccfla)
6    include 'aba_param. inc'
7
8    ! 材料和强度参数
9    parameter (yt = 14. 86d3, xc = 392. 7d3, yc = 36. 7d3)
10   parameter (sc = 15. 5d3, g12 = 1. 01d6, alpha = 0. 8d − 14)
11
12   character * 80 cmname, orname
13   character * 8   flgray(15)
14   dimension field(nfield), statev(nstatv), direct(3,3)
15   dimension t(3, 3), time(2), array(15), jarray(15)
16   dimension coord( * ), jmac( * ), jmatyp( * )
```

```
17
18          ！初始化状态变量中的失效标记
19          em     = statev(1)
20          efs    = statev(2)
21          damage = statev(3)
22
23          ！从上一个增量步中得到应力和应变
24          call getvrm('s', array, jarray, flgray, jrcd,        &
25                      jmac, jmatyp, matlayo, laccfla)
26          s11 = array(1)
27          s22 = array(2)
28          s12 = array(4)
29          call getvrm('e', array, jarray, flgray, jrcd,        &
30                      jmac, jmatyp, matlayo, laccfla)
31          e12 = array(4)
32
33          ！损伤因子
34          if (e12. ne. 0) then   ！避免除 0
35             damage = (3. d0 * alpha * g12 * s12 ** 2 -        &
36                   2. d0 * alpha * (s12 * * 3)/e12) /          &
37                   (1. d0 + 3. d0 * alpha * g12 * s12 ** 2)
38          else
39             damage = 0. d0
40          endif
41
42          f1 = s12 * * 2/(2. d0 * g12) + 0. 75d0 * alpha * s12 ** 4
43          f2 = sc * * 2 /(2. d0 * g12) + 0. 75d0 * alpha * sc ** 4
44
45          ！基体拉伸、压缩失效
46          if (em . le. 1. d0) then
47             if (s22 . lt. 0. d0) then
48                em = sqrt((s22/yc) ** 2 + f1/f2)
49             else
50                em = sqrt((s22/yt) * * 2 + f1/f2)
51             endif
52             statev(1) = em     ！基体失效模式,存储在状态变量中
53          endif
54
55          ！纤维 - 基体剪切失效
56          if (efs . le. 1. d0) then
```

```
57        if (s11 .lt. 0. d0) then
58            efs = sqrt((s11/xc) ** 2 + f1/f2)
59        else
60            efs = 0. d0
61        endif
62        statev(2) = efs
63      endif
64
65      ! 更新场变量
66      field(1) = 0. d0   ! 没有失效
67      field(2) = 0. d0   ! 没有失效
68      if (em  .gt. 1. d0) field(1) = 1. d0      ! 发生了失效
69      if (efs .gt. 1. d0) field(2) = 1. d0      ! 发生了失效
70      field(3) = damage
71      statev(3) = field(3)
72
73      return
74      end
```

根据本节描述建立模型，使用上面的用户子程序代码进行计算，得到最大载荷点处板中材料的纤维-基体剪切失效的云图如图 6.6 所示。

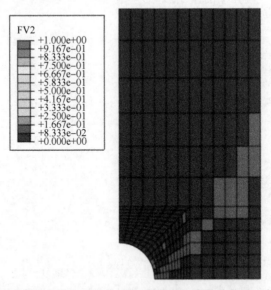

图 6.6 最大载荷点处板中材料的纤维-基体剪切失效的云图（书后附彩插）

采用上述用户子程序，分别用 ABAQUS 中的 CPS4 单元和 CPS4R 单元进行模拟，得到的载荷-位移曲线如图 6.7 所示。从图中可以看出，减缩积分和非减缩积分的有限元模拟结果在载荷上升段吻合得很好，而在载荷下降段有一定的偏差。

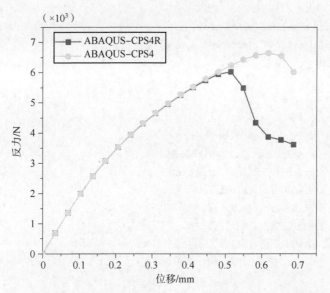

图 6.7　分别用 ABAQUS 中的 CPS4 单元和 CPS4R 单元进行模拟得到的载荷–位移曲线

本例模型的 inp 文件和用户子程序文件：

damagefailcomplate_cps4. inp

damagefailcomplate_cps4. f

damagefailcomplate_cps4r. inp

damagefailcomplate_cps4r. f

扫描二维码
获取相关资料

6.4　用户子程序 VUSDFLD 的接口及应用

6.4.1　用户子程序 VUSDFLD 的接口

用户子程序 VUSDFLD 是用于 Abaqus/Explicit 中的场变量定义子程序，其具有以下特性：

（1）允许将材料点的场变量重新定义为时间（或任何可用的材料点处）的量的函数。

（2）可用于引入解相关的材料特性，因为此类特性可以很容易地定义为场变量的函数。

（3）将在材料定义中包含了用户自定义场变量的单元的所有材料点上被调用。

（4）可以调用实用子程序 VGETVRM 来访问材料点数据。

（5）可以使用和更新解依赖的状态变量（SDV）。

用户子程序 VUSDFLD 的 Fortran 程序接口如下：

```
1      !用户子程序 VUSDFLD 的接口
2      subroutine vusdfld(                                    &
3 !只读变量 -
4      nblock, nstatev, nfieldv, nprops, ndir, nshr,         &
```

```
5          jElem, kIntPt, kLayer, kSecPt,                              &
6          stepTime, totalTime, dt, cmname,                           &
7          coordMp, direct, T, charLength, props,                     &
8          stateOld,                                                  &
9  ! 可写变量 -
10         stateNew, field )
11      include 'vaba_param. inc'
12      dimension jElem(nblock), coordMp(nblock, * ),                  &
13              direct(nblock,3,3), T(nblock,3,3),                     &
14              charLength(nblock), props(nprops),                     &
15              stateOld(nblock,nstatev),                              &
16              stateNew(nblock,nstatev),                              &
17              field(nblock,nfieldv)
18      character * 80 cmname
19
20      return
21      end
```

在上面的接口程序的参数中，最关键的是变量 field(nblock,nfieldv)，它是必须定义和更新的变量，其含义为当前材料点（积分点）处的场变量的值，其基本含义与用户子程序 USDFLD 中的变量 field(nfield) 相同，主要区别是 USDFLD 中的变量 field 只针对一个积分点，而 VUSDFLD 中的变量 field 针对多个（nblock 个）积分点。

此外，解依赖的状态变量 stateNew(nblock,nstatev)可以被定义，但这并不是必需的，其一般用于存储变量的值。

用户子程序 VUSDFLD 的其他参数（只读参数）及其意义如表 6.5 所示。

表 6.5 用户子程序 VUSDFLD 的其他参数（只读参数）及其意义

变量名	意义
nblock	在一次 VUSDFLD 的调用中被处理的材料点的个数
nstatev	这种材料点上用户定义的状态变量的个数
nfieldv	用户自定义的外部场变量的个数
nprops	用户指定的用户自定义材料参数的个数
ndir	对称张量的直接分量的个数
nshr	对称张量的非直接分量的个数
jElem	用户赋予的单元编号
kIntPt	积分点编号
kLayer	层的编号（对于复合材料壳）
kSecPt	当前层内截面点的编号
stepTime	当前的分析步时间
totalTime	当前的总时间

续表

变量名	意义
dt	时间增量
cmname	用户指定的材料名称
coordMp	材料点的坐标
direct	以全局基准方向表示的方向余弦
T	相对于单元基准方向的方向余弦
charLength	特征单元长度
props	用户提供的材料参数
stateOld	增量步开始时，每一个积分点上状态变量的值

6.4.2　VUSDFLD 模拟复合材料层合板的失效

6.3.2 节通过用户子程序 USDFLD 模拟了复合材料层合板的失效，考虑了三种失效模式，得到了非常好的计算结果。本节将针对前面的问题，采用用户子程序 VUSDFLD 在 ABAQUS 的显式模块（Abaqus/Explicit）中重新进行建模模拟。

复合材料层合板失效问题的描述见前述，编写的用户子程序 VUSDFLD 代码如下：

```fortran
1     ! VUSDFLD 模拟复合材料层合板的失效程序代码
2     subroutine vusdfld(                                              &
3       nblock, nstatev, nfieldv, nprops, ndir, nshr,                 &
4       jElem, kIntPt, kLayer, kSecPt,                                &
5       stepTime, totalTime, dt, cmname,                             &
6       coordMp, direct, T, charLength, props,                       &
7       stateOld, stateNew, field )
8     include 'vaba_param. inc'
9     dimension jElem(nblock), coordMp(nblock, * ),                   &
10              direct(nblock,3,3), T(nblock,3,3),                    &
11              charLength(nblock), props(nprops),                    &
12              stateOld(nblock,nstatev),                             &
13              stateNew(nblock,nstatev),                             &
14              field(nblock,nfieldv)
15    character * 80 cmname
16
17    character * 3 cData(maxblk * 6)
18    dimension jData(maxblk * 6),stress(maxblk * 6).strain(maxblk * 6)
19
20    ! 读取材料参数
21    yt     = props(1)      ! 横向拉伸强度
22    yc     = props(2)      ! 基体压缩强度
23    sc     = props(3)      ! 铺层剪切强度
24    xc     = props(4)      ! 纤维屈曲强度
```

```
25        g12   = props(5)      ! 初始剪切模量
26        alpha = props(6)      ! 非线性剪切因子
27
28        ! 得到前一个增量步的应力和应变
29        jStatus = 1
30        call vgetvrm( 'S', stress, jData, cData, jStatus )
31        jStatus = 1
32        call vgetvrm( 'LE', strain, jData, cData, jStatus )
33
34        ! 计算损伤演化，更新场变量(这里调用了子程序,使得程序整体结构更清晰)
35        call evaluateDamage( nblock, nstatev,                    &
36            nfieldv, ndir, nshr,                                 &
37            yt, yc, sc, xc, g12, alpha,                          &
38            stress, strain, stateOld, stateNew, field )
39        return
40        end
41
42        ! 损伤演化的子程序
43        subroutine evaluateDamage ( nblock, nstatev,             &
44            nfieldv, ndir, nshr,                                 &
45            yt, yc, sc, xc, g12, alpha,                          &
46            stress, strain, stateOld, stateNew, field )
47        include 'vaba_param. inc'
48        dimension stress(nblock,ndir + nshr),                    &
49            strain(nblock,ndir + nshr), stateOld(nblock,nstatev),&
50            stateNew(nblock,nstatev), field(nblock,nfieldv)
51
52        ! 初始化失效指数
53        do k = 1, nblock
54           stateNew(k,1) = stateOld(k,1)
55           stateNew(k,2) = stateOld(k,2)
56           stateNew(k,3) = stateOld(k,3)
57           em      = stateOld(k,1)
58           efs     = stateOld(k,2)
59           damage  = stateOld(k,3)
60
61           ! 从前一个增量步读取应力和应变
62           s11 = stress(k,1)
63           s22 = stress(k,2)
64           s12 = stress(k,4)
65           e12 = 2.0 * strain(k,4)    ! e12 是工程应变
66
67           ! 损伤因子
68           damage = 0. d0
```

```fortran
69          if (e12. ne. 0)     &
70              damage = (3. d0 * alpha * g12 * s12 * * 2-2. d0 * alpha * (s12 ** 3)/e12)/     &
71                  (1. d0 + 3. d0 * alpha * g12 * s12 ** 2)
72
73          f1 = s12 ** 2/(2. d0 * g12) + 0.75d0 * alpha * s12 ** 4
74          f2 = sc ** 2 /(2. d0 * g12) + 0.75d0 * alpha * sc ** 4
75
76          !基体的拉伸/压缩失效
77          if (em .lt. 1. d0) then
78            if (s22 . lt. 0. d0) then
79                em = sqrt((s22/yc) ** 2 + f1/f2)
80            else
81                em = sqrt((s22/yt) * * 2 + f1/f2)
82            endif
83            stateNew(k,1) = em
84          endif
85
86          !纤维-基体剪切失效
87          if (efs .lt. 1. d0) then
88            if (s11 . lt. 0. d0) then
89                efs = sqrt((s11/xc) ** 2 + f1/f2)
90            else
91                efs = 0. d0
92            endif
93            stateNew(k,2) = efs
94          endif
95
96          !更新场变量
97          field(k,1) = 0. d0
98          field(k,2) = 0. d0     !没有失效
99          if (em .ge. 1. d0) then
100             field(k,1) = 1. d0   !发生了失效
101         end if
102         if (efs .ge. 1. d0) then
103             field(k,2) = 1. d0   !发生了失效
104         end if
105         field(k,3) = damage
106         stateNew(k,3) = field(k,3)
107     end do
108
109     return
110     end
```

采用上面的用户子程序 VUSDFLD，计算得到的最大载荷点处板中材料的纤维-基体剪切失效的云图如图 6.8 所示，从图中可以看出，其失效的路径和整体的失效区域与在隐式程

序中采用用户子程序 USDFLD 计算的结果是一致的。计算得到的结构整体的载荷–位移曲线如图 6.9 所示，与前面计算的载荷–位移曲线（图 6.7）的趋势是一致的。

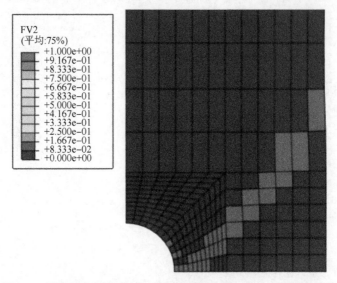

图 6.8　采用用户子程序 VUSDFLD 计算的最大载荷点处板中材料的纤维–基体剪切失效的云图（书后附彩插）

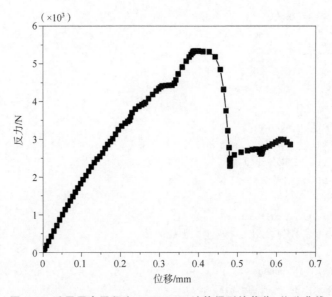

图 6.9　采用用户子程序 VUSDFLD 计算得到的载荷–位移曲线

本例模型的 inp 文件和用户子程序文件：

damagefailcomplate_cps4r_xpl.inp

damagefailcomplate_cps4r_xpl.f

扫描二维码
获取相关资料

第 7 章

用户单元子程序 UEL 和 VUEL

有限元的核心之一是单元，一个单元包含有限元中的大部分信息，单元的性能决定了它可模拟计算的问题和可扩展的空间[29]。ABAQUS 为用户提供了用户自定义单元的程序接口，允许用户自定义地实现线性和非线性的单元，可以定义任意复杂度的任何单元，使得用户可以方便地对 ABAQUS 的功能进行扩展，以满足复杂的个性化求解需求[1]。

本章将介绍 ABAQUS 用户单元的隐式程序接口 UEL、UELMAT 和显式程序接口 VUEL，并通过具体的例子来展示 ABAQUS 用户单元的强大功能。

7.1 ABAQUS 用户单元子程序概述

ABAQUS 有一个非常大的单元库，含有多种类型单元，可以满足各种复杂的力学分析。然而，有时对于一些特定的问题（例如：一些耦合了力学行为的物理过程，载荷和求解的结果有关；在求解的过程中激活控制机制；等等），ABAQUS 现有的单元库还无法满足分析需求，需要我们编写用户子程序来实现。

相比于写一个完整的有限元求解程序，在一些现有程序的基础上（如 ABAQUS）编写用户单元可以大大降低开发成本、缩短开发时间，并且可以充分利用 ABAQUS 提供的强大的前后处理能力。此外，ABAQUS 内置的求解器的效率非常高，求解非线性问题具有很好的收敛性，这也使得用户单元子程序具有非常广的应用前景，是一个很好的助力科研和工程的工具。

多个用户单元可以在单个模型中一起使用，其使用方法与多个 UMAT 在同一个模型中一起使用是类似的，只需给每个单元一个特定的名称，然后定义其在 inp 文件中对应的 UEL 的变量 property。

在 ABAQUS 中定义用户单元的方式主要有以下两种：

1）线性单元

在 Abaqus/Standard 中，可以通过直接使用关键字 *MATRIX 来定义单元的刚度矩阵和质量矩阵，从而可以定义一个线性的用户单元（无须写编用户子程序）。

2）任意单元

在 Abaqus/Standard 中，可通过用户子程序 UEL 或 UELMAT 来定义任意单元；在 Abaqus/Explicit 中，可通过用户子程序 VUEL 来实现非线性单元。

7.2 用户单元子程序 UEL 和 UELMAT

正如前面所提到的，在 Abaqus/Standard 中，有两个用户单元子程序的接口程序，即 UEL 和 UELMAT。其中，用户子程序 UELMAT 可以直接访问 ABAQUS 内置的一些材料模型，这样用户就不需要自己去编写材料的本构关系了。但是，某些支持用户子程序 UEL 的分析过程并不支持用户子程序 UELMAT，此时我们只有通过用户子程序 UEL 来实现。

在使用用户子程序 UEL（或 UELMAT）之前，需要在 inp 文件中定义以下单元信息：

（1）用户单元的节点数。

（2）每个节点的坐标数。

（3）每个节点激活的自由度。

（4）单元的属性参数的个数。

（5）每个单元中需要存储的解依赖的状态变量（SDV）的个数。

（6）单元可用载荷类型的个数。

7.2.1 用户单元子程序 UEL 的接口

用户子程序 UEL 的 Fortran 程序接口如下：

```
1     ! 用户子程序 UEL 的接口
2     subroutine uel(rhs, amatrx, svars, energy, ndofel, nrhs, nsvars,        &
3     props, nprops, coords, mcrd, nnode, u, du, v, a, jtype, time,         &
4     dtime, kstep, kinc, jelem, params, ndload, jdltype, adlmag,         &
5     predef, npredf, lflags, mlvarx, ddlmag, mdload, pnewdt, jprops,        &
6     njpro, period)
7
8     include 'aba_param. inc'
9
10    dimension rhs(mlvarx, *), amatrx(ndofel, ndofel), props(*),         &
11    svars(*), energy(8), coords(mcrd, nnode), u(ndofel),         &
12    du(mlvarx, *), v(ndofel), a(ndofel), time(2), params(*),         &
13    jdltyp(mdload, *), adlmag(mdload, *), ddlmag(mdload, *),         &
14    predef(2, npredf, nnode), lflags(*), jprops(*)
15
16    end subroutine
```

编写用户子程序 UEL 的关键是合理地定义右手边残差向量 rhs 和单元刚度矩阵 amatrx。

为了能在模型中使用用户子程序 UEL，就需要在模型的 inp 文件中添加接口，以指明哪些单元（ELE_UEL 单元集合中的）使用用户子程序 UEL 计算其右手边残差向量和单元刚度矩阵。其接口如下：

```
1  *USER ELEMENT, TYPE = Un, NODES = ..., COORDINATES = ..., PROPERTIES = ...,
       IPROPERTIES = ..., VARIABLES = ..., UNSYMM
2    Data line(s)
3  *ELEMENT,TYPE = Un, ELSET = ELE_UEL
4    Data line(s)
5  *UEL PROPERTY, ELSET = ELE_UEL
6    Data line(s)
```

7.2.2　用户单元子程序 UELMAT 的接口

用户子程序 UELMAT 的接口和用户子程序 UEL 的接口相似，具体如下：

```
1      ! 用户子程序 UELMAT 的接口
2      subroutine uelmat(rhs,amatrx,svars, energy, ndofel, nrhs, nsvars,     &
3      props, nprops, coords, mcrd, nnode, u, du, v, a, jtype, time,        &
4      dtime, kstep, kinc, jelem, params, ndload, jdltype, adlmag,         &
5      predef, npredf, lflags, mlvarx, ddlmag, mdload, pnewdt, jprops,     &
6      njpro, period, materiallib)
7
8      include 'aba_param. inc'
9
10     dimension rhs(mlvarx, *), amatrx(ndofel, ndofel), props(*),          &
11     svars(*), energy(8), coords(mcrd, nnode), u(ndofel),               &
12     du(mlvarx, *), v(ndofel), a(ndofel), time(2), params(*),           &
13     jdltyp(mdload, *), adlmag(mdload, *), ddlmag(mdload, *),            &
14     predef(2, npredf, nnode), lflags(*), jprops(*)
15
16     end subroutine
```

与用户子程序 UEL 不同，用户子程序 UELMAT 可以直接调用 ABAQUS 内置的材料模型，这样我们可以在编程时重点考虑在单元层面的实现上，而无须考虑复杂的材料实现。在用户子程序 UELMAT 中调用 ABAQUS 内置的力学材料模型的语句如下：

```
1      call material_lib_mech(materiallib,stress,ddsdde,stran,dstran,      &
2      npt,dvdv0,dvmat,dfgrd,predef,dpredef,npredf,celent,coords)
```

在上面的子程序接口中，用户需要向 material_lib_mech() 函数提供增量步开始时的应变（stran）和应变增量（dstran），程序则会返回增量步结束时的应力（stress）和雅可比矩阵（ddsdde）。对于热传导分析，用户可以通过 material_lib_ht() 函数访问热学相关的材料模型。

用户子程序 UELMAT 可以访问的 ABAQUS 内置的材料模型有：线弹性材料（Linear elasticity）、超弹性材料（Hyperelasticity）、超泡沫材料（Hyperfoam）、金属塑性材料（Metal plasticity）、变形塑性材料（Deformation plasticity）、Drucker-Prager 塑性材料（Drucker-Prager plasticity）、盖帽塑性材料（Cap plasticity）、多孔金属塑性材料（Porous metal plasticity）、可压碎泡沫材料（Crushable foam）。

用户子程序 UELMAT 可以在以下分析步（即分析类型）中使用：静态分析步（Static，general）、动态分析步（Dynamic，implicit）、准静态分析步（Quasi-static(visco)）、频率提取分布步（Frequency extraction）、热传导分析步（Heat transfer）（包括稳态和瞬态分析）。

为了在模型中使用用户子程序 UELMAT，需要在模型的 inp 文件中添加接口，以指明哪些单元（ELE_UELMAT 单元集合中的）需要使用用户子程序 UELMAT 计算其单元刚度矩阵和右手边残差向量。接口如下：

```
1  *USER ELEMENT,TYPE = Un,NODES = ...,COORDINATES = ...,PROPERTIES = ...,IPROPERTIES
      = ...,VARIABLES = ...,UNSYMM,INTEGRATION = # , TENSOR = ...
2    Data line(s)
3  *ELEMENT,TYPE = Un, ELSET = ELE_UELMAT
4    Data line(s)
5  *UEL PROPERTY, ELSET = ELE_UELMAT, MATERIAL = ...
6    Data line(s)
7  *MATERIAL, NAME = ...
```

7.3   用户单元子程序 VUEL

用户子程序 VUEL 是用于在 Abaqus/Explicit 中进行用户自定义单元开发的接口程序，用户子程序 VUEL 的 Fortran 程序接口如下：

```
1  !用户子程序 VUEL 的接口
2  subroutine vuel(nblock,rhs,amass,dtimeStable,svars,nsvars,        &
3                  energy,                                           &
4                  nnode,ndofel,props,nprops,jprops,njprops,         &
5                  coords,mcrd,u,du,v,a,                             &
6                  jtype,jelem,                                      &
7                  time,period,dtimeCur,dtimePrev,kstep,kinc,        &
8                  lflags,                                           &
9                  dMassScaleFactor,                                 &
10                 predef,npredef,                                   &
11                 jdltyp, adlmag)
12
13     include 'vaba_param. inc'
14
15 !     operational code keys
16     parameter ( jMassCalc           = 1,   &
17               jIntForceAndDtStable = 2,   &
18               jExternForce         = 3)
19 !     flag indices
20     parameter (iProcedure = 1, &
21               iNlgeom    = 2, &
22               iOpCode    = 3, &
```

```
23                      nFlags    = 3)
24
25  !      energy array indices
26         parameter ( iElPd = 1,     &
27                     iElCd = 2,     &
28                     iElIe = 3,     &
29                     iElTs = 4,     &
30                     iElDd = 5,     &
31                     iElBv = 6,     &
32                     iElDe = 7,     &
33                     iElHe = 8,     &
34                     iElKe = 9,     &
35                     iElTh = 10,    &
36                     iElDmd= 11,    &
37                     iElDc = 12,    &
38                     nElEnergy = 12)
39  !    predefined variables indices
40         parameter ( iPredValueNew = 1, &
41                     iPredValueOld = 2, &
42                     nPred        = 2)
43
44  !    time indices
45         parameter (iStepTime  = 1, &
46                     iTotalTime = 2, &
47                     nTime     = 2)
48
49         dimension rhs(nblock,ndofel),amass(nblock,ndofel,ndofel),      &
50                   dtimeStable(nblock),                                  &
51                   svars(nblock,nsvars),energy(nblock,nElEnergy),       &
52                   props(nprops),jprops(njprops),                       &
53                   jelem(nblock),time(nTime),lflags(nFlags),            &
54                   coords(nblock,nnode,mcrd),                           &
55                   u(nblock,ndofel), du(nblock,ndofel),                 &
56                   v(nblock,ndofel), a(nblock, ndofel),                 &
57                   dMassScaleFactor(nblock),                            &
58                   predef(nblock,nnode,npredef,nPred),                  &
59                   adlmag(nblock)
60
61   end subroutine
```

与 UEL 类似，必须为 VUEL 定义单元的以下特征：单元的节点数、每个节点的坐标数（维度）、每个节点上激活的自由度。可在 Abaqus/Explicit 的用户定义单元中使用的自由度有：位移自由度（1～3 号）、旋转自由度（4～6 号）、声压自由度（8 号）、温度自由度（11 号）。

编写用户子程序 VUEL 的关键是合理地定义右手边残差变量 rhs 和单元质量矩阵 amass。如果 lflags(iOpCode)＝jMassCalc，则需要编写质量矩阵；如果 lflags(iOpCode)＝jIntForceAndDtStable，则需要编写内力矢量、估计的稳定时间增量（定义时间增量的上限）、解依赖的状态变量；如果 lflags(iOpCode)＝jExternForce，则需要编写外力引起的分布载荷矢量。此外，虽然能量不影响计算过程和结果，但应提供准确的全局能量计算输出，以便在后处理中分析和解读结果。需要指出的是，VUEL 中不需要刚度矩阵，但能通过刚度矩阵来计算单元中的内力。

为了在模型中使用用户子程序 VUEL，需要在模型的 inp 文件中添加接口，以指明哪些单元（ELE_VUEL 单元集合中的）需要使用用户子程序 VUEL 计算其单元质量矩阵和右手边残差向量。接口如下：

```
1  *USER ELEMENT, TYPE = VUn, NODES = ..., COORDINATES = ..., PROPERTIES = ...,
       IPROPERTIES = ..., VARIABLES = ...
2    Data line(s)
3  *ELEMENT,TYPE = VUn, ELSET = ELE_VUEL
4    Data line(s)
5  *UEL PROPERTY, ELSET = ELE_VUEL
6    Data line(s)
```

7.4　平面梁单元用户单元子程序 UEL 实例

7.4.1　分析目标

考虑一个平面的混凝土框架结构，该框架被预埋到混凝土中，在载荷的作用下会发生显著的非线性变形[30]，但是位移仍然足够小（几何非线性可以忽略不计）。因此，需要开发一个直接根据轴向力和弯矩描述非线性截面行为的模型（单元），该单元在整体坐标系下的构型和节点连接如图 7.1（a）所示。这个单元类似于"*BEAM GENERAL SECTION，SECTION＝NONLINEARGENERAL"选项，但允许轴向和弯曲变形之间的耦合。此外，该单元的横向剪切变形可以忽略不计。

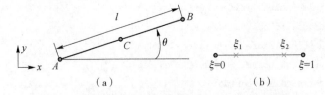

图 7.1　平面梁单元的节点连续关系和积分点示意图
（a）平面梁单元在整体坐标系下的构型和节点连接关系；
（b）单元积分点在局部坐标系下（母单元）的位置示意图

7.4.2　单元积分公式

该单元需要进行数值积分，因此需要在 UEL 中定义以下变量。

（1）单元的 $\boldsymbol{B}$ 矩阵，它将轴向应变 ε 和曲率 κ 与单元的位移 $\boldsymbol{u}_{\mathrm{e}}$ 相关联，即

$$\begin{Bmatrix} \varepsilon \\ \kappa \end{Bmatrix} = \boldsymbol{B}\boldsymbol{u}_{\mathrm{e}} \tag{7.1}$$

（2）一个本构关系矩阵 $\boldsymbol{D}$，它将轴向力 F 和力矩 M 与轴向应变 ε 和曲率 κ 相关联，即

$$\begin{Bmatrix} F \\ M \end{Bmatrix} = \boldsymbol{D} \begin{Bmatrix} \varepsilon \\ \kappa \end{Bmatrix} \tag{7.2}$$

（3）单元刚度矩阵 $\boldsymbol{K}_{\mathrm{e}}$：

$$\boldsymbol{K}_{\mathrm{e}} = \int_0^l \boldsymbol{B}^{\mathrm{T}} \boldsymbol{D} \boldsymbol{B} \, \mathrm{d}l \tag{7.3}$$

（4）单元的内力向量 $\boldsymbol{F}_{\mathrm{e}}$：

$$\boldsymbol{F}_{\mathrm{e}} = \int_0^l \boldsymbol{B}^{\mathrm{T}} \begin{Bmatrix} F \\ M \end{Bmatrix} \mathrm{d}l \tag{7.4}$$

（5）数值积分公式：

$$\int_0^l \boldsymbol{A} \, \mathrm{d}l = \sum_{i=1}^{n} A_i l_i \tag{7.5}$$

式中，n——积分点的数量；

l_i——与积分点 i 相关的长度。

单元的公式基于欧拉-伯努利梁理论。单元的插值根据位移来描述，位移在节点处是 C_1 连续的，即位移及其导数在节点处是连续的。梁的曲线可以通过位移的法向分量的二阶导数来得到。最简单的二维梁单元具有两个节点，每个节点具有两个位移和一个旋转自由度（u_x, u_y, ϕ_z）。在 ABAQUS 中，采用的自由度分别为 1、2 和 6。

在其基本插值公式中，切向位移 u_{loc} 使用线性插值，法向位移 v_{loc} 使用三次插值，下标 loc 表示该变量为局部坐标系下的变量。法向位移的三次插值可以产生曲率的线性变化。切向位移的线性插值产生恒定的轴向应变。恒定的轴向应变和线性曲率变化是不一致的，并且如果轴向和弯曲行为耦合，则可能导致过大的局部轴向力。考虑到这个子程序将用于分析非线性混凝土行为，因此将存在这种耦合。过大的轴向力可能导致过度刚硬的行为，为防止出现此问题，需要在单元中添加一个额外的"内部"节点。内部节点只具有一个自由度——切向位移。轴向应变和曲率都是线性变化的。插值函数是

$$\begin{cases} u_{\mathrm{loc}} = u_{\mathrm{loc}}^A(1 - 3\xi + 2\xi^2) + u_{\mathrm{loc}}^B(-\xi + 2\xi^2) + u^C(4\xi - 4\xi^2) \\ v_{\mathrm{loc}} = v_{\mathrm{loc}}^A(1 - 3\xi^2 + 2\xi^3) + v_{\mathrm{loc}}^B(3\xi^2 - 2\xi^3) + \phi^A l(\xi - 2\xi^2 + \xi^3) + \phi^B l(-\xi^2 + \xi^3) \end{cases} \tag{7.6}$$

式中，l——单元长度；

ξ——沿梁的无量纲坐标，$\xi = s/l$。

从式（7.6）可以推导出轴向应变 ε 和曲率 κ 的表达式：

$$\varepsilon = \frac{1}{l}\left[u_{\mathrm{loc}}^A(-3 + 4\xi) + u_{\mathrm{loc}}^B(-1 + 4\xi) + u^C(4 - 8\xi)\right] \tag{7.7}$$

$$\kappa = \frac{1}{l^2}\left[v_{\mathrm{loc}}^A(-6 + 12\xi) + v_{\mathrm{loc}}^B(6 - 12\xi) + \phi^A l(-4 + 6\xi) + \phi^B l(-2 + 6\xi)\right] \tag{7.8}$$

这个线性关系通过在单元的 $\boldsymbol{B}$ 矩阵中实现。$\boldsymbol{B}$ 矩阵还处理节点处从局部位移到全局位

移的变换。该单元按数值积分的方式以两点高斯积分方案实现。

为了使用这个用户单元子程序，需要在 inp 文件中进行一些设置，给出单元的一些信息，这些信息必须和子程序保持一致。代码如下：

```
1  *user element, type = u1, nodes = 3, coordinates = 2, properties = 3, variables = 8
2  1, 2, 6
3  3, 1
4  *element, type = u1, elset = one
5  1, 1, 2, 3
6  *uel property, elset = one
7  2. , 1. , 1000.
```

说明：该用户单元的单元节点中，第 3 个节点为中间节点，这与 ABAQUS 内置的梁单元 B22 中第 2 个节点为中间节点不同。

这里用户单元的名称是 U1，它会在 *ELEMENT 选项中使用，以告诉程序在这些单元中采用这里指定的用户单元，进而调用相应的子程序。在此，为每个单元分配了 8 个状态变量，因此可以在每个积分点定义 4 个变量；分配了 3 个单元属性——截面高度、截面宽度和杨氏模量。该单元含有 3 个节点：第 3 个节点在单元的中间。

该单元的用户子程序代码如下：

```
1  !     简单的二维线性梁单元,具有广义截面特性
2        subroutine uel(rhs, amatrx, svars, energy, ndofel, nrhs, nsvars,      &
3        props, nprops, coords, mcrd, nnode, u, du, v, a, jtype, time, dtime,   &
4        kstep, kinc, jelem, params, ndload, jdltyp, adlmag, predef, npredf,    &
5        lflags, mlvarx, ddlmag, mdload, pnewdt, jprops, njprop, period)
6
7        include 'aba_param. inc'
8        dimension rhs(mlvarx, * ), amatrx(ndofel, ndofel), svars( * ), props( * )&
9        energy(8), coords(mcrd,nnode), u(ndofel), du(mlvarx, * ), v(ndofel),    &
10       a(ndofel), time(2), params( * ), jdltyp(mdload, * ), adlmag(mdload, * ),&
11       ddlmag(mdload, * ),predef(2, npredf, nnode), lflags( * ), jprops( * )
12       dimension b(2, 7), gauss(2)
13
14       parameter(zero = 0. d0, one = 1. d0, two = 2. d0, three = 3. d0, four = 4. d0,   &
15             six = 6. d0, eight = 8. d0, twelve = 12. d0)
16       data gauss/. 211324865d0, . 788675135d0/
17  !
18  !    计算单元的长度和方向余弦
19       dx = coords(1, 2)-coords(1, 1)
20       dy = coords(2, 2)-coords(2, 1)
21       dl2 = dx ** 2 + dy ** 2
22       dl = sqrt(dl2)
```

```
23        hdl = dl/two
24        acos = dx/dl
25        asin = dy/dl
26 !
27 !   初始化 rhs 和 lhs
28        do k1 = 1, 7
29          rhs(k1, 1) = zero
30          do k2 = 1, 7
31            amatrx(k1, k2) = zero
32          end do
33        end do
34
35        nsvint = nsvars/2
36 !
37 !   循环遍历积分点
38        do kintk = 1, 2
39          g = gauss(kintk)
40       !    构建 B 矩阵
41          b(1, 1) = (-three + four * g) * acos/dl
42          b(1, 2) = (-three + four * g) * asin/dl
43          b(1, 3) = zero
44          b(1, 4) = (-one + four * g) * acos/dl
45          b(1, 5) = (-one + four * g) * asin/dl
46          b(1, 6) = zero
47          b(1, 7) = (four-eight * g)/dl
48          b(2, 1) = (-six + twelve * g) * -asin/dl2
49          b(2, 2) = (-six + twelve * g) *  acos/dl2
50          b(2, 3) = (-four + six * g)/dl
51          b(2, 4) =  (six-twelve * g) * -asin/dl2
52          b(2, 5) =  (six-twelve * g) *  acos/dl2
53          b(2, 6) = (-two + six * g)/dl
54          b(2, 7) = zero
55       !   计算(增量)应变和曲率
56          eps = zero
57          deps = zero
58          cap = zero
59          dcap = zero
60          do k = 1, 7
61            eps = eps + b(1, k) * u(k)
62            deps = deps + b(1, k) * du(k, 1)
```

```
63              cap = cap + b(2, k) * u(k)
64              dcap = dcap + b(2, k) * du(k, 1)
65          end do
66
67          !   调用本构子程序 ugenb,该子程序将在后续给出
68          isvint = 1 + (kintk-1) * nsvint
69          bn = zero
70          bm = zero
71          daxial = zero
72          dbend = zero
73          dcoupl = zero
74          call ugenb(bn, bm, daxial, dbend, dcoupl, eps, deps, cap, dcap, &
75                     svars(isvint), nsvint, props, nprops)
76
77      !   组装 rhs 和 lhs
78          do k1 = 1, 7
79
80              rhs(k1, 1) = rhs(k1, 1)  −  hdl * (bn * b(1, k1) + bm * b(2, k1))
81              bd1 = hdl * (daxial * b(1, k1) + dcoupl * b(2, k1))
82              bd2 = hdl * (dcoupl * b(1, k1) + dbend * b(2, k1))
83              do k2 = 1, 7
84                !切线刚度矩阵
85                 amatrx(k1, k2) = amatrx(k1, k2) + bd1 * b(1, k2) + bd2 * b(2, k2)
86              end do
87          end do
88      end do
89
90      return
91      end
```

该用户子程序 UEL 采用与梁单元 B22 基本相同的公式进行几何线性分析，目前只编写了针对二维梁单元的情况，三维情况的整体框架与此相同，推广到三维的分析相对简单。需要指出的是，在增量的第一次迭代期间，该用户子程序会被调用两次（对于每个单元）——一次用于组装，另一次用于恢复；随后的每次迭代则仅调用一次——同时用于组装和恢复。

注意：为了子程序结构清晰，材料的本构被单独提取出来，形成了一个子程序 UGENB，并在合适的位置（第 74 行代码）被调用了。在每个积分点，该广义本构行为子程序 UGENB 均被调用。该子程序是根据用户子程序 UGENS 的接口设计的，因此也可以被用于对 Shell 单元（壳单元）的本构行为进行定义，即只要修改该子程序的名称，就可以用于定义对应的壳单元的本构行为。

需要将以下变量输入用户子程序 UGENB：轴向总应变和曲率增量；增量开始时的状态

变量；用户单元的属性变量 props。在用户子程序 UGENB 中需要定义的变量有：轴向力和弯矩，以及线性化的力/力矩-应变/曲率关系，即力/弯矩对应变/曲率的导数；解依赖的状态变量（SDV）。

下面给出一个简单的线弹性材料的用户子程序 UGENB 的具体代码：

```fortran
1          subroutine ugenb(bn,bm,daxial,dbend,dcoupl,eps,deps,cap,dcap,        &
2                          svint,nsvint,props,nprops)
3
4          include 'aba_param. inc'
5          parameter(zero = 0. d0,twelve = 12. d0)
6          dimension svint( * ),props( * )
7  !
8  !    需要用户定义的变量
9  !    bn      - 轴向力
10 !    bm      - 弯矩
11 !    daxial - 当前的切线轴向刚度
12 !    dbend  - 当前的切线弯曲刚度
13 !    dcoupl - 线切刚度耦合项
14 !
15 !    用户可以更新的变量
16 !    svint - 增量开始时的状态变量
17 !
18 !    传入的变量信息
19 !    eps     - 轴向总应变
20 !    deps    - 增量轴向应变
21 !    cap     - 曲率增量
22 !    dcap    - 增量曲率变化
23 !    props   - 单元属性
24 !
25 !    props(1) - 截面高度
26 !    props(2) - 截面宽度
27 !    props(3) - 杨氏模量
28 !
29          h = props(1)
30          w = props(2)
31          E = props(3)
32 !
33 !    线性刚度公式
34          daxial = E * h * w
35          dbend = E * w * h ** 3/twelve
36          dcoupl = zero
37 !
38 !    计算轴向力和力矩
```

```
39        bn = svint(1) + daxial * deps
40        bm = svint(2) + dbend * dcap
41  !
42  !    存储内部变量
43        svint(1) = bn
44        svint(2) = bm
45        svint(3) = eps
46        svint(4) = cap
47
48        return
49        end
```

下面介绍一个具体的悬臂梁弯曲的例子，通过与 ABAQUS 内置的梁单元 B22 的计算结果进行比较，来对用户子程序进行验证。考虑一个长为 1 m 的悬臂梁，其截面为一个矩形，尺寸为 0.01 m×0.02 m。材料参数：杨氏模量 $E=210$ GPa。悬臂梁的一侧固定，另一侧给定横向位移，使其线性增加到 0.1 m。

分别采用 ABAQUS 内置的梁单元 B22 和用户子程序 UEL 编写的非线性梁单元计算悬臂梁的弯曲过程，得到的悬臂梁的挠度分布如图 7.2 所示。需要指出的是，因为 ABAQUS 的后处理程序（Abaqus/Viewer）无法识别和显示出用户自定义的单元，因此在图中只能看到用 X 表示的部分节点的位置信息。从图中可以发现，用户子程序运行良好，悬臂梁按照预期的方向发生横向弯曲。

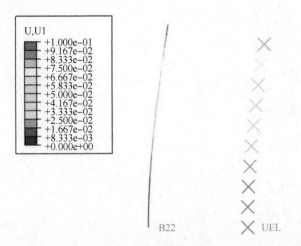

图 7.2　分别采用 ABAQUS 内置的梁单元 B22 和用户子程序 UEL 编写的非线性梁单元计算悬臂梁弯曲过程得到的悬臂梁的挠度分布图（书后附彩插）

为了定量比较，我们分别输出了采用 ABAQUS 内置的 B22 梁单元和 UEL 编写的非线性梁单元计算得到的悬臂梁头部的反力和挠度的变化曲线，如图 7.3 所示。从图中可以看出，采用 UEL 编写的用户子程序的计算结果和采用 ABAQUS 内置的梁单元 B22 的计算结果吻合良好。

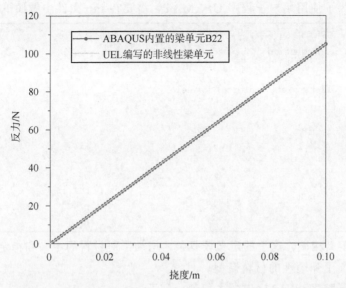

图 7.3　分别采用 ABAQUS 内置的梁单元 B22 和用户子程序 UEL 编写的非线性梁单元
计算悬臂梁弯曲过程得到的悬臂梁头部的反力和挠度的曲线比较（书后附彩插）

本例模型的 inp 文件和用户子程序文件：
Job-beam-uel. inp
uel_beam_nonlinear. for

扫描二维码
获取相关资料

7.5　平面应变单元的用户子程序 UELMAT 实例

7.5.1　单元描述和程序实现

本节将通过一个二阶 8 节点减缩积分平面应变单元的用户子程序 UELMAT 的例子来展示 UELMAT 的用法。在这个子程序中，需要定义该单元的刚度矩阵和内力向量。这里采用小变形假设，材料的响应可以是线性的或非线性的。由于采用了用户子程序 UELMAT，因此可以方便地使用 ABAQUS 材料库中的材料模型。这个例子的用户单元类似于 ABAQUS 单元库中的 CPE8R 单元。该单元的节点连接和积分点的位置如图 7.4 所示。

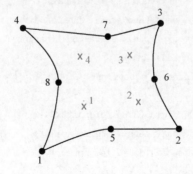

图 7.4　二阶 8 节点减缩积分平面应变单元示意图

在本例中，为了使用用户子程序 UELMAT，需要在 inp 文件中做如下定义：

```
1  *user element, type = u1, nodes = 8, coordinates = 2, properties = 1,
2   variables = 32, integration = 4, tensor = pstrain
3   1,2
4  *uel property, elset = plate, material = steel
5   1.0,
6  *material, name = steel
7  *elastic
8   2e + 11, 0.3
9  *Plastic
10  3. e8,0.
11  4. e8,1.
```

与 UEL 的定义相比，这里的定义较复杂，增加了对材料的定义和指定以及积分点个数的指定。这里定义了弹塑性的材料模型。

本例中用户子程序 UELMAT 的主要部分如下：

```
1       ! 平面应变单元的 UELMAT 用户子程序实例
2       subroutine uelmat(...,materiallib)
3          :
4          :
5  !     局部参数和数组
6       parameter (zero = 0. d0, one = 1. d0)
7       parameter (ndim = 2, ndof = 2, ndi = 3, nshr = 1,              &
8                   ntens = 4, nnodemax = 8, ninpt = 4, nsvint = 8)
9  !     ndim  ... 空间维数
10 !     ndof  ... 每个节点的自由度数
11 !     ndi   ... 正应力分量的个数
12 !     nshr  ... 剪应力分量的个数
13 !     ntens ... 应力张量的分量的总个数（ = ndi + nshr）
14 !     nnodemax  每个单元最大的节点个数
15 !     ninpt ... 积分点的个数
16 !     nsvint... 每个积分点上状态变量的个数（包括应力和应变）
17      dimension   stiff(ndof * nnodemax,ndof * nnodemax),              &
18       force(ndof * nnodemax), shape(nnodemax), dshape(ndim,nnodemax), &
19       xjaci(3,3), bmat(nnodemax * ndim), statevLocal(nsvint),         &
20       stress(ntens), ddsdde(ntens, ntens),                           &
21       stran(ntens), dstran(ntens), wght(ninpt)
22
23      dimension coords_ip(3), dfgrd0(3,3), dfgrd1(3,3)
24      dimension drot(3,3), ddsddt(ntens), drplde(ntens)
25      dimension predef_loc(npredf), dpred_loc(npredf)
26      data wght /one, one, one, one/
27
```

```
28 !  ************************************************************
29 !     状态变量:每个积分点都有 nsvint 个 SDV
30 !        isvinc = (npt - 1) * nsvint    ... 积分点计数器
31 !        statev(1 + isvinc           ) ... 应力
32 !        statev(1 + isvinc +   ntens) ... 应变
33 !  ************************************************************
34
35       if(jtype . ne. 1) then
36         write(7, * )'Incorrect element type'
37         call xit
38       endif
39       if(nsvars . lt. ninpt * nsvint) then
40         write(7, * )'Increase the number of SDV to', ninpt * nsvint
41         call xit
42       endif
43
44 !  ************************************************************
45       if (lflags(3) . ne. 1) return
46 !  初始化 rhs 和 lhs 为 0
47       do k1 = 1, ndofel
48         rhs(k1, 1) = zero
49         do k2 = 1, ndofel
50           amatrx(k1, k2) = zero
51         end do
52       end do
53 !
54 !  循环积分点
55       do kintk = 1, ninpt
56 !
57 !  计算形函数及其导数
58         call ShapeFcn(kintk,ninpt,nnode,ndim,shape,dshape)
59 !
60 !  计算雅可比矩阵,形成 B 矩阵
61         call Jacobian(jelem,mcrd,ndim,nnode,coords,dshape,djac,xjaci,pnewdt)
62         if (pnewdt . lt. one) return
63
64         call bMatrix(xjaci,dshape,nnode,ndim,bmat)
65 !
66 !  计算应变增量
67         call StrainInc(ntens,ndof,ndim,nnode,mlvarx,bmat,du,dstran)
68 !
69 !  计算状态变量
70         call stateVar(kintk,nsvint,statev,statevLocal,1)
```

```
71
72          do k1 = 1, ntens
73            stran(k1)   = statevLocal(k1 + ntens)
74          end do
75
76  !   调用 ABAQUS 内置的本构模型
77          call material_lib_mech(materiallib,stress,ddsdde,...)
78
79          do k1 = 1, ntens
80            statevLocal(k1) = stress(k1)
81            statevLocal(k1 + ntens) = stran(k1) + dstran(k1)
82          end do
83
84          call stateVar(kintk,nsvint,statev,statevLocal,0)
85  !
86  !   形成刚度矩阵和内力向量
87          call StiffMatrix(ntens,nnode,ndim,ndof,wght(kintk), &
88                           djac,ddsdde,stress,bmat,stiff,force)
89  !
90  !   组装 rhs 和 lhs
91          do k1 = 1, ndof * nnode
92            rhs(k1, 1) = rhs(k1, 1) - force(k1)
93            do k2 = 1, ndof * nnode
94              amatrx(k1, k2) = amatrx(k1, k2) + stiff(k1,k2)
95            end do
96          end do
97
98      end do         ! 材料积分点循环结束
99
100     return
101     end
```

上面的程序给出了用户单元的计算流程，其中涉及多个子程序的调用，包括计算形函数及其导数的子程序 ShapeFcn，计算雅可比矩阵的子程序 Jacobian，形成 **B** 矩阵的子程序 bMatrix，计算应变增量的子程序 StrainInc，计算状态变量的子程序 stateVar，调用 ABAQUS 内置材料库的子程序 material_lib_mech，计算单元刚度矩阵和内力向量的子程序 StiffMatrix。这些子程序分别完成了其中的部分功能，从而使得程序的主体结构清晰简洁、重点突出、可读性强，易于理解和学习。

下面分别对各个调用的子程序进行介绍和解释。

（1）子程序 ShapeFcn，计算了母单元上的形函数及其导数。代码如下：

```
1          subroutine ShapeFcn(kintk,ninpt,nnode,ndim,shape,dshape)
2  !
```

```
3  !       主要变量：  shape(i).....  第 i 个形函数
4  !                   dshape(j,i)... 第 i 个形函数的第 j 个偏导数
5  !                               这里  j = 1：对 xi  的导数
6  !                                     j = 2：对 eta 的导数
7  !
8          include 'aba_param.inc'
9
10         dimension shape( * ), dshape(ndim, * ), shp(32), dshp(2,32)
11 !
12 !     积分点    ... 1：(-gaussp,-gaussp), 2：(gaussp,-gaussp)
13 !                  3：(-gaussp, gaussp), 4：(gaussp, gaussp)
14 !
15 ! 所有积分点的形状函数和导数都是预先计算的。
16 ! 为简洁起见,省略了 shp 和 dshp 的完整数据。
17         data  shp /9.622504486493777d-002,-0.166666666666667d0, &
18                 -9.622504486493758d-002,-0.166666666666667d0,
19                                         :
20         data  dshp/-0.683012701892220d0,  -0.683012701892220d0, &
21                 -0.227670900630740d0,  -6.100423396407308d-002,
22                                         :
23
24       inc_shp = nnode * (kintk-1)
25
26       do i = 1, nnode
27         shape(i) = shp(i + inc_shp)
28         do j = 1, ndim
29           dshape(j,i) = dshp(j,i + inc_shp)
30         end do
31       end do
32
33       return
34       end
```

上面的程序中，为了简洁起见，省略了 shp 和 dshp 的完整数据，具体可以查看本节后所附的完整程序源代码文件。

（2）计算积分点上雅可比矩阵的子程序 Jacobian。代码如下：

```
1       subroutine Jacobian(jelem,mcrd,ndim,nnode,          &
2         coords,dshape,djac,xjaci,pnewdt)
3  !
4  !    Notation：  ndim  ....... 单元维度
5  !                nnode  ..... 单元的节点总数
6  !                coords  ..... 节点坐标
7  !                dshape  ..... 形函数的导数
```

```fortran
 8 !              djac  ....... 雅可比矩阵的秩
 9 !              xjaci  ...... 雅可比矩阵的逆
10 !
11      include 'aba_param. inc'
12
13      parameter(zero = 0. d0, fourth = 0. 25d0)
14
15      dimension  xjac(3,3), xjaci(3, *), coords(mcrd, *)
16      dimension  dshape(ndim, *)
17
18
19      do i = 1, ndim
20        do j = 1, ndim
21          xjac(i,j)  = zero
22          xjaci(i,j) = zero
23        end do
24      end do
25
26      do inod = 1, nnode
27        do idim = 1, ndim
28          do jdim = 1, ndim
29            xjac(jdim,idim) = xjac(jdim,idim) +   &
30              dshape(jdim,inod) * coords(idim,inod)
31          end do
32        end do
33      end do
34
35      djac = xjac(1,1) * xjac(2,2) - xjac(1,2) * xjac(2,1)
36
37      if (djac . gt. zero) then
38 !     雅可比是正的 - o. k.
39        xjaci(1,1) =  xjac(2,2)/djac
40        xjaci(2,2) =  xjac(1,1)/djac
41        xjaci(1,2) = -xjac(1,2)/djac
42        xjaci(2,1) = -xjac(2,1)/djac
43      else
44 !     零或负的雅可比
45        write(7, * )'WARNING: element',jelem,'has neg. Jacobian'
46        pnewdt = fourth
47      endif
48
49      return
50      end
```

（3）计算 **B** 矩阵的子程序 bMatrix。代码如下：

```
1      subroutine bMatrix(xjaci,dshape,nnode,ndim,bmat)
2  !
3  !    Notation：
4  !              bmat(i) ..... dN/dx, dN/dy,.. 对于节点 1,2,...
5  !              xjaci ...... 雅可比矩阵的逆
6  !              dshape ...... 形函数的导数
7  !
8      include 'aba_param. inc'
9
10     parameter (zero = 0. d0)
11
12     dimension bmat( * ),  dshape(ndim, * )
13     dimension xjaci(3, * )
14
15     do i = 1, nnode * ndim
16        bmat(i) = zero
17     end do
18
19     do inod = 1, nnode
20       do ider = 1, ndim
21         do idim = 1, ndim
22            irow = idim + (inod - 1) * ndim
23            bmat(irow) = bmat(irow) +      &
24             xjaci(idim,ider) * dshape(ider,inod)
25         end do
26       end do
27     end do
28
29     return
30     end
```

（4）计算材料积分点处刚度矩阵的子程序 StiffMatrix。代码如下：

```
1      subroutine StiffMatrix(ntens,nnode,ndim,ndof,      &
2        weight,djac,ddsdde,stress,bmat,stiff,force)
3  !
4  !    材料积分点处的刚度矩阵和内力贡献
5  !
6      include 'aba_param. inc'
7
8      parameter(zero = 0. d0)
```

```
9
10        dimension stiff(ndof * nnode, * ), stiff_p(2,2)
11        dimension force( * ), force_p(2)
12        dimension stress( * ),bmat(ndim, * ),ddsdde(ntens, * )
13
14        do i = 1, ndof * nnode
15            force(i) = zero
16          do j = 1, ndof * nnode
17            stiff(j,i) = zero
18          end do
19        end do
20
21        dvol = weight * djac
22          do nodj = 1, nnode
23
24            incr_col = (nodj - 1) * ndof
25
26            dNjdx = bmat(1,nodj)
27            dNjdy = bmat(2,nodj)
28
29            force_p(1) = dNjdx * stress(1) + dNjdy * stress(4)
30            force_p(2) = dNjdy * stress(2) + dNjdx * stress(4)
31
32            do jdof = 1, ndof
33
34              jcol = jdof + incr_col
35              force(jcol) = force(jcol) + force_p(jdof) * dvol
36
37            end do
38
39            do nodi = 1, nnode
40
41              incr_row = (nodi -1) * ndof
42
43              dNidx = bmat(1,nodi)
44              dNidy = bmat(2,nodi)
45              stiff_p(1,1) = dNidx * ddsdde(1,1) * dNjdx +            &
46                             dNidy * ddsdde(4,4) * dNjdy +            &
47                             dNidx * ddsdde(1,4) * dNjdy +            &
48                             dNidy * ddsdde(4,1) * dNjdx
```

```
49
50          stiff_p(1,2)  =  dNidx * ddsdde(1,2) * dNjdy +          &
51                          dNidy * ddsdde(4,4) * dNjdx +          &
52                          dNidx * ddsdde(1,4) * dNjdx +          &
53                          dNidy * ddsdde(4,2) * dNjdy
54
55          stiff_p(2,1)  =  dNidy * ddsdde(2,1) * dNjdx +          &
56                          dNidx * ddsdde(4,4) * dNjdy +          &
57                          dNidy * ddsdde(2,4) * dNjdy +          &
58                          dNidx * ddsdde(4,1) * dNjdx
59
60          stiff_p(2,2)  =  dNidy * ddsdde(2,2) * dNjdy +          &
61                          dNidx * ddsdde(4,4) * dNjdx +          &
62                          dNidy * ddsdde(2,4) * dNjdx +          &
63                          dNidx * ddsdde(4,2) * dNjdy
64
65          do jdof = 1, ndof
66            icol = jdof + incr_col
67            do idof = 1, ndof
68              irow = idof + incr_row
69              stiff(irow,icol) = stiff(irow,icol) +              &
70                  stiff_p(idof,jdof) * dvol
71            end do
72          end do
73        end do
74      end do
75
76      return
77      end
```

7.5.2　弹塑性带孔板的单轴拉伸

为了验证上面的程序，我们分别采用 ABAQUS 内置的 CPE8R 二次平面应变减缩积分单元和 UELMAT 编写的二次平面应变单元计算带孔方板的单轴拉伸过程。建立的有限元模型的示意图如图 7.5 所示。一个 1 m×2 m 的矩形板的中央有一个半径为 0.2 m 的孔，将板的下边固支，将其上边与一个参考点耦合约束，并给参考点施加一个向上的位移，使其线性地增加到 0.1 m。

采用双线性的弹塑性材料模型，其材料参数：杨氏模量 $E=210$ GPa；泊松比 $\nu=0.3$；初始屈服应力 $\sigma_Y^0=300$ MPa，塑性应变为 1.0 时，屈服应力为 400 MPa。

分别采用 ABAQUS 内置的 CPE8R 二次平面应变减缩积分单元和 UELMAT 编写的二次平面应变单元计算带孔方板的单轴拉伸过程，得到的变形后的云图如图 7.6 所示。图 7.6（a）所

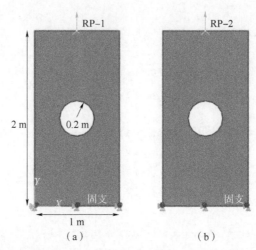

(a)   (b)

图 7.5   分别采用 ABAQUS 内置的 CPE8R 二次平面应变减缩积分单元和 UELMAT
编写的二次平面应变单元计算带孔方板的单轴拉伸过程的模型示意图

（a）采用 CPE8R 单元的模型示意图；（b）采用 UELMAT 编写的用户单元的模型示意图

示为 CPE8R 单元的计算结果，显示了 Mises 应力；图 7.6（b）所示为 UELMAT 编写的用户单元的计算结果，由于 Abaqus/Viewer 无法后处理用户单元，无法通过云图看到应力、应变等的计算结果，因此只输出其变形云图。从图中可以看出，二者的变形是一致的。

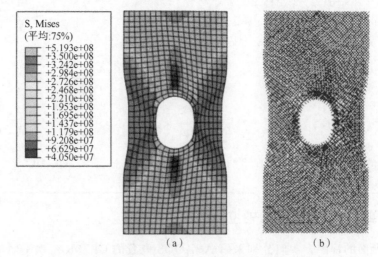

(a)   (b)

图 7.6   分别采用 ABAQUS 内置的 CPE8R 二次平面应变减缩积分单元和 UELMAT 编写
的二次平面应变单元计算带孔方板的单轴拉伸过程得到的变形后的云图（书后附彩插）

（a）ABAQUS（CPE8R）；（b）UELMAT

为了定量比较，我们分别输出了采用 ABAQUS 内置的 CPE8R 二次平面应变减缩积分单元和 UELMAT 编写的二次平面应变单元计算带孔方板的单轴拉伸过程得到的轴向反力随加载位移的变化曲线，如图 7.7 所示。从图中可以看出，两种方法的计算结果吻合良好。

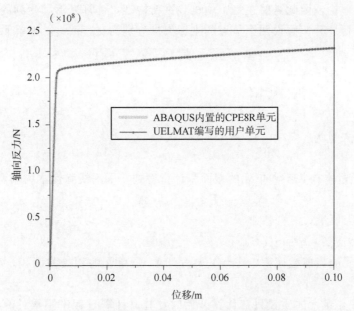

图 7.7 分别采用 **ABAQUS** 内置的 **CPE8R** 二次平面应变减缩积分单元和 **UELMAT** 编写的二次平面应变单元计算带孔方板的单轴拉伸过程得到的轴向反力 随加载位移的变化曲线（书后附彩插）

扫描二维码 获取相关资料

本例模型的 inp 文件和用户子程序文件：

Job-uelmat-planestrain. inp

uelmat_planestrain_8node4integration. for

7.6 三维桁架单元的用户单元子程序 VUEL 实例

本节将考虑定义一个适用于三维空间大变形网架结构的三维桁架单元（图 7.8），因此需要采用大变形理论。为了简单起见（重点关注用户单元的实现），在此假设材料为线弹性的，但是可以很容易地推广到非线性材料力学行为；假设不可压缩。

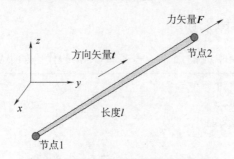

图 7.8 三维空间的桁架单元示意图

7.6.1 三维大变形桁架单元的基本理论

该桁架单元的基本理论很简单，每个节点只有三个平动自由度，单元只能承受轴向力。

由于采用大变形理论，因此需要在每个增量步更新构型，计算变形和受到的力，并且需要采用对数应变来进行计算。假设两个节点的坐标矢量分别为 $\boldsymbol{x}_1$ 和 $\boldsymbol{x}_2$，则单元的实时长度为

$$l = \sqrt{(\boldsymbol{x}_2 - \boldsymbol{x}_1) \cdot (\boldsymbol{x}_2 - \boldsymbol{x}_1)} \tag{7.9}$$

桁架单元的切向单位矢量为

$$\boldsymbol{t} = \frac{\boldsymbol{x}_2 - \boldsymbol{x}_1}{l} \tag{7.10}$$

因此，内力矢量为

$$\boldsymbol{F} = F\boldsymbol{t} \tag{7.11}$$

式中，内力 F 通过本构关系和单元的截面积计算得到，采用线弹性本构模型，因此有

$$F = E \cdot \varepsilon \cdot A \tag{7.12}$$

式中，E——杨氏模量；

ε——对数应变，$\varepsilon = \ln(l/l_0)$；

A——单元的当前截面积，$A = A_0 l_0 / l$，A_0 是单元的初始截面积，l_0 是单元的初始长度。

在 VUEL 中，单元的质量只在计算开始时计算，计算过程中不再计算，因此，单元的质量为

$$M_e = \rho \cdot A_0 \cdot l_0 \tag{7.13}$$

式中，ρ——材料的密度。

单元的无阻尼稳定时间增量为

$$\frac{1}{\omega} = \sqrt{\frac{M_e}{K_e}} \tag{7.14}$$

式中，K_e——单元的刚度，$K_e = EA/l$。

考虑阻尼后，单元的稳定时间增量为

$$\Delta t = \frac{f}{\omega}(\sqrt{1 + \xi^2} - \xi) \tag{7.15}$$

式中，f——给定的稳定系数（安全系数）；

ξ——临界阻尼比，$\xi = c/c_{cr}$，c_{cr} 是临界阻尼，$c_{cr} = 2\sqrt{M_e K_e}$。

7.6.2 有限元子程序实现

实现该三维大变形桁架单元的用户子程序 VUEL 的代码如下：

```
1 !      三维桁架单元的用户子程序 VUEL
2        subroutine vuel (nblock,...)
3        include 'vaba_param. inc'
4        parameter (...)
5        dimension ...
6 !      local parameters
7 !      前面为简洁起见,省略了程序头
8
9 c      procedure flags
```

```fortran
10        parameter ( jDynExplicit = 17 )
11
12        parameter ( zero = 0.d0, half = 0.5d0, one = 1.d0, two = 2.d0 )
13        parameter ( factorStable = 0.99d0 )
14        if (jtype == 1 .and. lflags(iProcedure) == jDynExplicit) then
15
16          area0 = props(1)  ! 初始截面积
17          eMod  = props(2)  ! 杨氏模量
18          rho   = props(3)  ! 密度
19
20          eDampTra     = zero
21          amassFact0   = half * area0 * rho
22
23          if ( lflags(iOpCode).eq. jMassCalc ) then
24            do kblock = 1, nblock
25 !             使用初始位置计算单元质量
26              alenX0 = (coords(kblock,2,1) - coords(kblock,1,1))
27              alenY0 = (coords(kblock,2,2) - coords(kblock,1,2))
28              alenZ0 = (coords(kblock,2,3) - coords(kblock,1,3))
29              alen0 = sqrt(alenX0 * alenX0 + alenY0 * alenY0 + alenZ0 * alenZ0)
30              am0   = amassFact0 * alen0
31
32              amass(kblock,1,1) = am0
33              amass(kblock,2,2) = am0
34              amass(kblock,3,3) = am0
35              amass(kblock,4,4) = am0
36              amass(kblock,5,5) = am0
37              amass(kblock,6,6) = am0
38
39              svars(kblock,1) = alen0  ! 单元长度
40              svars(kblock,2) = zero   ! 内力
41
42            end do
43          else if ( lflags(iOpCode) == jIntForceAndDtStable) then
44            do kblock = 1, nblock
45              alenX0 = (coords(kblock,2,1) - coords(kblock,1,1))
46              alenY0 = (coords(kblock,2,2) - coords(kblock,1,2))
47              alenZ0 = (coords(kblock,2,3) - coords(kblock,1,3))
48
49              alen0 = sqrt(alenX0 * alenX0 + alenY0 * alenY0 + alenZ0 * alenZ0)
```

```
50              vol0  =  area0 * alen0

51

52              amElem0  =  two * amassFact0 * alen0

53

54              deltaX  =  u(kblock,4) - u(kblock,1)

55              deltaY  =  u(kblock,5) - u(kblock,2)

56              deltaZ  =  u(kblock,6) - u(kblock,3)

57

58              alenX  =  alenX0 + deltaX

59              alenY  =  alenY0 + deltaY

60              alenZ  =  alenZ0 + deltaZ

61

62              alen  =  sqrt(alenX * alenX + alenY * alenY + alenZ * alenZ)

63

64              tanvX  =  alenX / alen

65              tanvY  =  alenY / alen

66              tanvZ  =  alenZ / alen

67              area     =  vol0/alen

68              ak       =  area * eMod/alen

69

70 !          无阻尼稳定时间增量

71              dtTrialTransl  =  sqrt(amElem0/ak)

72

73 !          有阻尼稳定时间增量

74              critDampTransl  =  two * sqrt(amElem0 * ak)

75              csiTra  =  eDampTra/critDampTransl

76              factDamp  =  sqrt(one + csiTra * csiTra) - csiTra

77              dtTrialTransl  =  dtTrialTransl * factDamp * factorStable

78              dtimeStable(kblock)  =  dtTrialTransl

79 !          force = E * 对数应变 * 当前截面面积

80              strainLog  =  log(alen/alen0)   ! 对数应变

81              fElasTra  =  eMod * strainLog * area

82

83              forceTraX  =  fElasTra * tanvX

84              forceTraY  =  fElasTra * tanvY

85              forceTraZ  =  fElasTra * tanvZ

86

87 !          在 RHS 中组装内力向量

88              rhs(kblock,1)  =  -forceTraX

89              rhs(kblock,2)  =  -forceTraY
```

```
 90            rhs(kblock,3) = -forceTraZ
 91            rhs(kblock,4) =  forceTraX
 92            rhs(kblock,5) =  forceTraY
 93            rhs(kblock,6) =  forceTraZ
 94
 95  !         内能计算
 96            alenOld   = svars(kblock,1)
 97            fElasTraOld = svars(kblock,2)
 98
 99            energy(kblock, iElIe) = energy(kblock, iElIe) +                  &
100              half * (fElasTra + fElasTraOld) * (alen - alenOld)
101
102  !         更新状态变量
103            svars(kblock,1) = alen          ! 单元长度
104            svars(kblock,2) = fElasTra      ! 内力
105
106          end do
107        end if
108      end if
109
110      end subroutine
```

为了在模型中使用上述用户单元子程序，需要在模型的 inp 文件中作如下定义：

```
1  *User Element, Nodes = 2, Type = VU1, Properties = 3, Coordinates = 3, Variables = 2
2   1, 2, 3
3  *Element, Type = VU1, Elset = allElements
4   1, 1, 2
5  *Uel Property, Elset = allElements
6   <CsArea>, <YoungsMod>, <Density>
```

这里，我们给定的用户单元的名称是 VU1，用于 Element 选项。每个单元有两个节点，分配了两个状态变量（分别是单元长度和单元内力）。单元相关的三个属性参数分别为初始横截面积、杨氏模量和密度。

7.6.3　单元测试

接下来，通过一个单元测试来验证上述程序的正确性。考虑一个三维空间中的桁架单元，其由两个节点构成，节点坐标分别为（0，0，0）和（1，1，1），在 0 时刻突然受到一个沿 z 正方向的恒定大小的轴向力 $F_z = 1.0 \times 10^6$，桁架单元的初始横截面积 $A_0 = 1.002$，杨氏模量 $E = 2.1 \times 10^7$，密度 $\rho = 7\,200$。

分别利用 ABAQUS 内置的 T3D2 单元和上述的用户子程序 VUEL 计算，得到桁架自由端在三个方向的位移如图 7.9 所示。从图中可以看出，用户子程序 VUEL 计算的结果和 ABAQUS 内置的 T3D2 单元计算结果吻合良好，说明用户子程序是可靠的。

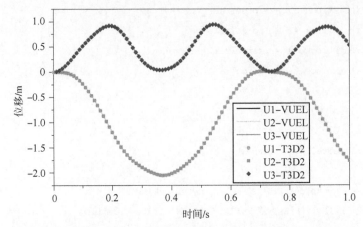

图 7.9 分别利用 ABAQUS 内置的 T3D2 单元和上述的用户子程序 VUEL 计算得到的桁架自由端在三个方向的位移随时间的变化（书后附彩插）

注：U1-VUEL 曲线和 U2-VUEL 曲线重合，U1-T3D2 曲线和 U2-T3D2 曲线重合

本例模型的 inp 文件和用户子程序文件：

abq_truss_lele. inp

vuel_truss_lele. inp

vuel_3d_truss. f

扫描二维码
获取相关资料

第8章

其他常用的用户子程序

8.1 用户子程序 FILM

8.1.1 用户子程序 FILM 简介

在热分析中，如果薄膜系数 h 或冷源温度 θ^s 是时间的简单函数[31]，则通常可以用幅值曲线来实现，不需要编写用户子程序；当薄膜系数 h 或冷源温度 θ^s 是时间、位置、表面温度、单元编号、节点编号、积分点编号等的复杂函数时，通常需要使用用户子程序 FILM 来实现。此外，用户子程序 FILM 还可以用于定义随单元编号（或积分点编号）而变化的载荷。

8.1.2 用户子程序 FILM 的接口

用户子程序 FILM 的接口如下：

```
1  !用户子程序 FILM 的接口
2      subroutine film(h, sink, temp, kstep, kinc, time,      &
3      noel, npt, coords, jltyp, field, nfield, sname,       &
4      node, area)
5
6      include 'aba_param.inc'
7
8      dimension h(2), time(2), coords(3), field(nfield)
9      character * 80 sname
10
11     !用户编写程序来定义变量 h(1)、h(2)和 sink
12
13     return
14     end
```

下面对 FILM 用户子程序接口中的主要变量进行解释。

1）用户必须定义以下变量，以使用用户子程序 FILM

- h(1)：在当前表面点处的薄膜系数 h，它的量纲是 $JT^{-1}L^{-2}\theta^{-1}$。

- h(2)：薄膜系数相对于表面温度的变化率$\left(\text{即薄膜系数对温度的导数}\dfrac{\mathrm{d}h}{\mathrm{d}\theta}\right)$，其量纲为

$JT^{-1}L^{-2}\theta^{-2}$。通过定义这个值，可以提高非线性方程在增量求解过程中的收敛速度，特别是当薄膜系数是表面温度（temp）的强函数时。

- sink：冷源温度 θ^s。

2）可供使用的变量

- 估计的当前表面温度（temp）；调用程序的分析步（kstep）和增量步（kinc）；分析步的当前时间（time(1)）和总的当前时间（time(2)）；单元编号（noel）；积分点的局部编号（npt）；积分点的坐标（coords），如果打开了几何非线性，则这里是当前坐标。

- 标识符（jltyp），指定在该调用中定义的载荷类型给用户子程序。如果在模型中指定了多个用户定义的 FILM 类型，则所有 FILM 类型的编码必须出现在子程序中，并且必须使用这个变量（jltyp）来告诉程序在调用子程序时要定义哪种 FILM 类型。

- 当前点的场变量的插值（field）f_i。

- 场变量的个数（nfield）。

- 基于表面的 film 定义的表面名称（sname）(jltyp=0)。

- 基于节点的 film 定义的节点编号（node）和面积（area）。

- 该区域被传递为 *cfilm 选项的数据行上指定的值。

8.1.3 用户子程序 FILM 的使用方法

当 inp 文件中的 *FILM 或 *SFILM 选项中包含非均匀加载类型标签，或 USER 参数与 *CFILM 选项一起使用时，ABAQUS 会调用用户子程序 FILM。例如，在 inp 文件中包含下面的语句，可以调用用户子程序 FILM。

```
1 *SFILM
2 LEFT, FNU, 10.0, 1500
3 **        theta_s  h
```

其中，FNU 是载荷类型标签。该语句表明，表面 LEFT 将受到薄膜载荷（对流边界条件）的影响。h 的值（1 500）会被传递到用户子程序 FILM 中，赋值给变量 h(1)。θ^s 的值（10.0）会被传递到用户子程序 FILM 中，赋值给变量 sink。

与之对应的 Abaqus/CAE 中的设置如图 8.1 所示。

8.1.4 平面翅片表面的辐射分析实例

考虑如图 8.2 所示的结构，表示了一个平面壁，其上有一列均匀排列的平行矩形翅片[32,33]。这个问题涉及经典的火灾试验的三个阶段。第一阶段是预试验阶段，热量通过自然对流从 100 ℃ 恒定温度下的内部流体传递到平面的内壁。热量通过壁面传导，并通过辐射和自然对流从外壁和翅片表面散失到周围的介质中，周围介质的温度（环境温度）为 38 ℃。第二阶段是 30 min 的瞬态火灾试验，热量由辐射产生，和壁面进行强制对流换热过程，其中外部流体的温度为 800 ℃。在经过翅片和壁面热传导之后，热量通过自然对流进入内部流体。第三阶段是 60 min 的冷却期，在瞬态火灾过程中吸收的热量通过与第一阶段类似的过程传递到环境中。

壁和翅片的导热系数 k 为 50 W/(m·℃)，比热 c 为 500 J/(kg·℃)，密度 ρ 为 7 800 kg/m³。壁面和翅片表面的热辐射率为 0.8，Boltzmann 辐射常数为 $5.669\ 7\times10^{-8}$ W/(m²·K⁴)，绝对零度为 -273 ℃。

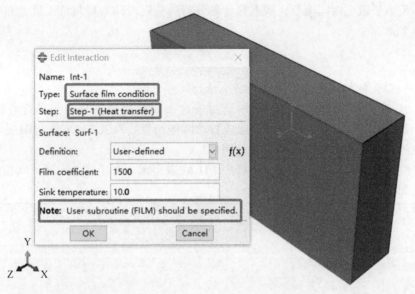

图 8.1　用户子程序 FILM 在 Abaqus/CAE 中的使用设置方法（书后附彩插）

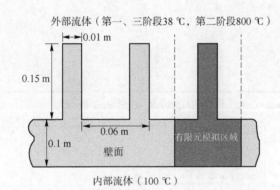

图 8.2　平面翅片表面导热分析的示意图（书后附彩插）

用薄膜边界条件模拟内流体与壁面之间的自然对流，其中薄膜系数为

$$h(\theta) = 500 \mid \theta_{\mathrm{w}} - \theta_{\mathrm{i}}^{\mathrm{s}} \mid^{1/3} \tag{8.1}$$

式中，θ_{w}——内壁温度；

　　$\theta_{\mathrm{i}}^{\mathrm{s}}$——内流体的温度。

该薄膜边界条件必须用用户子程序 FILM 来实现，因为薄膜条件是温度相关的。

用薄膜边界条件模拟外翅片表面与周围环境之间的自然对流，其中薄膜系数为

$$h(\theta) = 2 \mid \theta_{\mathrm{w}} - \theta_{\mathrm{f}}^{\mathrm{s}} \mid^{1/3} \tag{8.2}$$

式中，$\theta_{\mathrm{f}}^{\mathrm{s}}$——外部环境温度。

同样，该薄膜边界条件必须用用户子程序 FILM 来实现。

第一个分析步是稳态热传递分析，以建立初始预试验条件。接着，进行了环境温度为 800 ℃ 的 30 min 瞬态传热分析。最后，进行 60 min 的冷却过程瞬态传热分析。

在 ABAQUS 中，瞬态传热分析的时间积分过程是条件收敛的，也就是计算对时间增量

有要求，必须小于稳定时间增量。瞬态热传导分析的稳定时间增量与单元尺寸和材料参数之间的关系如下：

$$\Delta t = \frac{\rho c}{6k}\Delta l^2 \tag{8.3}$$

式中，Δl——单元的特征尺寸（通常为最小单元尺寸）。

式（8.3）表明，10 s 的初始时间增量对于这个问题的瞬态分析步是合适的。通过将 DELTMX 设置为 5 ℃，为瞬态分析步选择自动时间增量。DELTMX 通过限制增量过程中任何点允许的温度变化来控制时间积分过程。

两个自然对流边界需要使用用户子程序 FILM 来实现，对于这个问题，其相应的 inp 文件需要设置如下：

```
 1  * heading
 2   :
 3  * step, inc = 500
 4  * heat transfer, steady state
 5  1.0
 6  * boundary
 7  namb, 11, , 38.d0
 8  * sfilm
 9  bot, fnu
10  srfs, fnu
11   :
12  * end step
```

与之对应的在 Abaqus/CAE 界面中的设置如图 8.3 所示。

图 8.3　平面翅片表面导热分析的用户子程序 FILM 在 Abaqus/CAE 中的设置方法

下面给出本问题的用户子程序 FILM 的 Fortran 代码：

```
 1      subroutine film(h, sink, temp, kstep, kinc, time,      &
 2      noel, npt, coords, jltyp, field, nfield, sname, node, area)
 3
 4      include 'aba_param. inc'
```

```
5        dimension h(2), coords(3), time(2), field(nfield)
6        character * 80 sname
7        parameter (zero = 0. d0, one = 1. d0, two = 2. 0d0, &
8                   three = 3. d0, third = one/three)
9
10       h(1) = zero
11       h(2) = zero
12       sink = zero
13       a2   = one
14       if (sname. eq. 'bot') then
15          ! 检查当前表面是否为底面
16          sink = 100. d0
17          a1  = sign(a2,temp - sink)
18          h(1) = 500. 0d0 * (abs(temp-sink)) ** third
19          h(2) = a1 * third * 500. 0d0 * (abs(temp-sink)) ** ( - two * third)
20
21       else if (kstep. eq. 1. or. kstep. eq. 3) then
22          ! 如果上一个条件没有满足，则必然是翅面
23          sink = 38. d0
24          a1  = sign(a2,temp-sink)
25          h(1) = 2. 0d0 * (abs(temp - sink)) * * third
26          h(2) = a1 * third * 2. 0d0 *                    &
27                 (abs(temp - sink)) ** ( - two * third)
28       else
29          sink = 800. d0
30          h(1) = 10. 0d0
31       end if
32
33       return
34       end
```

通过上面的用户子程序和建立的模型，计算得到的结果如下：图 8.4 所示为火灾结束时翅片全场的温度分布云图，在翅片顶部温度最高（达到了 649.9 ℃），在壁面内部温度最低（约为 133.6 ℃）。翅片顶部（Top）、根部（Root）和壁内表面（Inner）的温度随时间的变化曲线如图 8.5 所示，三个部位温度随时间的变化均是先快速升高，然后缓慢升高到最高值，再缓慢冷却，这与模型中的加载是一致的。从翅片顶部到壁内表面的温度分布如图 8.6 所示。由于翅片周围都有热流进入，这导致翅片的温度分布呈现"上凸"的趋势，而在翅根的温度则呈线性分布。

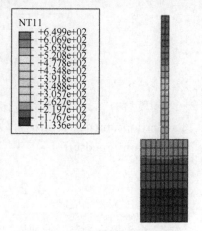

图 8.4　火灾结束时翅片全场的温度分布云图（书后附彩插）

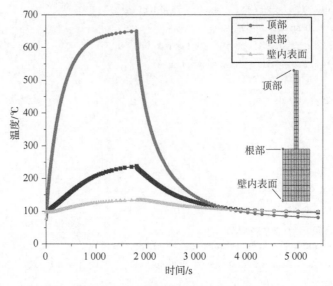

图 8.5 翅片顶部、根部和壁内表面的温度随时间的变化曲线（书后附彩插）

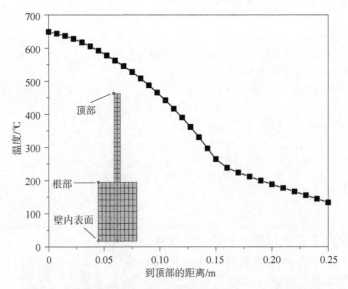

图 8.6 从翅片顶部到壁内表面的温度分布（书后附彩插）

本例模型的 inp 文件和用户子程序文件：

radiationfinnedsurf. inp

radiationfinnedsurf. f

扫描二维码
获取相关资料

8.2 地质力学相关的用户子程序

本节将模拟一个典型的地质力学例子——油气开采过程中的水力压裂施工，以介绍复杂地质力学问题在 ABAQUS 中的模拟方法，特别是联合使用各种用户子程序以实现对复杂地质条件和施工条件的准确模拟。

本节的例子将展示使用含有孔隙压力的内聚力（Cohesive）单元[34,35]和流体管道单元来模拟油井钻孔附近的水力压裂裂缝的起始和扩展过程。其中，涉及多个用户子程序的使用，以模拟更加符合现场条件的压裂施工过程。这里涉及的用户子程序有 DISP、DLOAD、SIGINI、UPOREP、UFLUIDLEAKOFF、VOIDRI 和 UFLUIDCONNECTORVALVE。

8.2.1 石油工程中的水力压裂问题描述

水力压裂技术是页岩油气成功商业开采的一项关键技术[36]。水力压裂，顾名思义，是指通过将高压压裂液注入储层以使地层破裂，形成裂缝网络和开采页岩气的导流通道，增加储层整体的表观渗透率，从而提高页岩气的采收率，达到商业开采的目的[37]。近几十年来，水力压裂技术被广泛应用于非常规油气和地热资源的开采中，并逐渐扩展到其他应用领域，如储层原位应力的测量[38]、放射性或有毒废物的地下深埋处理等[39]。对于页岩气开采工程，成功地进行水力压裂施工可以数倍甚至数十倍地提高页岩气的产量[40]。全世界每年有超过 10 000 口水平井开钻并进行水力压裂施工，近年来，每年开钻的水平井的数量还在快速增长[41,42]。因此，对于水力压裂问题的研究引起了国内外学者的广泛关注[43,44]。

在水力压裂的过程中，通过高压压裂液的持续泵注，使储层破裂，产生新的裂缝并扩展，连通原有的天然裂缝和层理弱面，进而可以形成复杂的裂缝网络[45,46]。页岩油气储层中人工裂缝与天然裂缝、天然裂缝相互之间的连通性以及压裂过程中层理的失效对于储层产能有着重大影响[47,48]。为了设计针对页岩断裂特点的压裂技术，需要研究页岩水力压裂过程中复杂缝网的形成过程和力学控制机理[49]。典型的一口水平井的水力压裂施工过程如图 8.7 所示。

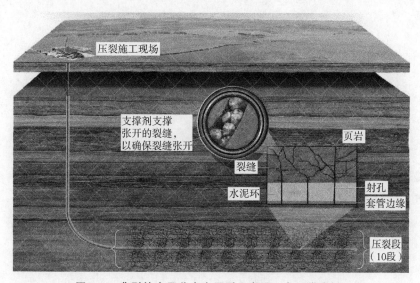

图 8.7 典型的水平井水力压裂示意图（书后附彩插）

通常情况下，一次水力压裂施工会涉及多个阶段。在初始阶段，通常会泵送少量含聚合物的流体，一般为 1～20 桶（0.15～3.20 m³），以便收集破裂地层所需的压力和流体的速率数据，从而预估从裂缝"渗漏"到岩石的孔隙空间。收集的数据用于计划工作的后续阶段。

水力压裂工作的主要阶段包括从一百到几千桶压裂液泵注的过程。该阶段的大小由目标储层的规模、裂缝的尺寸、地层泄漏率和泵注的容量（速率）决定。在压裂作业的下一阶段期间，将称为支撑剂的固体材料添加到注入的流体中并被带入裂缝体积；当压裂结束后，压裂液回流，支撑剂仍然留在裂缝中以形成"支撑"作用，防止裂缝闭合，保持油气开采的流动通道。在破裂工作的每个阶段，将化学品（通常为聚合物）添加到流体中，以使流体具有相应的性质（黏度、泄漏、密度）。在压裂的最后阶段，化学物质被泵入裂缝，这有助于破坏前一阶段中使用的聚合物，并使流体更容易流回裂缝而不破坏支撑剂材料。

以上是一个较为完整的水力压裂施工过程，一个准确可信的水力压裂过程的模拟应能反映以上各个过程的典型特点。

8.2.2 基于 Cohesive 的水力压裂有限元模型

1. 几何地质模型

在这个例子中，我们考虑一个厚度为 50 m 的储层，其中间 20 m 为含油储层（目标压裂区域），上下各有一个高应力的页岩盖层，如图 8.8 所示。模拟的区域为一个直径 400 m 的圆柱形区域，由于对称性，我们只取一半的区域来建模，在对称面上赋予对称边界条件，建立的有限元模型如图 8.9 所示。其中，岩石基体采用 C3D8RP 单元来模拟，钻孔套管采用 M3D4 膜单元来模拟[50]。采用 Cohesive 单元（COH3D8P）来模拟垂直的断裂平面（即裂缝的位置是预先给定的）。

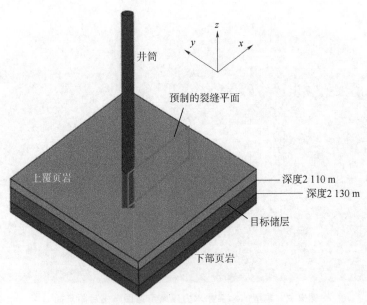

图 8.8 三维分层储层中水力压裂的几何地质模型示意图（书后附彩插）

井筒中的流体流动通过流体管道和流体管道连接器单元来模拟。流体管道单元和地层相

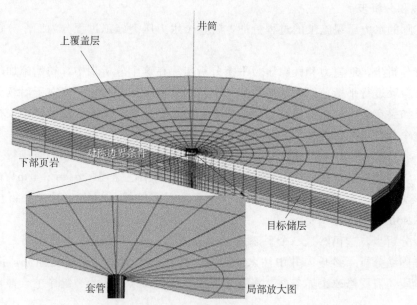

井筒

上覆盖层

对称边界条件

下部页岩

目标储层

套管　局部放大图

图 8.9　三维分层储层中水力压裂的有限元模型（书后附彩插）

连，从而以更逼真的方式模拟水力压裂过程。通过用户子程序 UFLUIDCONNECTORVALVE
在连接器单元上模拟激活阀门行为（阀门的打开和关闭过程），从而可以在泵送阶段完成后
关闭阀门，使压裂液不再流向地层。其具体的子程序实现方式将在后文中给出。

2. 本构模型

采用具有硬化的线性 Drucker-Prager 模型来模拟岩石的本构行为[51-53]，而套管（钢
材）则用线弹性的模型来模拟。裂缝模型包括两部分：裂缝本身的力学行为（裂缝的萌生及
扩展）；通过裂缝表面进入和泄漏的流体的行为。

3. 裂缝的力学行为

水力裂缝的裂缝起始和扩展通过使用 Cohesive 单元来模拟，其界面的弹性性质使用基
于牵引-分离（Traction-Seperation）描述来定义[54]，界面的刚度值为 $K_{nn}=K_{ss}=K_{tt}=8.5\times10^4$ MPa。采用二次牵引-相互作用失效准则来模拟 Cohesive 单元中的损伤起始准则；
使用混合模式的基于能量的损伤演化准则来进行损伤扩展的模拟。相关的材料参数如下：
$N_0=S_0=0.32$ kPa；$G_{IC}=G_{IIC}=G_{IIIC}=28.0$ N/mm；$\eta=2.284$。

4. 缝内流体流动模型

沿着裂缝的切向和法向的流体流动都可以通过含有润滑方程控制的流体的 Cohesive 单
元来模拟。其主要的模拟参数如下：

假设流体为牛顿流体，其黏度系数 $\mu=1.0\times10^{-6}$ kPa·s（即 1 厘泊，1 cP），这大致为
清水的黏度。

对于压裂过程的早期阶段，从裂缝内向基体中泄漏的流体的泄漏系数为 $c_t=c_b=5.879\times10^{-10}$ m/(kPa·s)。在压裂的最后阶段，当聚合物溶解时，流体的泄漏系数增加到 $c_t=c_b=1.0\times10^{-3}$ m/(kPa·s)。该步骤相关的流体泄漏系数可以通过用户子程序 UFLUIDLEAKOFF
来实现。

5. 加载和分析步

针对实际的水力压裂施工的过程特征，将整个水力压裂施工过程分为四个分析步来进行模拟。

第一个分析步，地应力和孔隙压力平衡分析步。在这个分析步中，初始施加的地应力和孔隙压力会自动进行平衡，以使地层达到一个初始的稳定状态。这一步对于后续分析的收敛性很重要，如果在正式分析前没有做地应力平衡分析，那么在接下来的分析步中很可能出现不收敛。这个分析步的分析类型为 geostatic。

第二个分析步，压裂液泵注的主过程分析步。在这个分析步内，我们将进行主要的压裂施工操作，将全部压裂液在这个分析步内以一个恒定的泵注速度（$q_0 = 2.4 \ \mathrm{m^3/min}$，即 15 桶/min）泵入井筒，使裂缝萌生并扩展。整个泵注过程持续 20 min。这个分析步的分析类型为瞬态的 soils 分析步。

第三个分析步，这仍然是一个瞬态的 soils 分析步，用于模拟在水力压裂之后进行另一次瞬态土壤固结分析。终止向井中注入压裂液，并允许裂缝中的累积孔隙流体渗透到地层中。在该阶段还需要修改边界条件，将裂缝表面固定，以模拟注入裂缝中的支撑剂材料的支撑行为。

第四个分析步，将 20 kPa 的负压施加到井筒节点上（井口），以用于模拟生产采气过程。该阶段持续时间为 100 天或当系统到达近似稳态条件时，这二者达到一条分析即终止，这里的稳态条件定义为模型中的孔隙压力瞬变量低于 0.05 kPa/s。

在本章中，将通过使用用户子程序 SIGINI 和 UPOREP 定义初始地应力场，通过使用用户子程序 VOIDRI 来指定随深度变化的地层初始空隙度。全场给定重力载荷以及正交各向异性的上覆初始应力状态（即给定三向地应力，且垂直方向地应力值最大），地层中的最小水平主应力与内聚力单元的断裂平面正交排列，以满足水力裂缝沿着最大水平地应力方向扩展的条件。

8.2.3 复杂地质条件和加载的子程序实现

正如前文所说，水力压裂施工过程的模拟是一个非常复杂的问题，需要将多个用户子程序联合起来使用，以使模拟更加准确和真实。接下来，对前面提到的多个用户子程序分别进行实现并进行相应的解释。

1. 阀门控制子程序

水力压裂的施工过程要求我们在第三个分析步进行关井操作，即井口压力仍然能被保持，但不再注入新的压裂液，子程序 UFLUIDCONNECTORVALVE 可以实现这一过程。首先，在子程序中判断当前分析是否进行到了第三个分析步。如果已进行到了第三个分析步，且当前的单元号是井口的单元号，则关闭阀门。用户子程序的基本 Fortran 实现代码如下：

```
1      subroutine ufluidconnectorvalve (                    &
2  ! Write only -
3        valveOpening,                                      &
4  ! Read only -
5        coords, flow, rho, visc,                           &
```

```
6        dia, area, ndim, jelno, kstep, kinc, time,                    &
7        niarray,i_array,nrarray,r_array,ncarray,c_array)
8
9    include 'aba_param. inc'
10
11   dimension time(2), coords(2 * ndim), i_array(niarray), r_array(nrarray)
12
13   character * 80 c_array(ncarray)
14
15   valveOpening = 1.0 ! 正常情况下,阀门是打开的
16   if((jelno. eq. 30000). and. (kstep. ge. 3))valveOpening = 0.0 ! 阀门关闭
17
18   return
19   end
```

上面用户子程序中的一个关键变量是 valveOpening（在第 3 行中声明了），该变量的值必须设置在 0.0（关闭）和 1.0（完全打开）之间，以确定阀门是完全打开还是部分打开或完全关闭状态。该子程序的内容比较简单，第 16 行实现了前面所说的对阀门的关闭，而在其他分析步中阀门是打开的（见第 15 行）。

对上述用户子程序的使用，需要配合修改 inp 文件中的相应关键字，如下：

```
1   *fluid pipe connector loss, type = hooper2k, laminar flow transition = 1. 0, valve control = user
2    0. 007854, 0. 1, 1e-3, 0. 0
```

2. 位移边界条件子程序

由于本问题中地层的孔隙压力是和位置相关的，因此，在模型的上下边界上，孔隙压力边界也是和位置相关的，其具体关系式如下：

$$p_b(z) = -11.5z \qquad (8.4)$$

式中，$p_b(z)$ ——随深度变化的边界上的孔隙压力；

z——垂直方向的坐标值。

上述关系可以通过用户子程序 DISP 来实现，代码如下：

```
1    subroutine disp(u,kstep,kinc,time,node,noel,jdof,coords)
2
3    include 'aba_param. inc'
4
5    dimension u(3),time(2),coords(3)
6
7    u(1) = -11. 5d0 * coords(3)
8    ! 此处的 u(1)代表孔隙压力,如果 inp 中相应的为 8 号自由度
9
10   return
11   end
```

对上述用户子程序的使用，需要配合修改 inp 文件中的相应关键字，如下：

```
1  *Boundary,user
2  TOP, 8, 8, 1
3  BOT, 8, 8, 1
```

3. 载荷边界条件子程序

在井眼表面，需要施加一个与地应力场匹配的井眼表面压力载荷，以平衡地应力。该表面压力值随位置而分段线性变化，具体的随空间分布的表达式如下：

$$p = \begin{cases} 2\,750 - 16.25z, & z \geqslant -2\,110 \\ 1\,750 - 16.25z, & z \geqslant -2\,132 \\ 2\,250 - 16.25z, & z < -2\,132 \end{cases} \tag{8.5}$$

上面随位置变化的表面压力载荷关系可以通过编写用户子程序 DLOAD 来实现。关于用户子程序 DLOAD 的详细介绍见第 4 章。代码如下：

```
1      subroutine dload(f,kstep,kinc,time,noel,npt,layer,kspt,       &
2          coords,jltyp,sname)
3
4      include 'aba_param. inc'
5
6      dimension time(2),coords(3)
7      character * 80 sname
8      if (coords(3). ge. -2110. d0) then
9         f = 2750. d0 - (16. 25d0 * coords(3))
10     else if (coords(3). ge. -2132) then
11        f = 1750. d0 - (16. 25d0 * coords(3))
12     else
13        f = 2250. d0 - (16. 25d0 * coords(3))
14     end if
15
16     return
17     end
```

为了在具体模型中使用，上述用户子程序需要配合修改（增加）inp 文件中的以下关键字：

```
1  *Dsload
2  well_bore, PNU, 1.
```

4. 初始应力场子程序

地层中由于地质构造等原因，往往分布着非常复杂的初始地应力场，ABAQUS 支持从外部数据导入应力场，每个积分点上的初始应力场都可以不同。此外，也可以通过编写用户子程序来给出一个相对复杂但有具体表达式的初始应力场分布。

在真实的地层中，初始应力场主要随着储层的深度和厚度有较大变化，此时可以通过编写初始应力场子程序 SIGINI 来快速实现这种分布。下面给出一个典型的地层初始应力场随深度的分布情况：

$$\sigma_{xx}^0 = \begin{cases} -(2\,750-16.25z-p(z))\,, & z \geqslant -2\,110 \\ -(1\,750-16.25z-p(z))\,, & z \geqslant -2\,132 \\ -(2\,250-16.25z-p(z))\,, & z < -2\,132 \end{cases}$$
$$\sigma_{yy}^0 = \eta\sigma_{xx}^0$$
$$\sigma_{zz}^0 = 20z + p(z)$$

$$(8.6)$$

式中，$p(z)$——随深度变化的孔隙压力，单位为 kPa，$p_0(z)=-11.5z$；

　　z——储层深度，单位为 m；

　　η——初始水平应力的比值，根据地层而有所不同，本书中取为 0.94。

初始三向地应力随储层深度的变化如图 8.10 所示（通过编写 Python 程序画出，Python 程序文件为 iniStressDistribution. py）。从图中可以看出，垂向初始地应力远高于两个水平方向的初始地应力，且在深度－2 132～－2 110 m 之间，初始的水平地应力较低，因此可以预计水力裂缝会主要在这个弱地应力层内扩展。

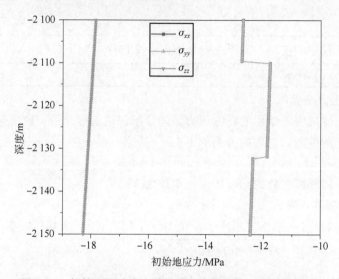

图 8.10　初始三向地应力随储层深度的变化（书后附彩插）

式（8.6）的用户子程序实现代码如下：

```
1    subroutine sigini(sigma,coords,ntens,ncrds,noel,npt,layer,      &
2        kspt,lrebar,rebarn)
3
4    include 'aba_param. inc'
5
6    dimension sigma(ntens),coords(ncrds)
7    character * 80 rebarn
8
9    porep = -11.5d0 * coords(3)
10   if(noel. le. 5120) then
11      ratio = 0.94d0
```

```
12        if (coords(3). ge. -2110. d0) then
13            sigma(1) = -(2750. d0 - (16. 25d0 * coords(3)) - porep)
14            sigma(2) = sigma(1) * ratio
15        else if (coords(3). ge. -2132) then
16            sigma(1) = -(1750. d0 - (16. 25d0 * coords(3)) - porep)
17            sigma(2) = sigma(1) * ratio
18        else
19            sigma(1) = -(2250. d0 - (16. 25d0 * coords(3)) - porep)
20            sigma(2) = sigma(1) * ratio
21        end if
22        sigma(3) = coords(3) * 20. 0d0 + porep
23    else
24        sigma(1) = coords(3) * 20. 0d0 + porep
25    end if
26
27    return
28    end
```

对上述用户子程序的使用，需要配合修改 inp 文件中的如下关键字：

```
1 *Initial Conditions, type = Stress, user
```

5. 初始孔隙压力子程序

在真实的页岩储层中，地层的孔隙压力是随地层深度而变化的，这里采用一个简化的孔隙压力随深度变化的模型，二者的关系如下：

$$p_0(z) = -11.5z \tag{8.7}$$

式中，$p_0(z)$——随深度变化的孔隙压力，单位为 kPa；

z——储层深度，单位为 m。

式（8.7）可以通过孔隙压力用户子程序 UPOREP 实现，实现代码如下：

```
1    subroutine uporep(uw0,coords,node)
2
3    include 'aba_param. inc'
4
5    dimension coords(3)
6
7    uw0 = -11. 5d0 * coords(3)
8
9    return
10   end
```

上面子程序中的 uw0 即孔隙压力，根据前面给出的计算公式更新其值即可。

对上述用户子程序的使用，需要配合修改 inp 文件中的如下关键字：

```
1 *Initial Conditions, type = Pore pressure, user
```

6. 初始孔隙度子程序

根据对真实地层中孔隙度的实际测量发现，地层的孔隙度是随位置而变化的，这里给出一个典型的地层孔隙度随位置（主要是储层深度）的变化关系，如图 8.11 所示（通过编写

Python 程序画出，Python 程序文件为 voidDistribution. py）。

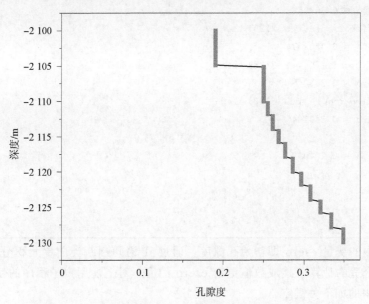

图 8.11 一个典型地层的初始孔隙度随储层深度的变化关系

在 Abaqus/CAE 中无法直接建模实现，需要编写初始孔隙度子程序 VOIDRI 来实现，相应的用户子程序代码如下：

```
1    subroutine voidri(ezero,coords,noel)
2
3    include 'aba_param. inc'
4
5    dimension coords(3)
6
7    if(     coords(3) .ge. -2105) then
8        ezero = 0.190476
9    else if(coords(3) .ge. -2110) then
10       ezero = 0.25
11   else if(coords(3) .ge. -2112) then
12       ezero = 0.255272
13   else if(coords(3) .ge. -2114) then
14       ezero = 0.261479
15   else if(coords(3) .ge. -2116) then
16       ezero = 0.268649
17   else if(coords(3) .ge. -2118) then
18       ezero = 0.276813
19   else if(coords(3) .ge. -2120) then
20       ezero = 0.286008
21   else if(coords(3) .ge. -2122) then
22       ezero = 0.296277
```

```
23      else if(coords(3) .ge. -2124) then
24         ezero = 0.307668
25      else if(coords(3) .ge. -2126) then
26         ezero = 0.320237
27      else if(coords(3) .ge. -2128) then
28         ezero = 0.334045
29      else if(coords(3) .ge. -2130) then
30         ezero = 0.349164
31      else
32         ezero = 0.204819
33      end if
34
35      return
36      end
```

上面代码中的变量 ezero 即初始孔隙度，通过 if 语句判断当前单元积分点的坐标 z 方向位置来选择合适的计算公式或数值更新 ezero 的值。对上述用户子程序的使用，需要配合修改 inp 文件中的如下关键字：

```
1  *Initial Conditions，type = Ratio,user
```

7. 流体滤失子程序

在实际水力压裂过程中，当向裂缝内泵注高压液体时，裂缝内的流体会有部分通过裂缝面进入地层，称为滤失效应。而在压裂结束，开采的过程中，页岩油气由储层渗入裂缝中的过程可以认为是滤失的反过程，二者可以在同一个框架下进行模拟，但是滤失的快慢不同。因此，在模拟的过程中，对于不同的分析步，裂缝面的滤失系数不同。为了体现这一特点，这里采用了定义裂缝面滤失系数的用户子程序 UFLUIDLEAKOFF 来定义随时间变化的裂缝面滤失系数。具体地，在前三个分析步中，裂缝面的滤失系数非常小，为 $c_t = c_b = 5.879 \times 10^{-10}$ m/(kPa·s)；在第四个分析步，裂缝面的滤失系数增加到 $c_t = c_b = 1.0 \times 10^{-3}$ m/(kPa·s)。相应的用户子程序实现如下：

```
1      subroutine ufluidleakoff(perm,pgrad,dn,p_int,p_bot,p_top,      &
2         anm,tang,time,dtime,temp,dtemp,predef,dpred,c_bot,c_top,    &
3         dc_bot,dc_top,svar,mstvax,noel,npt,kstep,kinc)
4
5      include 'aba_param. inc'
6
7      if (kstep. ne. 4) then
8         !不是第四个分析步
9         c_bot = 5.879E-10
10        c_top = 5.879E-10
11     else
12        !第四个分析步
13        c_bot = 1.E-3
14        c_top = 1.E-3
```

```
15        end if
16
17        return
18    end
```

对上述用户子程序的使用，需要配合修改 inp 文件中的如下关键字：

```
1  * FLUID LEAKOFF, USER
```

8.2.4　计算结果和讨论

根据上面的模型计算得到的四个步骤结束时地层的状态如图 8.12 所示。图 8.12（a）显示了初始地应力平衡后 y 方向的应力（S22），也是最小水平主应力的方向，图 8.12（b）～（d）显示了裂缝在不同阶段的张开宽度的分布云图（POPEN）。

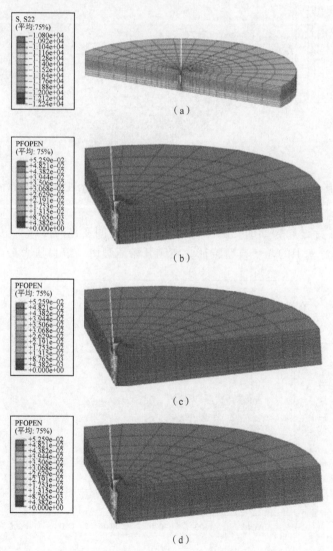

（a）

（b）

（c）

（d）

图 8.12　三维分层储层中水力压裂的有限元计算结果：每个阶段结束后的地层情况（书后附彩插）
（a）地应力平衡后；（b）泵注施工后；（c）憋压保持后；（d）泄压支撑后

在第二步，即泵送压裂液阶段，注入的压裂液引发并扩展出了一条从井筒向外延伸的水力裂缝。图 8.12（b）中显示了 20 min 泵送周期结束时产生的裂缝的几何形状。这些计算结果表明，在目标储层带内开始的裂缝倾向于避开压应力较高的下部页岩区，而渗透到上覆页岩区，从而减弱了压裂效果，降低油井产量。

图 8.12（c）（d）分别显示了在第三步"憋压保持"和第四步"泄压支撑"后的裂缝开口剖面，虽然在第四步采用支撑剂对裂缝面进行了支撑，但是由于裂缝面的变形，缝口仍然发生了一定长度的局部收缩，这与实际工程中的认识是一致的。

图 8.13 显示了计算得到的泵送结束时裂缝剖面和孔隙压力分布情况。在刚刚泵注结束时，裂缝张开最大，缝内压力仍然保持很高的水平，约为 38.44 MPa，远高于周围储层内的孔隙压力值。

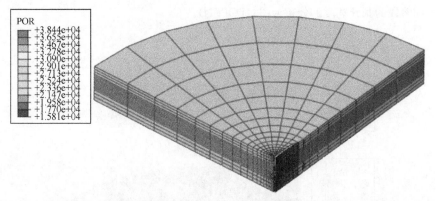

图 8.13 三维分层储层中水力压裂的有限元计算结果：泵注结束时的孔隙压力分布情况（书后附彩插）

图 8.14 显示了穿过破裂面的孔隙压力的历史（随时间变化的曲线），从压裂时间曲线可以看到压裂及支撑过程中的几个典型特征。在刚开始压裂时，缝口压力最高，最高点也代表

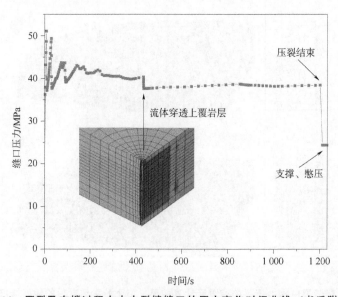

图 8.14 压裂及支撑过程中水力裂缝缝口的压力变化时间曲线（书后附彩插）

了岩石的破裂压力。随着压裂的进行，缝口压力直接降低到一个较稳定的值，在约 430 s 处，可以观察到缝口压力突降。这是因为此时水力裂缝恰好穿透了上覆岩层，导致流体较快速地泄出，引起了压力的突降。随后，缝口压力保持稳定，直至压裂结束。压裂结束后，缝内整体仍然保持一个较高的压力，随着支撑的开始，缝口压力突降，随后稳定在一个略高于最小水平地应力的水平。

　　图 8.15 显示了压裂结束后，开始开采的过程中，井眼附近的流体向外流出的体积流量率随时间的变化，也即水力压裂后产生的井眼的产量。从图中可以看出，井眼产量随时间逐渐稳定，约为 8.0×10^{-7} m³/s，也就是 0.07 m³/天，这是这条裂缝的稳定产量。在这个简单的例子中，水力压裂井眼的产量显示了显著提升，与未发生水力压裂的等效模型进行比较，其流量超过未进行压裂改造储层的 100 倍。

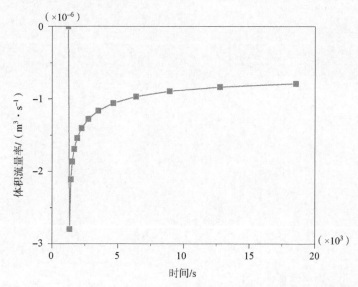

图 8.15　压裂结束后，开始开采的过程中，井眼附近的流体向外流出的体积流量率随时间的变化

本例模型的 inp 文件和用户子程序文件：
exa_hydfracture-flpipe. inp
exa_hydfracture-pipe. f

扫描二维码
获取相关资料

第二部分

有限元子程序
开发进阶

第 9 章
多孔介质 Biot 本构模型的子程序实现

有时在编写用户子程序时会发现，仅使用一个用户子程序并不能满足求解问题的需求，此时就需要同时使用两个（或两个以上）子程序，以达到求解目的。此外，多个子程序之间还可能进行数据交互，对于这种情况，应如何实现呢？

在本章中，我们将通过编程实现多孔介质 Biot 弹性本构模型，来说明如何在 ABAQUS 中联合使用多个子程序。这里主要介绍如何在一个模型中同时使用用户材料子程序 UMAT 和材料热行为子程序 UMATHT。

9.1 Biot 本构模型简介

Biot 本构模型是 Biot 提出的一种适用于岩土的含有孔隙的多孔介质材料本构模型。它基于一个最基本的假设，即固体材料的孔隙中充满可压缩的流体，它在线弹性本构关系的基础上引入了孔隙压力自由度，耦合了压力和位移求解方程[55,56]，因此在数值求解上比较困难。

9.1.1 以压力 p 为参数的本构方程

在 Biot 本构模型中，引入了压力自由度，与之相应，就有一个变量 p 来表征这个自由度，与压力自由度 p（以下简称"压力 p"）共轭的是流体的表观体积分数 ζ。Biot 本构模型可以分别基于这两个参数进行表达，分别对应本构关系的两套表达式。这里首先接受以 p 为参数的本构模型，应变依赖于应力和孔隙压力的表达式如下[57]：

$$2G\varepsilon_{ij} = \langle \sigma_{ij} \rangle_p - \frac{\nu}{1+\nu} \langle \sigma_{kk} \rangle_p \delta_{ij} \tag{9.1}$$

式中，$\langle \sigma_{ij} \rangle$——有效应力，是应力全量减去它的静水压力部分，即

$$\langle \sigma_{ij} \rangle_p = \sigma_{ij} + \alpha p \delta_{ij} \tag{9.2}$$

式（9.1）在形式上是一个弹性本构关系，只是这里的应力都变成了有效应力。将式（9.2）代入式（9.1）并展开，可得

$$2G\varepsilon_{ij} = \sigma_{ij} - \frac{\nu}{1+\nu} \sigma_{kk} \delta_{ij} + \frac{3(\nu_u - \nu)}{B(1+\nu)(1+\nu_u)} p \delta_{ij} \tag{9.3}$$

式中，ν——泊松比；

ν_u——"不排水"条件下的泊松比。

有了应力的表达式，还需要知道参数 ζ 的表达式，公式如下[58]：

$$2G(\zeta - \zeta_0) = \frac{\alpha(1 - 2\nu)}{1 + \nu}\left(\sigma_{kk} + \frac{3}{B}p\right) \tag{9.4}$$

式中，α，B——材料常数；

ζ_0——参考表观体积分数。

将式（9.3）、式（9.4）联合，即构成以压力 p 为参数的 Biot 本构关系。

9.1.2　平面应变下的 Biot 本构方程

在三维情形下，Biot 本构关系是比较复杂的，因此我们考虑对其进行简化，考虑二维的情形。在岩石力学中，很多问题都可以看作平面应变问题或者广义平面应力问题。在此，我们考虑平面应变条件下的 Biot 本构关系，推导简化条件下的本构关系，并在 9.3 节将平面应变条件下的 Biot 本构关系应用于圆柱形井眼问题。

根据平面应变条件，可以得到如下结论：轴向应变为 0，即 $\varepsilon_{33} = 0$；与轴向相关的两个剪应力为 0，即 $\sigma_{31} = \sigma_{32} = 0$。另外，轴向的正应力 σ_{33} 虽然不为 0，但它不是独立变量，可以通过其他量组合计算得到，公式如下：

$$\begin{aligned}\sigma_{33} &= \nu(\sigma_{11} + \sigma_{22}) - \frac{3(\nu_u - \nu)}{B(1 + \nu_u)}p \\ &= \nu(\sigma_{11} + \sigma_{22}) - \alpha(1 - \nu)p \end{aligned} \tag{9.5}$$

把上面的平面应力条件代入三维的 Biot 本构关系，可以得到以压力 p 为参数的平面应变条件下的 Biot 本构关系，公式如下：

$$2G\varepsilon_{\alpha\beta} = \sigma_{\alpha\beta} - \nu(\sigma_{11} + \sigma_{22})\delta_{\alpha\beta} + \frac{3(\nu_u - \nu)}{B(1 + \nu_u)}p\delta_{\alpha\beta} \tag{9.6}$$

$$\rho_0(\zeta - \zeta_0) = \frac{\rho_0}{2G}\alpha\mathcal{M}(1 - 2\nu) \tag{9.7}$$

式中，$\mathcal{M}$ 是一个与 $\Delta\zeta$ 成比例的量，表达式如下：

$$\mathcal{M} = \sigma_{11} + \sigma_{22} + \frac{3}{B(1 + \nu_u)}p \tag{9.8}$$

式（9.6）和式（9.7）共同构成了平面应变条件下 Biot 本构关系的控制方程。

9.2　Biot 本构模型在 ABAQUS 中的实现

本节将在 ABAQUS 中通过用户材料子程序实现 Biot 本构关系，为简单起见，本节只按照平面应变条件进行编程实现。采用 ABAQUS 用户材料子程序 UMAT 和含有材料热行为的材料子程序（UMATHT）来共同实现 Biot 本构关系。下一节将通过一个简单的圆柱形井眼问题对子程序进行验证，以说明其正确性。

9.2.1　压力在 UMAT 中的处理

由于 ABAQUS 用户材料子程序中并不含有与压力 p 相关的变量，因此直接用压力 p 来作为变量进行编程无法实现。观察压力 p 的控制方程

$$\frac{\partial p}{\partial t} - \kappa M \nabla^2 p = -\alpha M \frac{\partial u_{i,i}}{\partial t} + M(\gamma - \kappa f_{i,i}) \tag{9.9}$$

式中，α、M、γ 都是常数。

可以发现，如果把式（9.9）右边的所有项看成一个整体，设为 S，则式（9.9）可以转化为

$$\frac{\partial p}{\partial t} - \kappa M \, \nabla^2 p = S \tag{9.10}$$

式（9.10）是一个典型的扩散方程，与热传导的控制方程完全相同，只要把式（9.10）中的压力 p 类比成温度 T 即可。而温度 T 在 ABAQUS 的用户材料子程序中是可以得到的，并且可以进行更新。因此，我们可以用温度 T 来代替压力 p，于是 Biot 本构关系就可以看成含有热行为的弹性本构关系。由此可知，只用用户子程序 UMAT 是不够的，还需要用户子程序 UMATHT 来写入扩散方程的相关系数。

对压力 p 求解的困难主要来自热源项。前面为了描述和类比方便，将式（9.9）的右端项整体看作热源，现在需要考虑在程序中怎样计算该热源项。首先，考虑无体积力的情形，上面的热源项可以简化为如下表达式：

$$S = -\alpha M \frac{\partial u_{i,i}}{\partial t} + M\gamma \tag{9.11}$$

由于 α、M、γ 都是常数，因此我们主要考虑怎样处理 $\partial u_{i,i}/\partial t$。$u_{i,i}$ 是体积应变，可以通过应变求和得到。将式（9.11）离散 $\Delta u_{i,i}/\Delta t$，这样就可以求得该离散的表达式值，从而可以得到热源的值。

由于将压力 p 看作温度 T 来进行分析，因此在验证和求解时，模型中要有温度这个自由度（11 号自由度），故要将分析类型选择力热耦合分析类型，即 couple temp-displacement 分析步。

9.2.2 应力更新的方式

在 Biot 本构模型中，与应力相关的控制方程如下：

$$\sigma_{ij} = 2G\epsilon_{ij} + \lambda\epsilon_{kk}\delta_{ij} - \alpha p\delta_{ij} \tag{9.12}$$

对式（9.12）在时间上进行离散，得到增量形式的本构方程（后续将根据它进行应力更新），公式如下：

$$\Delta\sigma_{ij} = 2G\Delta\epsilon_{ij} + \lambda\,\Delta\epsilon_{kk}\delta_{ij} - \alpha\,\Delta p\,\delta_{ij} \tag{9.13}$$

由式（9.13）可以得到弹性刚度矩阵 **DDSDDE** 和 **DDSDDT** 的表达式，分别如下：

$$\boldsymbol{DDSDDE} = \begin{bmatrix} \lambda+2G & \lambda & \lambda & 0 & 0 & 0 \\ \lambda & \lambda+2G & \lambda & 0 & 0 & 0 \\ \lambda & \lambda & \lambda+2G & 0 & 0 & 0 \\ 0 & 0 & 0 & G & 0 & 0 \\ 0 & 0 & 0 & 0 & G & 0 \\ 0 & 0 & 0 & 0 & 0 & G \end{bmatrix} \tag{9.14}$$

$$\boldsymbol{DDSDDT} = \begin{bmatrix} -\alpha & -\alpha & -\alpha & 0 & 0 & 0 \end{bmatrix}^{\mathrm{T}} \tag{9.15}$$

9.2.3 UMAT 程序流程和应力更新

Biot 本构方程的用户子程序 UMAT 的整体计算流程如图 9.1 所示。

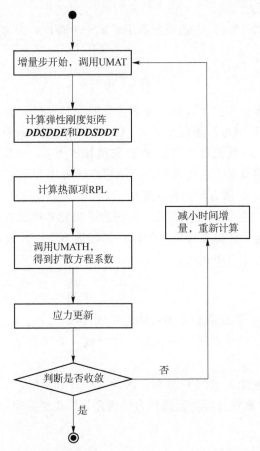

图 9.1 Biot 本构模型在 ABAQUS 的 UMAT 中实现的程序流程

如果在分析过程中某个迭代步的计算出现了不收敛，ABAQUS 就会自动减小时间增量，重新进行计算，直至程序收敛。

材料参数和变量 PROPS 的对应关系见表 9.1，其中，具体数值选用了 Ruhr sandstone 岩石的材料参数[59]。

表 9.1 Biot 本构的材料参数和变量 PROPS 的对应关系

PROPS	(1)	(2)	(3)	(4)	(5)	(6)	(7)
参数符号	G	ν	α	K	K_u	k	μ
变量名称	剪切模量	泊松比	Biot 系数	体积模量	"不排水" 体积模量	渗透系数	黏性系数
参数的值	1.3×10^{10}	0.12	0.65	1.3×10^{10}	3.0×10^{10}	0.2	1.0×10^{-3}

编程中涉及的其他材料常数可以通过上面的材料常数表求得，如 M、γ、κ 可以由以下公式计算：

$$M = \frac{K_u - K}{\alpha^2}, \quad \gamma = \frac{1}{M} - \frac{\alpha(1-\alpha)}{K}, \quad \kappa = \frac{k}{\mu} \tag{9.16}$$

全场孔隙压力的控制方程（扩散方程）为

$$\frac{\partial p}{\partial t} - \kappa M \nabla^2 p = -\alpha M \frac{\partial u_{i,i}}{\partial t} + M(\gamma - \kappa f_{i,i}) \tag{9.17}$$

编程实现中的一些其他处理和约定如下：

（1）不考虑体积力的作用。

（2）扩散方程（式（9.17））的系数 κM 通过用户子程序 UMATHT 实现。

（3）扩散方程（式（9.17））的右端项 $\partial u_{i,i}/\partial t$ 的处理如下：

$$\frac{\partial u_{i,i}}{\partial t} = \frac{\sum_{j=1}^{3} \text{DSTRAN}j}{\text{DTIME}} \tag{9.18}$$

（4）扩散方程（式（9.17））左端项的系数可以类比热扩散方程进行处理，一般的热扩散方程的表达式如下：

$$\frac{\partial T}{\partial t} = \frac{\lambda}{\rho c} \nabla^2 T + S \tag{9.19}$$

类比式（9.17）和式（9.19），可以得到对应的类比系数的关系，具体如下：

$$\lambda \sim \kappa, \quad \rho c \sim \frac{1}{M} \tag{9.20}$$

实现上述过程和算法的具体的用户子程序 UMAT 的代码如下：

```
1   !通过用户子程序 UMAT 实现 Biot 本构的代码
2       SUBROUTINE UMAT(STRESS,STATEV,DDSDDE,SSE,SPD,SCD,          &
3       RPL,DDSDDT,DRPLDE,DRPLDT,                                  &
4       STRAN,DSTRAN,TIME,DTIME,TEMP,DTEMP,PREDEF,DPRED,CMNAME,    &
5       NDI,NSHR,NTENS,NSTATV,PROPS,NPROPS,COORDS,DROT,PNEWDT,     &
6       CELENT,DFGRD0,DFGRD1,NOEL,NPT,LAYER,KSPT,KSTEP,KINC)
7       INCLUDE 'ABA_PARAM.INC'
8       CHARACTER * 80 CMNAME
9       DIMENSION STRESS(NTENS),STATEV(NSTATV),                    &
10      DDSDDE(NTENS,NTENS),DDSDDT(NTENS),DRPLDE(NTENS),           &
11      STRAN(NTENS),DSTRAN(NTENS),TIME(2),PREDEF(1),DPRED(1),     &
12      PROPS(NPROPS),COORDS(3),DROT(3,3),DFGRD0(3,3),DFGRD1(3,3)
13      DIMENSION DSTRESS(NTENS)
14
15      !读取材料常数
16      G = PROPS(1)
17      v = PROPS(2)
18      alpha = PROPS(3)
19      K = PROPS(4)
20      Ku = PROPS(5)
21      xk = PROPS(6)
22      nu = PROPS(7)
23
```

```
24        ! 计算其他的材料常数
25        E = 2 * G * (1 + v)
26        lamda = v * E/(1. + v)/(1. -2. * v)
27        M = (Ku-K)/(alpha ** 2)
28        gama = 1/M-alpha * (1-alpha)/K
29        kapa = xk/nu
30
31        ! 计算 DDSDDT
32        DDSDDT = 0
33        DDSDDT(1) = alpha
34        DDSDDT(2) = alpha
35        DDSDDT(3) = alpha
36
37        ! 计算 DDSDDE
38        DDSDDE = 0
39        do i = 1, NDI
40          do j = 1, NDI
41              DDSDDE(i, j) = lamda
42          end do
43          DDSDDE(i, i) = lamda + 2 * G
44        end do
45        do i = ndi + 1, NTENS
46          DDSDDE(i, i) = G
47        end do
48
49        ! 计算热源项
50        RPL = -alpha * M * sum(DSTRAN(1:NDI))/DTIME + M * gama
51
52        ! 应力更新
53        DSTRESS = MATMUL(DDSDDE, DSTRAN)
54        do i = 1, NDI
55          DSTRESS(i) = DSTRESS(i) - alpha * DTEMP
56        end do
57        STRESS = STRESS + DSTRESS
58        END SUBROUTINE
59
60        ! 含有热行为的材料子程序
61        SUBROUTINE UMATHT(U, DUDT, DUDG, FLUX, DFDT, DFDG,                      &
62        STATEV, TEMP, DTEMP, DTEMDX, TIME, DTIME, PREDEF, DPRED,               &
63        CMNAME, NTGRD, NSTATV, PROPS, NPROPS, COORDS, PNEWDT,                  &
```

```
64          NOEL,NPT,LAYER,KSPT,KSTEP,KINC)
65          INCLUDE 'ABA_PARAM.INC'
66          CHARACTER * 80 CMNAME
67          DIMENSION DUDG(NTGRD),FLUX(NTGRD),DFDT(NTGRD),                    &
68          DFDG(NTGRD,NTGRD),STATEV(NSTATV),DTEMDX(NTGRD),                  &
69          TIME(2),PREDEF(1),DPRED(1),PROPS(NPROPS),COORDS(3)
70
71          ! 读取材料常数
72          alpha = PROPS(3)
73          K = PROPS(4)
74          Ku = PROPS(5)
75          xk = PROPS(6)
76          nu = PROPS(7)
77
78          ! 计算其他材料常数
79          M = (Ku-K)/(alpha ** 2)
80          kapa = xk/nu
81          COND = kapa
82          SPECHT = 1./M
83
84          ! 定义热扩散方程的系数
85          DUDT = SPECHT
86          DU = DUDT * DTEMP
87          U = U + DU
88          DO I = 1, NTGRD
89              FLUX(I) = -COND * DTEMDX(I)
90              DFDG(I,I) = -COND
91          END DO
92          END SUBROUTINE
```

9.2.4　联合使用用户子程序 UMAT 和 UMATHT

如果想在一个模型中同时使用用户子程序 UMAT 和 UMATHT，那么 inp 文件中要同时进行声明，可以采用关键字 * User Material 进行声明，并同时声明 Mechanical 和 Thermal 的材料参数，这样两个用户子程序才会都被调用。声明的 inp 文件语句如下：

```
1 *Material, name = Material-1
2 *User Material, constants = 7, type = MECHANICAL
3  1.3e + 10,     0.12,     0.65, 1.3e + 10,     3e + 10,     0.2, 0.00101
4 *User Material, constants = 7, type = THERMAL
5  1.3e + 10,     0.12,     0.65, 1.3e + 10,     3e + 10,     0.2, 0.00101
```

在 Abaqus/CAE 中，这两种类型的用户自定义材料参数可以分别被定义，如图 9.2 和图 9.3 所示。在新版的 ABAQUS 中（如 ABAQUS 2017 及之后的版本），这两个参数在界面中可以同时进行设置，其设置方法如图 9.4 所示。

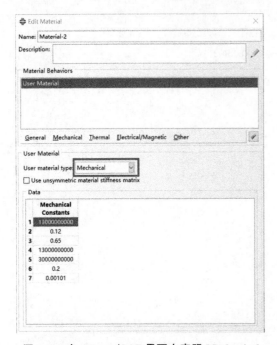

| 图 9.2　在 Abaqus/CAE 界面中声明 Mechanical 材料参数的界面 | 图 9.3　在 Abaqus/CAE 界面中声明 Thermal 材料参数的界面 |

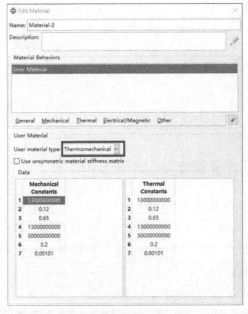

图 9.4　在 Abaqus/CAE 界面中同时声明 Mechanical 和 Thermal 材料参数的界面

注意：在 ABAQUS 2017 版本之前，这两个参数不能在 Abaqus/CAE 界面中同时被定义，所以不能只通过 CAE 界面就定义好同时使用这两个用户子程序，最终还要修改生成的 inp 文件。建议用户先在 Abaqus/CAE 界面中定义两种材料（分别采用这两种类型之一定义），输出 inp 文件后，再手动修改，将两种材料的定义合并成一种即可。

9.3　圆柱形井眼问题的应用

9.3.1　圆柱形井眼问题的解析解

为了对上面的程序进行验证，我们考虑一个简单的问题——圆柱形井眼问题[60,61]，可将其看成一个平面应变轴对称问题，得到它加载瞬时的解和无穷大时间（$t \rightarrow \infty$）的解。圆柱形井眼的问题描述如图 9.5 所示[57]。

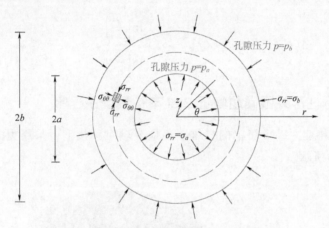

图 9.5　圆柱形井眼问题示意图（书后附彩插）

圆柱形井眼问题的控制方程是二维平面应力轴对称问题的控制方程，如下：

$$c \nabla^2 \left[\sigma_{11} + \sigma_{22} + \frac{3}{B(1+\nu_u)} p \right] = \frac{\partial}{\partial t} \left[\sigma_{11} + \sigma_{22} + \frac{3}{B(1+\nu_u)} p \right] \tag{9.21}$$

式（9.21）是以应力为变量的平衡方程，建立极坐标系，采用复变函数解法，极坐标下的应力分量可以表示如下：

$$\frac{1}{2}(\sigma_{rr} + \sigma_{\theta\theta}) = \Phi(z,t) + \bar{\Phi}(\bar{z},t) - \eta p(r,t)$$

$$\frac{1}{2}(\sigma_{\theta\theta} - \sigma_{rr}) + \mathrm{i}\sigma_{r\theta} = \frac{1}{r^2} \left[\bar{z}z^2 \frac{\partial \Phi(z,t)}{\partial z} + z^2 \Psi(z,t) - \eta \int_a^r \rho^2 \frac{\partial p(\rho,t)}{\partial \rho} \mathrm{d}\rho \right] \tag{9.22}$$

根据图 9.5，可以得到圆柱形井眼问题的边界条件：

$$\begin{cases} \sigma_{rr}(a,t) = \sigma_a, & p(a,t) = p_a \\ \sigma_{rr}(b,t) = \sigma_b, & p(b,t) = p_b \end{cases} \tag{9.23}$$

用复变函数解法进行求解，可以得到化简后的控制方程：

$$c \nabla^2 p = \frac{\partial p}{\partial t} + \frac{2(\nu_u - \nu)}{\eta(1-\nu_u)} \frac{\mathrm{d}C(t)}{\mathrm{d}t} \tag{9.24}$$

然而，至此还是无法在理论上求解这个控制方程和边界条件所对应的定解问题，只能得到一些特殊情况下的解。下面分别给出圆柱形井眼问题在 $t=0^+$ 时的解（短时解）和 $t=\infty$ 时的解（长时解）。通过这两个解析解来验证程序的正确性和有效性。

圆柱形井眼问题的短时解（$t=0^+$）如下：

$$\sigma_{rr}(r,0^+)=\frac{b^2\sigma_b-a^2\sigma_a}{b^2-a^2}\left(1-\frac{a^2}{r^2}\right)+\frac{a^2\sigma_a}{r^2} \tag{9.25}$$

$$\sigma_{\theta\theta}(r,0^+)=\frac{b^2\sigma_b-a^2\sigma_a}{b^2-a^2}\left(1+\frac{a^2}{r^2}\right)-\frac{a^2\sigma_a}{r^2} \tag{9.26}$$

$$p(r,0^+)=-\frac{\nu_u-\nu}{\eta(1-\nu)}\frac{b^2\sigma_b-a^2\sigma_a}{b^2-a^2} \tag{9.27}$$

另外，还可以求出无穷大时间之后圆柱形井眼问题的解析解（长时解，$t=\infty$），这里只给出了压力 p 的解，如下：

$$p(r,\infty)=p_b+(p_a-p_b)\frac{\ln\left(\dfrac{b}{r}\right)}{\ln\left(\dfrac{b}{a}\right)},\quad a\leqslant r\leqslant b \tag{9.28}$$

9.3.2　用圆柱形井眼问题验证 Biot 本构模型子程序

在 ABAQUS 中建立一个简单的二维平面应变轴对称模型，采用力热耦合过程进行分析，模型如图 9.6 所示。

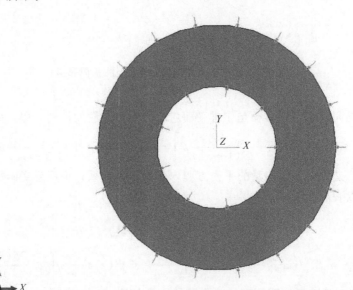

图 9.6　圆柱形井眼问题在 Abaqus/CAE 中的建模（书后附彩插）

模型设置的具体描述如下：

边界条件：施加轴向应力和均匀的孔隙压力，内外筒的半径分别为 $r_a=1$、$r_b=2$。具体边界条件如下：

$$\begin{cases} \sigma_{rr}(a,t)=\sigma_a=50, \quad p(a,t)=p_a=100 \\ \sigma_{rr}(b,t)=\sigma_b=100, \quad p(b,t)=p_b=50 \end{cases}$$

(9.29)

引入 ABAQUS 用户材料子程序来模拟井眼周围的材料，模拟得到的最终的井眼周围的应力和孔隙压力分布如图 9.7 所示。

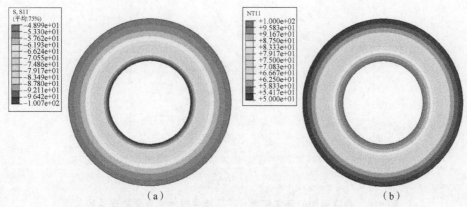

图 9.7   井眼周围径向应力和温度（即孔隙压力）的分布（书后附彩插）
（a）径向应力分布；（b）温度（即孔隙压力）分布

由于已经得到圆柱形井眼问题的短时解和长时解，因此作出沿圆柱形井眼的径向应力和温度分布。其中，应力分布是 0^+ 时刻的，温度分布是 $t=\infty$ 时刻的。但是，在数值模拟中不可能计算无穷长时间来达到这种极限。因此，在数值模拟结果中，0^+ 时刻是分析开始的第一个分析步，$t=\infty$ 时刻是经过一个较长的时间后，分析达到稳定的时刻。这里的稳定也是相对的，分析经过 10 s，温度（即孔隙压力）基本达到稳定，认为此时即 $t=\infty$ 时刻。数值模拟结果和理论模型解析解的比较如图 9.8～图 9.10 所示。

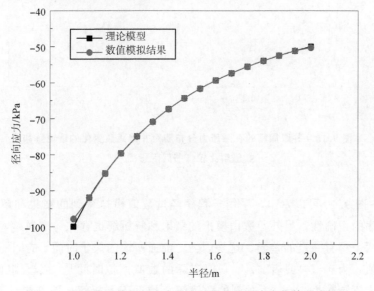

图 9.8   井眼周围的径向应力分布随距井眼距离变化的理论解和
数值解比较（书后附彩插）

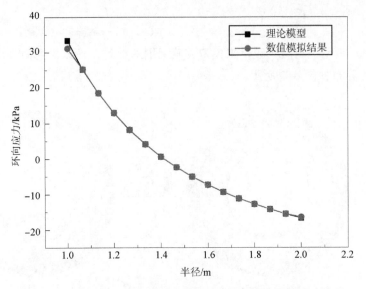

图 9.9 井眼周围的环向应力分布随距井眼距离变化的理论解和
数值解比较（书后附彩插）

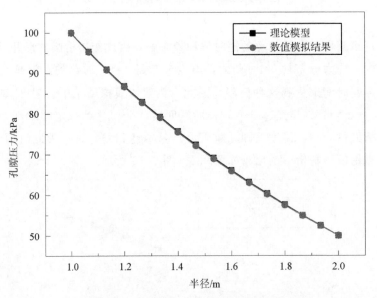

图 9.10 井眼周围的孔隙压力分布随距井眼距离变化的理论解和
数值解比较（书后附彩插）

从图 9.8～图 9.10 可以看出，采用子程序经过数值模拟得到的结果和解析解吻合得很好，验证了程序的正确性。另外，数值模拟的结果和解析解也存在一定误差，特别是在内外径的边界处，两个解有一定的差异。这是因为，前面所说的关于时间 t 的问题，解析解的时间是一个极限值，为 $t=0^+$ 或者 $t=\infty$，但实际的数值模拟时间是一个有限值。可以想象，随着时间增量步逐渐减小，$t=0^+$ 时刻的数值解会趋近于解析解；而如果计算时间足够长，那么 $t=\infty$ 时刻的数值解就会趋近于解析解。

第 10 章

热弹性相场法求解耦合断裂问题

在实际工程中，材料在热冲击载荷下的断裂是一个普遍现象，如冷水中的热陶瓷片[62]、多孔氧化铝毛细管的热冲击[63]和发动机叶片的瞬时热启动[64]。热冲击通常发生在短时间内，并伴随着瞬时温度变化，导致脆性材料的体积变化和应力分布不均匀。材料的断裂和大量裂纹可能是热冲击应力的严重后果。由于惯性效应和复杂的热力耦合，动态热冲击断裂机理非常复杂[65]，因此数值方法在断裂分析中起着重要作用。边界元法（BEM）[66]、非局部损伤模型[67]和基于损伤力学的模型[68]被用于在淬火试验中再现多个裂纹模式。此外，扩展的有限元方法（XFEM）[69,70]被用于研究热冲击载荷下的热应力演化和动态裂纹扩展。然而，这些数值模型在模拟复杂的动态裂纹扩展方面仍有局限性。

相场法是近年来受到广泛关注的一种方法，它基于 Griffith 弹性断裂力学的基本理论[71]，可以模拟裂纹的任意扩展、分支和收敛。与其他数值方法（如 XFEM[72]）不同，相场法不需要额外的不连续性。相反，裂纹的分布由一个相场变量近似，该变量平滑了小区域内的裂纹边界[73,74]。采用相场变量的主要优点是，裂缝表面的演化遵循耦合偏微分方程（PDE）的解，因此无须额外跟踪裂纹表面[75,76]。这种裂纹表面的描述方法与许多离散断裂模型的复杂性形成鲜明对比，尤其有利于三维复杂断裂网络[77]。

为了研究热弹性固体中多场耦合脆性断裂问题的动态演化，本章提出了一种 Abaqus/Explicit 多场耦合相场模型的全功能实现方法，并通过几个典型的算例验证了算法的有效性和实用性。此外，对于其他多场耦合问题，如锂电池的机械-化学耦合断裂[78]、多孔介质的断裂[79,80]和热弹塑性耦合断裂及绝热剪切带问题[81,82]，本章的方法可以很容易地进一步开发以应用，所提出的并行框架可以更有效地解决各种耦合断裂问题。

10.1 热力耦合相场法的理论框架

10.1.1 热弹脆性断裂问题的变分格式

如图 10.1 所示，考虑具有外部边界 $\partial\Omega$ 的各向同性热弹性固体 Ω 在一段时间（$0 \sim t_a$）内的变形、断裂和温度场的演化过程。这里，$\delta \in [1,2,3]$，是维度。令 $\partial\Omega_t$、$\partial\Omega_u$、$\partial\Omega_J$、$\partial\Omega_\theta$ 分别是力、位移、热流和温度的边界，并且满足如下条件：$\partial\Omega_t \bigcup \partial\Omega_u = \partial\Omega$，$\partial\Omega_t \bigcap \partial\Omega_u = \varnothing$ 和 $\partial\Omega_J \bigcup \partial\Omega_\theta = \partial\Omega$，$\partial\Omega_J \bigcap \partial\Omega_\theta = \varnothing$。令 $\bar{t}$：$\partial\Omega_t \times [0, t_a] \to \mathbf{R}^\delta$ 和 $\bar{u}$：$\partial\Omega_u \times [0, t_a] \to \mathbf{R}^\delta$ 是给定的力和位移边界条件，$\bar{\theta}$：$\partial\Omega_\theta \times [0, t_a] \to \mathbf{R}^1$ 和 $\bar{J}$：$\partial\Omega_J \times [0, t_a] \to \mathbf{R}^1$ 是给

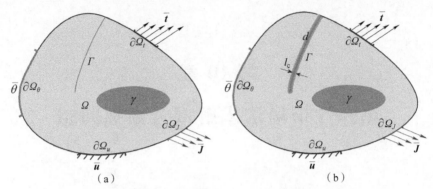

图 10.1 热弹脆性断裂问题的变形构型下的描述（书后附彩插）

(a) 不连续面的尖锐表示；(b) 不连续面的弥散表示

定的温度和热流边界条件。

根据文献 [83,84]，热弹性固体的脆性断裂涉及为下面的问题找到鞍点：

$$S[\boldsymbol{u},\dot{\boldsymbol{u}},\theta,\Gamma]:=\int_0^{t_a} L[\boldsymbol{u},\dot{\boldsymbol{u}},\theta,\Gamma]\mathrm{d}t \tag{10.1}$$

对于所有的 $\boldsymbol{u}:=\Omega\times[0,t_a]\to\mathbf{R}^\delta$ 和 $\theta:=\Omega\times[0,t_a]\to\mathbf{R}^1$，需要满足如下 Dirichlet 边界条件：

$$\boldsymbol{u}=\bar{\boldsymbol{u}},\quad \partial\Omega_u\times[0,t_a] \tag{10.2a}$$

$$\theta=\bar{\theta},\quad \partial\Omega_\theta\times[0,t_a] \tag{10.2b}$$

拉格朗日 L 定义如下：

$$L[\boldsymbol{u},\dot{\boldsymbol{u}},\theta,\Gamma]:=\int_{\Omega/\Gamma}\left(\frac{1}{2}\rho\dot{\boldsymbol{u}}\cdot\dot{\boldsymbol{u}}-\psi_0(\boldsymbol{\varepsilon}^e(\boldsymbol{u},\theta))+\rho\boldsymbol{b}\cdot\boldsymbol{u}+\rho c\dot{\theta}+\nabla\cdot\boldsymbol{J}-\gamma\right)\mathrm{d}V+$$

$$\int_{\partial\Omega_t}\bar{\boldsymbol{t}}\cdot\boldsymbol{u}\,\mathrm{d}\Gamma+\int_{\partial\Omega_J}\bar{\boldsymbol{J}}\cdot\boldsymbol{n}\,\mathrm{d}\Gamma-g_c|\Gamma| \tag{10.3}$$

式中，ρ——材料的密度；

b——单位质量的体力；

c——比热；

γ——单位体积的热源；

g_c——临界能量释放率；

Γ——图 10.1（a）所示的一组不连续面；

$|\Gamma|$——Γ 的长度。

$\psi_0(\boldsymbol{\varepsilon}^e(\boldsymbol{u},\theta))$——弹性应变能密度，$\psi_0(\boldsymbol{\varepsilon}^e(\boldsymbol{u},\theta)):=\dfrac{\lambda}{2}(\mathrm{tr}\,\boldsymbol{\varepsilon}^e)^2+\mu\parallel\boldsymbol{\varepsilon}^e\parallel^2$，取决于弹

性应变：

$$\boldsymbol{\varepsilon}^e=\boldsymbol{\varepsilon}-\boldsymbol{\varepsilon}^\theta \tag{10.4}$$

式中，λ,μ——拉梅常数；

$\boldsymbol{\varepsilon}$——总应变，定义如下：

$$\boldsymbol{\varepsilon}:=\frac{1}{2}(\nabla\boldsymbol{u}+\nabla\boldsymbol{u}^{\mathrm{T}}) \tag{10.5}$$

$\boldsymbol{\varepsilon}^\theta$——热应变张量，它与温差成正比：

$$\boldsymbol{\varepsilon}^{\theta} := \alpha_{\theta} \Delta \theta \boldsymbol{I} \tag{10.6}$$

式中，α_{θ}——材料的热膨胀系数；

$\boldsymbol{I}$——恒等张量。

10.1.2 弥散裂纹的相场描述

在相场法中，通过引入相场变量 $d: \Omega \to [0,1]$ 来描述材料的失效。特别是，$d=0$ 和 $d=1$ 的区域对应于材料的未破碎和完全破碎状态。因此，裂纹表面是弥散的，如图 10.1 (b) 所示。令：

$$\mathcal{T}^{u} := \{\boldsymbol{u} \in H^{1}(\Omega; \mathbf{R}^{\delta}) \times [0, t_{a}] \mid \boldsymbol{u}(\cdot, t) = \bar{\boldsymbol{u}}(\cdot, t), \partial \Omega_{u}\} \tag{10.7a}$$

$$\mathcal{T}^{\theta} := \{\theta \in H^{1}(\Omega; \mathbf{R}^{1}) \times [0, t_{a}] \mid \theta(\cdot, t) = \bar{\theta}(\cdot, t), \partial \Omega_{\theta}\} \tag{10.7b}$$

$$\mathcal{T}^{d} := \{d \in H^{1}(\Omega; [0,1]) \times [0, t_{a}]\} \tag{10.7c}$$

正则化的变分公式为：找到 $(\boldsymbol{u}, \theta, d) \in \mathcal{T}^{u} \times \mathcal{T}^{\theta} \times \mathcal{T}^{d}$，它是 $S_{l_{c}}[\boldsymbol{u}, \dot{\boldsymbol{u}}, \theta, \Gamma] := \int_{0}^{t_{a}} L_{l_{c}}[\boldsymbol{u}, \dot{\boldsymbol{u}}, \theta,$ $\Gamma] \mathrm{d}t$ 的鞍点，具有

$$L_{l_{c}}[\boldsymbol{u}, \dot{\boldsymbol{u}}, \theta, \Gamma] := \int_{\Omega} \left\{ \frac{1}{2} \rho \ddot{\boldsymbol{u}} \cdot \ddot{\boldsymbol{u}} - \psi(\boldsymbol{\varepsilon}^{e}, d) + \rho \boldsymbol{b} \cdot \boldsymbol{u} + \rho c \dot{\theta} + \nabla \cdot \boldsymbol{J} - \gamma \right\} \mathrm{d}V +$$
$$\int_{\partial \Omega_{t}} \bar{\boldsymbol{t}} \cdot \boldsymbol{u} \mathrm{d}\Gamma + \int_{\partial \Omega_{J}} \bar{\boldsymbol{J}} \cdot \boldsymbol{n} \mathrm{d}\Gamma - g_{c} \int_{\Omega} \left(\frac{d^{2}}{2l_{c}} + \frac{l_{c}}{2} \| \nabla d \|^{2} \right) \mathrm{d}V \tag{10.8}$$

式中，l_{c}——一个长度尺度参数，可以理解为特征裂纹宽度，当 $l_{c} \to 0$ 时，上述正则化公式收敛到具有尖锐裂纹表示的公式；

$\psi(\boldsymbol{\varepsilon}^{e}, d)$——通过相场变量进行退化的应变能密度，如果 $d_{1} < d_{2}$，则有 $\psi(\boldsymbol{\varepsilon}^{e}, d=0) = \psi_{0}(\boldsymbol{\varepsilon}^{e})$ 和 $\psi(\boldsymbol{\varepsilon}^{e}, d_{1}) \geqslant \psi(\boldsymbol{\varepsilon}^{e}, d_{2})$。

边值问题的强形式可由式（10.8）导出，公式如下：

$$\operatorname{div} \boldsymbol{\sigma} + \rho \boldsymbol{b} = \rho \ddot{\boldsymbol{u}}, \quad \Omega \times [0, t_{a}] \tag{10.9a}$$

$$\rho c \dot{\theta} + \nabla \cdot \boldsymbol{J} = \gamma, \quad \Omega \times [0, t_{a}] \tag{10.9b}$$

$$-\frac{\partial \psi}{\partial d} - \frac{g_{c}}{l_{c}}(d - l_{c} \Delta d) = 0, \quad \Omega \times [0, t_{a}] \tag{10.9c}$$

$$\boldsymbol{\sigma} \cdot \boldsymbol{n} = \bar{\boldsymbol{t}}, \quad \partial \Omega_{t} \times [0, t_{a}] \tag{10.9d}$$

$$\boldsymbol{J} \cdot \boldsymbol{n} = \bar{\boldsymbol{J}}, \quad \partial \Omega_{J} \times [0, t_{a}] \tag{10.9e}$$

$$\frac{\partial d}{\partial n} = 0, \quad \partial \Omega \times [0, t_{a}] \tag{10.9f}$$

式中，$\boldsymbol{\sigma}$——柯西应力，$\boldsymbol{\sigma} = \boldsymbol{\sigma}(\boldsymbol{\varepsilon}^{e}, d) := \frac{\partial \psi}{\partial \boldsymbol{\varepsilon}^{e}}$。

$\boldsymbol{n}$——$\partial \Omega$ 的单位外法线方向矢量。

式（10.9a）～式（10.9c）分别是固体的动量守恒方程、温度的演化方程和相场的演化方程，式（10.9d）～式（10.9f）分别是位移、温度和相场的 Neumann 边界条件。

假设热通量 $\boldsymbol{J}$ 与温度梯度成正比，热传导率 k 也因相场变量 d 而降低，以确保裂纹表面没有热通量：

$$J = -k \cdot \nabla\theta, \quad k = (1-d)^2 k_0 \tag{10.10}$$

式中，k_0——未损坏材料的固有导热系数。

10.1.3 率依赖的相场演化方程

为了采用显式时间积分，根据文献 [65, 83, 85]，将式（10.9c）替换为与时间相关的形式：

$$\dot{d} = \begin{cases} \dfrac{1}{\eta} \left\langle -\dfrac{\partial\psi}{\partial d} - \dfrac{g_c}{l_c}(d - l_c\Delta d) \right\rangle_+, & d < 1 \\ 0, & \text{其他} \end{cases} \tag{10.11}$$

式中，η——控制相场演化的黏性参数。对于任意变量 $a \in \mathbf{R}$ 都有 $\langle a \rangle_\pm := (a \pm |a|)/2$。

本节中求解的问题的初始条件可以表示为

$$u(\cdot, 0) = u_0, \quad \dot{u}(\cdot, 0) = v_0, \quad \theta(\cdot, 0) = \theta_0, \quad d(\cdot, 0) = d_0 \tag{10.12}$$

式中，u_0, v_0, θ_0, d_0——初始的位移、速度、温度和相场变量。

10.1.4 三种不同的能量分解模型

对于脆性断裂的相场模拟，可以选择不同的弹性应变能密度函数，对应不同的能量分解和退化模式。这里主要回顾和讨论三种常见的方法。本书中介绍了三种相场模型的应变分解模型，并对这三种应变分解模型进行了简要的讨论。

模型 A：该应变分解模型假设所有变形（包括体积膨胀、偏差变形和体积压缩）都有助于相场演化和裂纹扩展。因此，不必分解弹性应变 $\boldsymbol{\varepsilon}^e$。

模型 B：该应变分解模型假设体积膨胀和偏变形有助于相场演化和裂纹扩展，而体积压缩没有贡献。有必要将弹性应变 $\boldsymbol{\varepsilon}^e$ 分解为体积部分 $\mathrm{vol}\,\boldsymbol{\varepsilon}^e$ 和偏斜部分 $\mathrm{dev}\,\boldsymbol{\varepsilon}^e$：

$$\begin{cases} \mathrm{vol}\,\boldsymbol{\varepsilon}^e := \dfrac{1}{3}(\mathrm{tr}\,\boldsymbol{\varepsilon}^e)\mathbf{1} \\ \mathrm{dev}\,\boldsymbol{\varepsilon}^e := \boldsymbol{\varepsilon}^e - \mathrm{vol}\,\boldsymbol{\varepsilon}^e \end{cases} \tag{10.13}$$

模型 C：该应变分解模型假设只有纯拉伸载荷（拉伸和体积膨胀）有助于相场演化和裂纹扩展。它涉及应变的谱分解，从而可以得到三个主应变 $\varepsilon_i^e (i = 1, 2, 3)$ 和它们的主方向 $\boldsymbol{n}_{i(j)}(i(j) = 1, 2, 3)$：

$$\boldsymbol{\varepsilon}^e \boldsymbol{n}_i = \varepsilon_i^e \boldsymbol{n}_i, \quad \boldsymbol{n}_i \cdot \boldsymbol{n}_j = \delta_{ij} \tag{10.14}$$

式中，两个相同的下标 i 不代表求和。

它们的弹性应变能密度函数具有以下一般形式：

$$\psi(\boldsymbol{\varepsilon}^e, d) = (1-d)^2 \psi_+(\boldsymbol{\varepsilon}^e) + \psi_-(\boldsymbol{\varepsilon}^e) \tag{10.15}$$

式中，$\psi_+(\boldsymbol{\varepsilon}^e)$ 和 $\psi_-(\boldsymbol{\varepsilon}^e)$ 满足 $\psi_+(\boldsymbol{\varepsilon}^e) + \psi_-(\boldsymbol{\varepsilon}^e) = \psi_0(\boldsymbol{\varepsilon}^e)$。对于三种不同的模型，$\psi_+(\boldsymbol{\varepsilon}^e)$ 和 $\psi_-(\boldsymbol{\varepsilon}^e)$ 的表达式见表 10.1。

表 10.1　模拟裂纹扩展的相场模型应变能密度分解的三种不同表达式[83]

模型	$\psi_+(\boldsymbol{\varepsilon}^e)$	$\psi_-(\boldsymbol{\varepsilon}^e)$
A	$\psi_0(\boldsymbol{\varepsilon}^e)$	0

续表

模型	$\psi_+(\boldsymbol{\varepsilon}^e)$	$\psi_-(\boldsymbol{\varepsilon}^e)$
B	$(\lambda/2+\mu/3)\langle\mathrm{tr}\,\boldsymbol{\varepsilon}^e\rangle_+^2+\mu\parallel\mathrm{dev}\,\boldsymbol{\varepsilon}^e\parallel^2$	$(\lambda/2+\mu/3)\langle\mathrm{tr}\,\boldsymbol{\varepsilon}^e\rangle_-^2$
C	$(\lambda/2)\langle\mathrm{tr}\,\boldsymbol{\varepsilon}^e\rangle_+^2+\mu\sum_{i=1}^{3}\langle\varepsilon_i^e\rangle_+^2$	$(\lambda/2)\langle\mathrm{tr}\,\boldsymbol{\varepsilon}^e\rangle_-^2+\mu\sum_{i=1}^{3}\langle\varepsilon_i^e\rangle_-^2$

值得注意的是，文献 [33,78] 在 $(1-d)^2\psi_+(\boldsymbol{\varepsilon}^e)$ 中增加了一个小的数 s，满足 $0<s\ll1$ 和 $s=o(l)$，以解决该文献中由完全断裂引起的刚度矩阵奇异性。也就是说，式中的 $(1-d)^2$ 被替换为 $[(1-d)^2+s]$。在本节的相场模型中，不需要引入这样的附加参数，因为我们采用了完全显式的时间积分方法，不需要对刚度矩阵求逆。

通过应变能密度函数的表达式，可以得到相应的应力应变关系：

$$\boldsymbol{\sigma}(\boldsymbol{\varepsilon}^e,d)=\frac{\partial\psi}{\partial\boldsymbol{\varepsilon}^e}=(1-d)^2\frac{\partial\psi_+}{\partial\boldsymbol{\varepsilon}^e}+\frac{\partial\psi_-}{\partial\boldsymbol{\varepsilon}^e} \tag{10.16}$$

由式（10.14）得到的三个相场模型的应力应变关系如表 10.2 所示。

表 10.2　模拟裂纹扩展的三种不同相场模型的应力应变关系[83]

模型	$\partial\psi_+/\partial\boldsymbol{\varepsilon}^e$	$\partial\psi_-/\partial\boldsymbol{\varepsilon}^e$
A	$\lambda(\mathrm{tr}\,\boldsymbol{\varepsilon}^e)\mathbf{1}+2\mu\boldsymbol{\varepsilon}^e$	0
B	$(\lambda+2\mu/3)\langle\mathrm{tr}\,\boldsymbol{\varepsilon}^e\rangle_+\mathbf{1}+2\mu\cdot\mathrm{dev}\,\boldsymbol{\varepsilon}^e$	$(\lambda+2\mu/3)\langle\mathrm{tr}\,\boldsymbol{\varepsilon}^e\rangle_-\mathbf{1}$
C	$\lambda\langle\mathrm{tr}\,\boldsymbol{\varepsilon}^e\rangle_+\mathbf{1}+2\mu\sum_{i=1}^{3}\langle\varepsilon_i^e\rangle_+\boldsymbol{n}_i\otimes\boldsymbol{n}_i$	$\lambda\langle\mathrm{tr}\,\boldsymbol{\varepsilon}^e\rangle_-\mathbf{1}+2\mu\sum_{i=1}^{3}\langle\varepsilon_i^e\rangle_-\boldsymbol{n}_i\otimes\boldsymbol{n}_i$

表 10.2 中的公式要求对应变进行分解。

10.2　数值实现方法

为了在 Abaqus/Explicit 中实现相场法，本节首先用标准的有限元离散格式和显式积分算子对控制方程进行时空离散；然后，利用多个用户子程序实现相应的算法，包括 VUEL、VUMAT、USDFLD、VUFIELD、UEXTERNALDB 等，其中的核心是用户单元子程序 VUEL 和用户材料子程序 VUMAT。

10.2.1　空间离散 Galerkin 格式

通过网格族 $\{\mathcal{T}_h\}$ 对求解域 Ω 进行离散，其特征网格尺寸为 h。我们可以用标准的一阶有限元形函数来近似 $(\boldsymbol{u},\theta,d)$[86]：

$$\boldsymbol{u}^e(\boldsymbol{x},t)=\sum_{I=1}^{n}N_{uI}^e(\boldsymbol{x})\boldsymbol{u}_I^e(t) \tag{10.17a}$$

$$\theta^e(\boldsymbol{x},t)=\sum_{I=1}^{n}N_{\theta I}^e(\boldsymbol{x})\theta_I^e(t) \tag{10.17b}$$

$$d^e(\boldsymbol{x},t)=\sum_{I=1}^{n}N_{dI}^e(\boldsymbol{x})d_I^e(t) \tag{10.17c}$$

式中，u^e, θ^e, d^e —— 单元 e 的位移、温度和相场；

u_I^e, θ_I^e, d_I^e —— 单元 e 中节点 I 的位移、温度和相场变量；

n —— 单元中的节点数；

$N_{uI}^e, N_{\theta I}^e, N_{dI}^e$ —— 标准的有限元形函数[29]。

然后，利用标准 Galerkin 近似得到了具有相场演化问题的空间离散方程组，如下：

$$M\ddot{u} = F^{\text{ext}}(b, \bar{t}) - F^{\text{int}}(u, \theta, d) \tag{10.18a}$$

$$C_\theta \dot{\theta} = Q^{\text{ext}}(\gamma, \bar{J}) - Q^{\text{int}}(\theta, d) \tag{10.18b}$$

$$C_d \dot{d} = \langle Y(\mathcal{H}(u), d) \rangle_+ \tag{10.18c}$$

式中，$u = \{u^e\}$，$\theta = \{\theta^e\}$ 和 $d = \{d^e\}$ 是包含整个求解域中 u, θ 和 d 的时变节点自由度的位移、温度和相场变量矢量。

式（10.18a）中矩阵的显式表达式如下：

$$M = \mathop{A}_{e=1}^{N_e} \int_{\Omega^e} \rho N_u^{eT} N_u^e \, dV \tag{10.19a}$$

$$F^{\text{ext}} = \mathop{A}_{e=1}^{N_e} \int_{\Omega^e} \rho N_u^{eT} b \, dV + \mathop{A}_{e=1}^{N_s^t} \int_{\partial \Omega_t^e} N_u^{eT} \bar{t} \, d\Gamma \tag{10.19b}$$

$$F^{\text{int}} = \mathop{A}_{e=1}^{N_e} \int_{\Omega^e} B_u^{eT} \sigma \, dV = \mathop{A}_{e=1}^{N_e} \int_{\Omega^e} (1-d)^2 B_u^{eT} \widetilde{\sigma} \, dV \tag{10.19c}$$

$$C_\theta = \mathop{A}_{e=1}^{N_e} \int_{\Omega^e} \rho c N_\theta^{eT} \, dV \tag{10.19d}$$

$$Q^{\text{ext}} = \mathop{A}_{e=1}^{N_e} \int_{\Omega^e} N_\theta^{eT} \gamma \, dV + \mathop{A}_{e=1}^{N_s^J} \int_{\partial \Omega_{\mathcal{J}}} N_\theta^{eT} \bar{J} \, d\Gamma \tag{10.19e}$$

$$Q^{\text{int}} = \mathop{A}_{e=1}^{N_e} \int_{\Omega^e} B_\theta^{eT} K B_\theta^e \theta \, dV = \mathop{A}_{e=1}^{N_e} \int_{\Omega^e} (1-d)^2 B_\theta^{eT} K_0 B_\theta^e \theta \, dV \tag{10.19f}$$

$$C_d = \mathop{A}_{e=1}^{N_e} \int_{\Omega^e} \eta N_d^{eT} \, dV \tag{10.19g}$$

$$Y = - \mathop{A}_{e=1}^{N_e} \int_{\Omega^e} \left\{ \left[\frac{g_c}{l_c} d - 2(1-d)\mathcal{H} \right] N_d^{eT} + g_c l_c B_d^{eT} \nabla d \right\} dV \tag{10.19h}$$

式中，$\mathop{A}\limits_{e-1}^{N_e}$ —— 算符，表示经典有限元法（FEM）中单元的全局装配，N_e 是单元总数；

N_s^t, N_s^J —— 具有表面力和表面热流的表面单元数；

N_u^e, N_θ^e, N_d^e —— 有限元形函数的向量；

B_u^e, B_θ^e, B_d^e —— 形函数的空间导数[29]；

K —— 受损的传热系数矩阵，$K = \text{diag}\{k, k, k\}$；

K_0 —— 未受损物体的传热系数矩阵，$K_0 = \text{diag}\{k_0, k_0, k_0\}$；

d —— 相场变量，其局部梯度类似于：$\nabla d = B_d^e d$；

$\mathcal{H}$ —— 历史变量，定义为

$$\mathcal{H} = \begin{cases} \psi_+(\varepsilon^e), & \psi_+(\varepsilon^e) > \mathcal{H}_n \\ \mathcal{H}_n, & \text{其他} \end{cases} \tag{10.20}$$

式中，$\mathcal{H}_n$ —— 第 n 步增量中先前计算的历史变量。这个历史变量将位移和相位场耦合。此

外，它还强制了相场的不可逆性准则（$\dot{d} \geq 0$）。

10.2.2 时间离散格式

为了进行时间积分，将总的时间间隔，即 $[0, t_a]$ 离散成 N 个小的时间间隔，即 $0 = t_0 < t_1 < \cdots < t_N = t_a$，将第 k 步的时间增量步长定义为 $\Delta t_k = t_k - t_{k-1}$。由于采用显式时间积分，速度矢量应在每步的中间时刻 $t_{k+\frac{1}{2}}$ 计算：$t_{k+\frac{1}{2}} = \frac{1}{2}(t_k + t_{k+1})$。

本节用显式中心差分时间积分法积分位移场，用显式前向差分时间积分法积分温度场和相位场，用对角或"集中"单元容量/质量矩阵。$\boldsymbol{u}(t_k)$、$\dot{\boldsymbol{u}}(t_{k+\frac{1}{2}})$、$\ddot{\boldsymbol{u}}(t_k)$、$\boldsymbol{\theta}(t_k)$、$\dot{\boldsymbol{\theta}}(t_k)$、$\boldsymbol{d}(t_k)$ 和 $\dot{\boldsymbol{d}}(t_k)$ 分别被标记为 $\boldsymbol{u}_k$、$\boldsymbol{v}_{k+\frac{1}{2}}$、$\boldsymbol{a}_k$、$\boldsymbol{\theta}_k$、$\boldsymbol{p}_k$、$\boldsymbol{d}_k$ 和 $\boldsymbol{r}_k$。

（1）位移场积分的中心差分法。本小节采用中心差分法，根据以下更新公式，通过 $\boldsymbol{u}_k$、$\boldsymbol{v}_{k-\frac{1}{2}}$、$\boldsymbol{a}_k$、$\boldsymbol{d}_k$ 和 $\boldsymbol{\theta}_k$ 计算 $\boldsymbol{u}_{k+1}$、$\boldsymbol{v}_{k+\frac{1}{2}}$、$\boldsymbol{a}_{k+1}$：

$$\boldsymbol{a}_k = \boldsymbol{M}^{-1}(\boldsymbol{F}^{\text{ext}}(\boldsymbol{b}, \bar{\boldsymbol{t}}) - \boldsymbol{F}^{\text{int}}(\boldsymbol{u}_k, \boldsymbol{\theta}_k, \boldsymbol{d}_k)) \tag{10.21a}$$

$$\boldsymbol{v}_{k+\frac{1}{2}} = \boldsymbol{v}_{k-\frac{1}{2}} + \frac{\Delta t_{k+1} + \Delta t_k}{2} \boldsymbol{a}_k \tag{10.21b}$$

$$\boldsymbol{u}_{k+1} = \boldsymbol{u}_k + \Delta t_{k+1} \boldsymbol{v}_{k+\frac{1}{2}} \tag{10.21c}$$

需要指出的是，中心差分算子并不是自启动的，因为需要确定速度 $\boldsymbol{v}_{-\frac{1}{2}}$ 的值。为此，使用下式来确定速度的初始条件：

$$\begin{cases} \boldsymbol{v}_{+\frac{1}{2}} = \boldsymbol{v}_0 + \dfrac{\Delta t_1}{2} \boldsymbol{a}_0 \\ \boldsymbol{v}_{-\frac{1}{2}} = \boldsymbol{v}_0 - \dfrac{\Delta t_0}{2} \boldsymbol{a}_0 \end{cases} \tag{10.22}$$

（2）温度场积分的前向差分法。采用前向差分法，根据以下更新公式求计算 $\boldsymbol{\theta}_{k+1}$、$\boldsymbol{p}_{k+1}$：

$$\boldsymbol{p}_k = \boldsymbol{C}_\theta^{-1} \cdot (\boldsymbol{Q}^{\text{ext}}(\gamma, \bar{\boldsymbol{J}}) - \boldsymbol{Q}^{\text{int}}(\boldsymbol{\theta}_k, \boldsymbol{d}_k)) \tag{10.23a}$$

$$\boldsymbol{\theta}_{k+1} = \boldsymbol{\theta}_k + \Delta t_{k+1} \boldsymbol{p}_k \tag{10.23b}$$

（3）相场积分的前向差分法。采用前向差分法，根据以下更新公式来计算 $\boldsymbol{d}_{k+1}$、$\boldsymbol{r}_{k+1}$：

$$\boldsymbol{r}_k = \boldsymbol{C}_d^{-1} \cdot (\langle \boldsymbol{Y}(\boldsymbol{u}_k, \boldsymbol{d}_k) \rangle_+) \tag{10.24a}$$

$$\boldsymbol{d}_{k+1} = \boldsymbol{d}_k + \Delta t_{k+1} \boldsymbol{r}_k \tag{10.24b}$$

由于中心微分积分和前向微分积分都是显式的，通过显式耦合可以同时得到位移场、温度场和相位场的解，因此无须进行迭代求解或计算切线刚度矩阵，且每一步的求解过程都非常有效。此外，显式积分在每个有限元节点上是独立的，非常适合多 CPU 并行计算。

10.2.3 Abaqus/Explicit 中的有限元实现

为了实现 Abaqus/Explicit 中的求解过程，我们复制了一个几何模型（包括网格），如图 10.2 所示。我们将原模型的求解域标记为 Ω_1，将复制模型标记为 Ω_2；求解了 Ω_1 上的位移场和温度场，以及 Ω_2 上的相场。其中，Ω_1 还用于可视化结果。使用这种复制模型的原因是，Abaqus/Explicit 中没有足够的自由度同时求解两个扩散方程。在 Ω_1 中，激活的自由

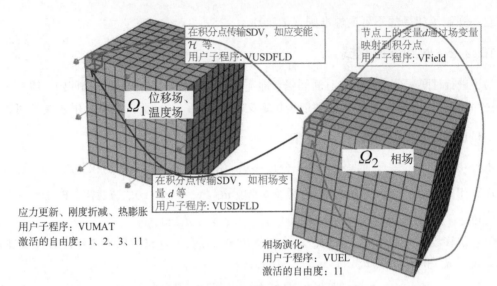

图 10.2   在 Abaqus/Explicit 中实现多场耦合相场法的示意图（书后附彩插）

度（DOF）为 1、2、3 和 11。其中，用自由度 1、2、3 计算位移场，用自由度 11 计算温度场。为了最大限度地利用 ABAQUS 的现有程序，我们在用户子程序 VUMAT 中实现了位移场与温度场的耦合和刚度退化。在 Ω_2 中，激活的自由度（DOF）为 11，相场的演化在用户子程序 VUEL 中实现。

下面列出实现本小节计算的几个核心用户子程序代码，并分别进行简要解释。

实现相场演化的用户单元子程序 VUEL 的 Fortran 代码如下：

```
1  ! ***************************************************************
2  !      通过相场法(PFM)计算裂纹扩展的 VUEL
3  !      11 号自由度代表相场变量 d
4  ! ***************************************************************
5       subroutine vuel(                                        &
6            nblock,                                            &
7  !     可以被定义的变量
8            rhs,amass,dtimeStable,                             &
9            svars,nsvars,                                      &
10           energy,                                            &
11 !     可以读取访问的变量
12           nnode,ndofel,                                      &
13           props,nprops,                                      &
14           jprops,njprops,                                    &
15           coords,ncrd,                                       &
16           u,du,v,a,                                          &
17           jtype,jelem,                                       &
18           time,period,dtimeCur,dtimePrev,kstep,kinc,lflags,  &
19           dMassScaleFactor,                                  &
20           predef,npredef,                                    &
```

```
21         jdltyp,adlmag)

23     use vars_module
24     include 'vaba_param. inc'

26     parameter ( zero = 0. d0, half = 0. 5d0, one = 1. d0, two = 2. d0 )
27     parameter (scaleTemp = 0. 9d0)

29 !   操作标识
30     parameter ( jMassCalc             = 1, &
31                 jIntForceAndDtStable = 2, &
32                 jExternForce          = 3)

34 !   其他标识
35     parameter (iProcedure   = 1, &
36                 iNlgeom      = 2, &
37                 iOpCode      = 3, &
38                 nFlags       = 3)

40 !   时间标识
41     parameter (iStepTime  = 1, &
42                 iTotalTime = 2, &
43                 nTime       = 2)

45 !   分析程序标识
46     parameter ( jDynExplicit = 17 )

48 !   能量标识
49     parameter ( iElPd = 1, &
50                 iElCd = 2, &
51                 iElIe = 3, &
52                 iElTs = 4, &
53                 iElDd = 5, &
54                 iElBv = 6, &
55                 iElDe = 7, &
56                 iElHe = 8, &
57                 iElKe = 9, &
58                 iElTh = 10, &
59                 iElDmd = 11, &
60                 iElDc = 12, &
61                 nElEnergy = 12)


64 !   预定义变量标识
```

```fortran
65        parameter ( iPredValueNew = 1, &
66                    iPredValueOld = 2, &
67                    nPred         = 2)
68
69        parameter (factorStable = 0.99d0)
70 !ccccccccccccccccccccccccccccccccccccccccccccccccccccccccc
71 !
72        dimension rhs(nblock,ndofel),amass(nblock,ndofel,ndofel),      &
73              dtimeStable(nblock),                                     &
74              svars(nblock,nsvars),energy(nblock,nElEnergy),          &
75              props(nprops),jprops(njprops),                          &
76              jelem(nblock),time(nTime),lflags(nFlags),               &
77              coords(nblock,nnode,ncrd),u(nblock,ndofel),             &
78              du(nblock,ndofel),v(nblock,ndofel),a(nblock, ndofel),   &
79              dMassScaleFactor(nblock),                               &
80              predef(nblock, nnode, npredef, nPred), adlmag(nblock)
81
82 !      用户单元的变量声明
83        parameter(three = 3. d0,d_thresh = 0.99d0)
84        integer i,j,k
85        real * 8 Awt(NPT),xii(NPT,3),xi(3),dNdxi(nnode,3),            &
86           VJ(3,3),dNdx(nnode,3),VJ_inv(3,3),N(nnode),Bp(3,8),dp(3)
87        dimension UD(8),DUD(8)
88        dimension sg(4,NPT),ss(3),e_coord(3,8),shp(4,8),bn(8),cvn(8),vn(8)
89        dimension cmass(8,8)
90        dimension ID(8),IU(24)
91        real * 8 det,hist,eta,gc,lc,WF,WO
92        data ID/1,2,3,4,5,6,7,8/
93
94 !      VUEL 核心部分正式开始
95        if (jtype . eq. 2) then
96
97           !计算高斯点的位置和权重
98           call make_quadrature(sg)
99
100 !ccccccccccccccccccccccccccccccccccccccccccccccccccccccccc
101 !                  -----------定义 amass------------
102        if ( lflags(iOpCode). eq. jMassCalc ) then
103           do kblock = 1,nblock
104           !   单元节点坐标
105              do i = 1,nnode
106                 do j = 1,ncrd
107                    e_coord(j,i) = coords(kblock,i,j)
```

```
108                     end do
109                  end do
110
111              cmass = 0. 0
112              do i = 1,NPT
113                  do j = 1,3
114                      ss(j) = sg(j,i)
115                  end do
116                  call shapef3D(ss,nnode,e_coord,shp,dj)
117                  we = sg(4,i) * dj
118                  ! 计算相场方程对应的"质量"矩阵
119                  call cal_cmass(shp,we,cmass,props,nprops)
120              end do
121
122              ! 组装质量矩阵
123              do i = 1,8
124                  do j = 1,8
125                      amass(kblock,ID(i),ID(i)) = amass(kblock,ID(i),ID(i)) +
126      1                  cmass(i,j)
127                  end do
128              end do
129          end do
130 !ccccccccccccccccccccccccccccccccccccccccccccccccccccccccc
131 !                  --------定义rhs----------
132      else if ( lflags(iOpCode) == jIntForceAndDtStable) then
133              ! 材料参数
134              eta = props(1) ! 黏性参数
135              lc = props(2)  ! 长度尺度参数
136              gc = props(3) ! 能量释放率
137
138              WF = gc/2. 0/lc
139              WO = zero
140
141
142          do kblock = 1, nblock
143          !  单元节点坐标
144              do i = 1, nnode
145                  do j = 1, ncrd
146                      e_coord(j,i) = coords(kblock,i,j)
147                  end do
148              end do
149 !
150              !  提取单元节点位移
```

```
151              do i = 1, nnode
152                  UD(i) = U(kblock,ID(i))
153                  DUD(i) = DU(kblock,ID(i))
154              end do
155  !
156              ! 局部积分点的坐标和权重
157              if(NPT = = 1)then
158                  xii(1,1) = zero
159                  xii(1,2) = zero
160                  xii(1,3) = zero
161                  Awt(1) = 8. d0
162              else
163                  xii(1,1) = -one/three ** half
164                  xii(1,2) = -one/three ** half
165                  xii(1,3) = -one/three ** half
166                  xii(2,1) = one/three ** half
167                  xii(2,2) = -one/three ** half
168                  xii(2,3) = -one/three ** half
169                  xii(3,1) = one/three ** half
170                  xii(3,2) = one/three ** half
171                  xii(3,3) = -one/three ** half
172                  xii(4,1) = -one/three ** half
173                  xii(4,2) = one/three ** half
174                  xii(4,3) = -one/three ** half
175                  xii(5,1) = -one/three ** half
176                  xii(5,2) = -one/three ** half
177                  xii(5,3) = one/three ** half
178                  xii(6,1) = one/three ** half
179                  xii(6,2) = -one/three ** half
180                  xii(6,3) = one/three ** half
181                  xii(7,1) = one/three ** half
182                  xii(7,2) = one/three ** half
183                  xii(7,3) = one/three ** half
184                  xii(8,1) = -one/three ** half
185                  xii(8,2) = one/three ** half
186                  xii(8,3) = one/three ** half
187                  do i = 1, NPT
188                      Awt(i) = one
189                  end do
190
191              end if
192
193              hist = allH_glo(jelem(kblock) - NumEle)
```

```
194
195                    hist = hist - W0
196                    if(hist < zero) hist = zero
197  !
198                ！计算每个积分点上的量
199            do INPT = 1, NPT
200  !
201                ！积分点的局部坐标
202                xi(1) = xii(INPT,1)
203                xi(2) = xii(INPT,2)
204                xi(3) = xii(INPT,3)
205                ！形函数和它的局部导数
206                call shapefun(N,dNdxi,xi)
207                !   雅可比矩阵
208                do i = 1,3
209                  do j = 1,3
210                    VJ(i,j) = zero
211                    do k = 1, nnode
212                      VJ(i,j) = VJ(i,j) + e_coord(i,k) *    &
213      1                 dNdxi(k,j)
214                    end do
215                  end do
216                end do
217  !
218                det = VJ(1,1) * VJ(2,2) * VJ(3,3) +        &
219                  VJ(1,2) * VJ(2,3) * VJ(3,1) + VJ(1,3) *  &
220                  VJ(2,1) * VJ(3,2) - VJ(3,1) * VJ(2,2) *  &
221                  VJ(1,3) - VJ(3,2) * VJ(2,3) * VJ(1,1) -  &
222                  VJ(3,3) * VJ(2,1) * VJ(1,2)
223  !
224                ！雅可比矩阵的逆
225                VJ_inv(1,1) = (VJ(2,2) * VJ(3,3) -         &
226                      VJ(2,3) * VJ(3,2))/det
227                VJ_inv(1,2) = -(VJ(1,2) * VJ(3,3) -        &
228                      VJ(3,2) * VJ(1,3))/det
229                VJ_inv(1,3) = (VJ(1,2) * VJ(2,3) -         &
230                      VJ(1,3) * VJ(2,2))/det
231                VJ_inv(2,1) = -(VJ(2,1) * VJ(3,3) -        &
232                      VJ(2,3) * VJ(3,1))/det
233                VJ_inv(2,2) = (VJ(1,1) * VJ(3,3) -         &
234                      VJ(1,3) * VJ(3,1))/det
235                VJ_inv(2,3) = -(VJ(1,1) * VJ(2,3) -        &
236                      VJ(1,3) * VJ(2,1))/det
```

```
237                    VJ_inv(3,1) = (VJ(2,1) * VJ(3,2) -           &
238                               VJ(2,2) * VJ(3,1))/det
239                    VJ_inv(3,2) = - (VJ(1,1) * VJ(3,2) -         &
240                               VJ(1,2) * VJ(3,1))/det
241                    VJ_inv(3,3) = (VJ(1,1) * VJ(2,2) -           &
242                               VJ(1,2) * VJ(2,1))/det
243  !
244                    ! 形状函数对全局坐标的导数
245                    do k = 1, nnode
246                       do i = 1,3
247                          dNdx(k,i) = zero
248                          do j = 1,3
249                             dNdx(k,i) = dNdx(k,i) + dNdxi(k,j) * VJ_inv(j,i)
250                          end do
251                       end do
252                    end do
253  !
254                    !计算 B 矩阵(B = LN)
255                    do i = 1,nnode
256                       Bp(1,i) = dNdx(i,1)
257                       Bp(2,i) = dNdx(i,2)
258                       Bp(3,i) = dNdx(i,3)
259                    end do
260  !
261                    !节点的相场变量
262                    phase = zero
263                    do i = 1, nnode
264                       phase = phase + N(i) * UD(i)
265                    end do
266  !
267                    do i = 1,3
268                       dp(i) = zero
269                    end do
270                    do i = 1,3
271                       do j = 1, nnode
272                          dp(i) = dp(i) + Bp(i,j) * UD(j)
273                       end do
274                    end do
275
276                    if(phase > = one) then
277                       phase = one
278                       dp = zero
279                    end if
```

```
280  !
281                    ! 计算内力(残差向量)
282                    if(phase < d_thresh)then
283                      do i = 1, nnode
284                        do j = 1, 3
285                          rhs(kblock,ID(i)) = rhs(kblock,ID(i)) + Bp(j,i) *        &
286                              dp(j) * (WF - WO) * two * lc * lc * Awt(INPT) * det
287                        end do
288                        rhs(kblock,ID(i)) = rhs(kblock,ID(i)) + N(i) *             &
289                            Awt(INPT) * det *                                       &
290                            ((two * (WF - WO) + two * hist) * phase - two * hist)
291                      end do
292                    end if
293  !
294                    end do
295
296            end do
297          end if
298      end if
299  !
300      return
301      end subroutine
```

相场法实现的另一个关键是相场变量 d 对应力场的折减，在此通过折减函数来实现：

$$\boldsymbol{\sigma} = g(d)\boldsymbol{\sigma}_0 = (1-d)^2\boldsymbol{\sigma}_0 \qquad (10.25)$$

式中，$\boldsymbol{\sigma}_0$——折减前的应力张量；

　　$\boldsymbol{\sigma}$——折减后的应力张量；

　　$g(d)$ ——应力和应变能折减函数，$g(d)=(1-d)^2$。

实现相场变量 d 对应力场折减的用户材料子程序 VUMAT 的 Fortran 代码如下：

```
1       subroutine vumat(                                                &
2          nblock, ndir, nshr, nstatev, nfieldv, nprops, lanneal,        &
3          stepTime, totalTime, dt, cmname, coordMp, charLength,         &
4          props, density, strainInc, relSpinInc,                        &
5          tempOld, stretchOld, defgradOld, fieldOld,                    &
6          stressOld, stateOld, enerInternOld, enerInelasOld,            &
7          tempNew, stretchNew, defgradNew, fieldNew,                    &
8          stressNew, stateNew, enerInternNew, enerInelasNew )
9   !
10      include 'vaba_param. inc'
11  !
12      dimension props(nprops), density(nblock), coordMp(nblock, * ),    &
13          charLength(nblock), strainInc(nblock,ndir + nshr),           &
```

```
14              relSpinInc(nblock,nshr), tempOld(nblock),                      &
15              stretchOld(nblock,ndir + nshr),                                &
16              defgradOld(nblock,ndir + nshr + nshr),                         &
17              fieldOld(nblock,nfieldv), stressOld(nblock,ndir + nshr),       &
18              stateOld(nblock,nstatev), enerInternOld(nblock),               &
19              enerInelasOld(nblock), tempNew(nblock),                        &
20              stretchNew(nblock,ndir + nshr),                                &
21              defgradNew(nblock,ndir + nshr + nshr),                         &
22              fieldNew(nblock,nfieldv),                                      &
23              stressNew(nblock,ndir + nshr), stateNew(nblock,nstatev),       &
24              enerInternNew(nblock), enerInelasNew(nblock)
25    !
26          character * 80 cmname
27    !
28          parameter ( zero = 0. d0, one = 1. d0, two = 2. d0,d_thresh = 0.99d0,  &
29              third = 1. d0 / 3. d0, half = 0.5d0, op5 = 1.5d0)
30
31          parameter (nblkLocal = 136)
32          dimension dYield(nblkLocal), dHard(nblkLocal)
33          dimension e_tensor(3,3), e_prin(3), e_voigt(6), e_dir(3,3)
34          dimension s_tensor(3,3), s_prin(3,3), alphai(3)
35          real * 8 phi, phiev, phiplus
36    !
37    ! --- 如果 nblkLocal 小于 nblock,则退出程序
38          if (nblkLocal . lt. nblock) then
39            call xplb_abqerr (-2,'Change nblkLocal to be greater'//         &
40                'than or equal to \ % i',nblock,zero,' ')
41            call xplb_exit
42          end if
43    !
44    ! 材料参数:
45          e      = props(1)
46          xnu    = props(2)
47          alphaT = props(3)
48          twomu  = e / ( one + xnu )
49          alamda = xnu * twomu / ( one - two * xnu )
50          thremu = op5 * twomu
51          module_K = e/3/(one - two * xnu)
52
53          if ( stepTime . eq. zero ) then
54          do k = 1, nblock
55            stateNew(k,16) = one
56            trace = strainInc(k,1) + strainInc(k,2) + strainInc(k,3)
```

```
57          stressNew(k,1) = stressOld(k,1) +                                &
58               twomu * strainInc(k,1) + alamda * trace
59          stressNew(k,2) = stressOld(k,2) +                                &
60               twomu * strainInc(k,2) + alamda * trace
61          stressNew(k,3) = stressOld(k,3) +                                &
62               twomu * strainInc(k,3) + alamda * trace
63          stressNew(k,4) = stressOld(k,4) + twomu * strainInc(k,4)
64        end do
65        if ( nshr . gt. 1 ) then
66          do k = 1, nblock
67            stressNew(k,5) = stressOld(k,5) + twomu * strainInc(k,5)
68            stressNew(k,6) = stressOld(k,6) + twomu * strainInc(k,6)
69          end do
70        end if
71        return
72      end if
73 !
74      if ( nshr . gt. 1 ) then              ! 3D 情况
75
76        do k = 1, nblock
77          twomu  = e / ( one + xnu )
78          alamda = xnu * twomu / ( one - two * xnu )
79          thremu = op5 * twomu
80
81          phase = fieldOLd(k,1)
82          if (phase > = d_thresh)stateNew(k,16) = zero
83          if (phase < = zero)phase = zero
84          if (phase > = d_thresh)phase = d_thresh
85
86          de_th_expan = alphaT * (tempNew(k)-tempOld(k))   ! 热应变
87          de_v_3 = de_th_expan
88          de_v = 3. * de_v_3
89
90          gd = (one-phase) * * 2   ! 应力折减函数
91
92          trace = strainInc(k,1) + strainInc(k,2) + strainInc(k,3) - de_v
93
94          ! 六个弹性应变分量
95          stateNew(k,1) = stateOld(k,1) + strainInc(k,1) - de_v_3
96          stateNew(k,2) = stateOld(k,2) + strainInc(k,2) - de_v_3
97          stateNew(k,3) = stateOld(k,3) + strainInc(k,3) - de_v_3
98          stateNew(k,4) = stateOld(k,4) + strainInc(k,4)
99          stateNew(k,5) = stateOld(k,5) + strainInc(k,5)
```

```
100          stateNew(k,6) = stateOld(k,6) + strainInc(k,6)
101

102          e_voigt = stateNew(k,1:6)
103

104          call voigt_convection(e_voigt, e_tensor,.false.,.true.)
105

106          call eig3(e_tensor, e_prin, e_dir)   ! 弹性应变的谱分解
107

108          stateNew(k,7:9) = e_prin
109          stateNew(k,10) = de_th_expan
110

111          e_tr = e_prin(1) + e_prin(2) + e_prin(3)
112          e1plus = max(e_prin(1),0.0)
113          e2plus = max(e_prin(2),0.0)
114          e3plus = max(e_prin(3),0.0)
115

116          phie = half * (alamda * e_tr ** 2 +                          &
117           twomu * (e_prin(1) ** 2 + e_prin(2) ** 2 + e_prin(3) ** 2))
118          if(e_tr < 0.0) then
119              phiev = phie - half * module_K * e_tr ** 2
120          else
121              phiev = phie
122          end if
123          phieplus = half * (alamda * max(e_tr,0.0) ** 2 +            &
124           twomu * (e1plus ** 2 + e2plus ** 2 + e3plus ** 2))
125

126          ! alpha 和 alphai 控制拉压是否折减
127          alpha = zero
128          if (e_tr .gt. zero) alpha = one
129          do i = 1,3
130              alphai(i) = zero
131              if (e_prin(i).gt. zero)alphai(i) = one
132          end do
133

134          alpha = one
135          alphai = one
136

137          sigma1 = twomu * e_prin(1) * (1-alphai(1) * phase) ** 2 +    &
138                   alamda * e_tr * (1-alpha * phase) ** 2
139          sigma2 = twomu * e_prin(2) * (1-alphai(2) * phase) ** 2 +    &
140                   alamda * e_tr * (1-alpha * phase) ** 2
141          sigma3 = twomu * e_prin(3) * (1-alphai(3) * phase) ** 2 +    &
142                   alamda * e_tr * (1-alpha * phase) ** 2
```

```
143
144              s_prin = 0. d0
145              s_prin(1,1) = sigma1
146              s_prin(2,2) = sigma2
147              s_prin(3,3) = sigma3
148
149              s_tensor = matmul(matmul(e_dir,s_prin),transpose(e_dir))
150              call voigt_convection(stressNew(k,:), s_tensor,.true.,.true.)
151
152 ! 更新特定内能
153              stressPower = half * (                                              &
154                ( stressOld(k,1) + stressNew(k,1) ) * strainInc(k,1) +           &
155                ( stressOld(k,2) + stressNew(k,2) ) * strainInc(k,2) +           &
156                ( stressOld(k,3) + stressNew(k,3) ) * strainInc(k,3) ) +         &
157                ( stressOld(k,4) + stressNew(k,4) ) * strainInc(k,4) +           &
158                ( stressOld(k,5) + stressNew(k,5) ) * strainInc(k,5) +           &
159                ( stressOld(k,6) + stressNew(k,6) ) * strainInc(k,6)
160              enerInternNew(k) = enerInternOld(k) + stressPower / density(k)
161
162 ! 更新状态变量
163              stateNew(k,11) = phie
164              stateNew(k,12) = phiev
165              stateNew(k,13) = phieplus
166              ! 通过在此处修改来选择模型 A、B 或 C
167              stateNew(k,14) = max( stateOld(k,14), stateNew(k,11) )  ! H
168              stateNew(k,15) = fieldOLd(k,1)  ! d
169
170         end do
171
172      else if ( nshr .eq. 1 ) then            ! 平面应变/轴对称情况
173         write( * , * )"We have not implement 2D cases!"
174         call xplb_exit
175      end if
176
177      return
178      end subroutine
```

前面提到，通过两个相同的模型分别计算相场变量 d 的演化和位移场的演化，二者的求解是相对独立的，但在每个求解步中需要知道对方的具体数值，因此需要在这两个模型之间传递数据。这里，通过用户子程序 VUField 和 VUSDFLD 来分别实现在两个模型之间传递数据。具体而言，用户子程序 VUField 实现将相场变量 d 由模型 2 传递到模型 1，用户子程序 VUSDFLD 实现将相场驱动力 $\mathcal{H}$ 由模型 1 传递到模型 2。

用户子程序 VUField 实现将相场变量 d 由模型 2 传递到模型 1 的 Fortran 代码：

```fortran
1    ! 用户子程序 VUField 实现将相场变量 d 由模型 2 传递到模型 1
2    !
3        subroutine VUField(                        &
4    ! 可写 -
5            rUserField,                           &
6    ! 只读 -
7            nBlock, nField, kField, nComp,        &
8            kStep, kInc, jNodeUid, time,          &
9            coords, U, V, A )
10
11       use vars_module
12   !
13       include 'vaba_param.inc'
14
15       dimension rUserField(nBlock,nComp,nField)
16       dimension jNodeUid(nBlock), time(4), coords(3,nBlock)
17       dimension U(8,nBlock), V(8,nBlock), A(8,nBlock)
18   !
19       parameter ( i_ufld_Current   = 1,   &
20                   i_ufld_Increment = 2,   &
21                   i_ufld_Period    = 3,   &
22                   i_ufld_Total     = 4 )
23   !
24       parameter ( i_ufld_CoordX = 1,     &
25                   i_ufld_CoordY = 2,     &
26                   i_ufld_CoordZ = 3 )
27   !
28       parameter ( i_ufld_SpaDisplX = 1,  &
29                   i_ufld_SpaDisplY = 2,  &
30                   i_ufld_SpaDisplZ = 3,  &
31                   i_ufld_RotDisplX = 4,  &
32                   i_ufld_RotDisplY = 5,  &
33                   i_ufld_RotDisplZ = 6,  &
34                   i_ufld_AcoPress  = 7,  &
35                   i_ufld_Temp      = 8 )
36   !
37       parameter ( i_ufld_SpaVelX   = 1,  &
38                   i_ufld_SpaVelY   = 2,  &
39                   i_ufld_SpaVelZ   = 3,  &
40                   i_ufld_RotVelX   = 4,  &
41                   i_ufld_RotVelY   = 5,  &
```

```
42                      i_ufld_RotVelZ    = 6,    &
43                      i_ufld_DAcoPress  = 7,    &
44                      i_ufld_DTemp      = 8 )
45  !
46        parameter ( i_ufld_SpaAccelX  = 1,    &
47                      i_ufld_SpaAccelY  = 2,    &
48                      i_ufld_SpaAccelZ  = 3,    &
49                      i_ufld_RotAccelX  = 4,    &
50                      i_ufld_RotAccelY  = 5,    &
51                      i_ufld_RotAccelZ  = 6,    &
52                      i_ufld_DDAcoPress = 7,    &
53                      i_ufld_DDTemp     = 8 )
54
55        parameter ( oneHundred = 100.d0, twoHundred = 200.d0 )
56  !
57        if (kField.eq. 1) then
58
59          do kComp = 1, nComp
60            do kNod = 1, nBlock
61               if(JNODEUID(kNod) > NodeNum)then
62                   allD(JNODEUID(kNod)-NodeNum) = U(i_ufld_Temp,kNod)
63                   rUserField(kNod,kComp,1) = U(i_ufld_Temp,kNod)
64               else
65                   rUserField(kNod,kComp,1) = allD_glo(JNODEUID(kNod))
66               end if
67            end do
68          end do
69
70        end if
71  !
72        return
73        end subroutine
```

用户子程序 VUSDFLD 实现将相场驱动力 $\mathcal{H}$ 由模型 1 传递到模型 2 的 Fortran 代码：

```
1  !
2  !用户子程序 VUSDFLD 实现将相场驱动力 H 由模型 1 传递到模型 2
3  !
4        subroutine vusdfld(                                        &
5  ! 只读 -
6        nblock, nstatev, nfieldv, nprops, ndir, nshr,             &
7        jElemUid, kIntPt, kLayer, kSecPt,                         &
8        stepTime, totalTime, dt, cmname,                          &
9        coordMp, direct, T, charLength, props,                    &
```

```
10          stateOld,                                                &
11  ! 只写 -
12          stateNew, field )
13
14      use vars_module
15      include 'vaba_param. inc'
16  !
17      dimension props(nprops),                                     &
18              jElemUid(nblock), coordMp(nblock, * ),               &
19              direct(nblock, 3, 3), T(nblock,3,3),                 &
20              charLength(nblock),                                  &
21              stateOld(nblock, nstatev),                           &
22              stateNew(nblock, nstatev),                           &
23              field(nblock, nfieldv)
24      character * 80 cmname
25  !
26      character * 3 cData(maxblk)
27      dimension jData(maxblk)
28      dimension eqps(maxblk)
29  !
30      parameter ( zero = 0. d0 )
31  !
32      do k = 1, nblock
33        if(jElemUid(k) <= NumEle)then
34            allH(jElemUid(k)) = stateOld(k,14)
35        end if
36      end do
37
38      do k = 1, nblock
39        if(jElemUid(k) <= NumEle)then
40            stateNew(k,15) = allDP(jElemUid(k))
41        end if
42      end do
43  !
44      return
45      end subroutine
```

　　上述两个子程序的变量传递需要配合公共空间变量来实现，这里通过定义模块（module）来实现。此外，对于并行计算，还需要考虑这些模块内的公共变量在多个线程的同步问题，可以通过在用户子程序 VEXTERNALDB 中采用 MPI 函数 MPI_Allreduce 来实现。MPI_Allreduce 函数的功能为合并来自所有进程的值并将结果分发回所有进程，更详细的关于 MPI_Allreduce 函数的解释见 MPI 官网[①]。

---

　　①　https：//www. mpich. org/static/docs/v3. 1/www3/MPI_Allreduce. html。

公共空间变量声明以及通过用户子程序 VEXTERNALDB 实现并行计算的 Fortran 代码如下：

```
 1       module vars_module
 2          ! parameter (NodeNum = 407208, NumEle = 202160, NPT = 8)
 3          parameter (NodeNum = 8, NumEle = 1, NPT = 8)
 4          real * 8, save :: allD(NodeNum), allH(NumEle), allDP(NumEle)
 5          real * 8, save :: allH_glo(NumEle), allD_glo(NodeNum)
 6          integer, save :: NUMPROCESSES = 1
 7       end module
 8
 9
10       subroutine vexternaldb(lOp, i_Array, niArray, r_Array, nrArray)
11 !
12       use vars_module
13       include 'vaba_param. inc'
14       include 'mpif. h'
15
16 !     i_Array 的内容
17       parameter( i_int_nTotalNodes    = 1,      &
18                  i_int_nTotalElements = 2,      &
19                  i_int_kStep          = 3,      &
20                  i_int_kInc           = 4,      &
21                  i_int_iStatus        = 5,      &
22                  i_int_lWriteRestart  = 6)
23
24 !     lOp 参数的可能值
25       parameter( j_int_StartAnalysis   = 0,     &
26                  j_int_StartStep       = 1,     &
27                  j_int_SetupIncrement  = 2,     &
28                  j_int_StartIncrement  = 3,     &
29                  j_int_EndIncrement    = 4,     &
30                  j_int_EndStep         = 5,     &
31                  j_int_EndAnalysis     = 6 )
32
33
34 !     i_Array(i_int_iStatus) 的可能的值
35       parameter( j_int_Continue          = 0,   &
36                  j_int_TerminateStep      = 1,   &
37                  j_int_TerminateAnalysis  = 2)
38
39 !     r_Array 的内容
40       parameter( i_flt_TotalTime  = 1,          &
41                  i_flt_StepTime    = 2,          &
```

```
42                    i_flt_dTime        = 3 )
43  !
44      dimension i_Array(niArray),                    &
45        r_Array(nrArray)
46
47
48      if (10p == 0)then
49          call VGETNUMCPUS( NUMPROCESSES )
50      end if
51
52      if(10p == j_int_EndIncrement)then
53        if(NUMPROCESSES > 1)then
54         call MPI_Allreduce(allH, allH_glo, NumEle,       &
55          MPI_doUBLE_PRECISION, MPI_MAX, MPI_COMM_WORLD,ierr)
56         call MPI_Allreduce(allD, allD_glo, NodeNum,      &
57          MPI_doUBLE_PRECISION, MPI_MAX, MPI_COMM_WORLD,ierr)
58        else
59          allH_glo = allH
60          allD_glo = allD
61        end if
62      end if
63
64      return
65      end subroutine
```

上面的用户子程序中，变量 NodeNum、NumEle 和 NPT 分别是模型中的节点总数、单元总数和每个单元的积分点个数，可根据具体的 ABAQUS 算例进行相应修改。

10.3　单元测试和验证

10.3.1　单轴拉伸测试

本节将用一个三维实体单元进行单轴拉伸的例子来说明相场模型。该模型的几何和边界条件如图 10.3 所示。样品尺寸为 1.0 mm ×1.0 mm。该模型的材料参数：杨氏模量 $E=210$ GPa，泊松比 ν =0，临界能量释放率 $g_c=0.01$ kN/mm，密度 $\rho=7\,800$ kg/m^3。裂纹特征宽度 l_c 设置为 1.0 mm[①]。位移载荷线性地施加，总模拟时间为 0.01 s，我们稍后将说明，在如此长的时间内，加载可以被视为一个准静态过程，可以与解析解进行比较[87]。

图 10.3　相场模型的几何和边界条件（书后附彩插）

---

　① 此处的 l_c 尺寸不满足 l_c 与网格尺寸的关系，不能很好地表征裂纹表面。然而，本节不研究裂纹的扩展，而是通过研究相场演化的基本方程来理解相场方法的本质。

考虑准静态加载过程，忽略黏性效应，本问题有一个解析解。由于只有一个单元被离散，因此相场的梯度项为 0（即 $\nabla d = 0$）。对于单轴拉伸加载过程，仅在 z 方向发生了变形：$\varepsilon_z \neq 0$，$\varepsilon_x = \varepsilon_y = \varepsilon_{xy} = \varepsilon_{yz} = \varepsilon_{xz} = 0$。因此，可以直接计算应力和弹性应变能：$\sigma_{z,0} = c_{33}\varepsilon_z$，$\psi_0 = \varepsilon_z^2 c_{33}/2$，其中 c_{33} 是刚度矩阵的 (3,3) 元素：$c_{33} = \dfrac{E(1-\nu)}{(1+\nu)(1-2\nu)}$。

假设位移场与相场直接耦合（$\mathcal{H} = \psi_0$），通过求解相场控制方程，可以得到相场变量 d 演化的解析解：

$$d = \frac{2\mathcal{H}}{g_c/l_c + 2\mathcal{H}} = \frac{2\psi_0}{g_c/l_c + 2\psi_0} = \frac{\varepsilon_z^2 c_{33}}{g_c/l_c + \varepsilon_z^2 c_{33}} \tag{10.26}$$

z 方向的轴向应力为 $\sigma_z = \sigma_{z,0}(1-d)^2$。

在图 10.4 中，我们给出了在不同的黏性参数 η 下计算得到的轴向应力随轴向应变的变化曲线和相场变量 d 随轴向应变的变化曲线（$\eta = 1.0 \times 10^{-5}$ kN·s/mm^2，$\eta = 1.0 \times 10^{-6}$ kN·s/mm^2，$\eta = 1.0 \times 10^{-7}$ kN·s/mm^2），并与解析解（$\eta = 0$）进行了比较。结果表明，当黏性参数 η 逐渐减小时，数值计算结果与解析解吻合得较好。在图 10.5 中，我们给出了系统的动能和外力功以及它们的比值随加载时间的变化曲线。可以看出，在整个加载过程中，系统的动能与外力功的比值始终小于 0.001%，证明了模拟是一个准静态过程。

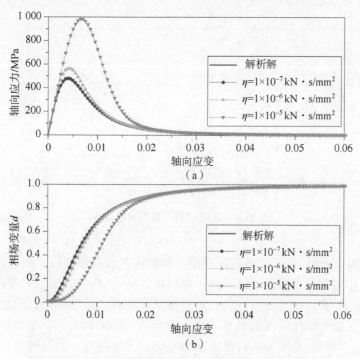

图 10.4　单轴拉伸载荷作用下的相场模型（书后附彩插）

（a）轴向应力随轴向应变的变化曲线；（b）相场变量 d 随轴向应变的变化曲线

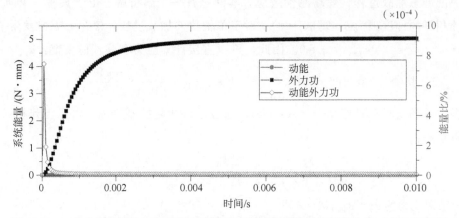

图 10.5 一个单元单轴拉伸算例的系统能量和能量比随时间的变化曲线（书后附彩插）

10.3.2 拉压循环测试

考虑拉压循环载荷作用下相场演化过程，以验证不同能量分解模式下相场模型相场演化的单调性和压缩载荷的不同响应。模型和材料参数与上述例子相同。加载－卸载－重新加载曲线如图 10.6 所示。黏性参数 η 的取值为 1.0×10^{-7} kN·s/mm^2。

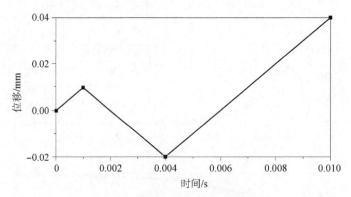

图 10.6 加载－卸载－重新加载曲线

在图 10.7 中，分别给出了三种相场模型下的轴向应力和轴向应变曲线以及相场随载荷的变化曲线。图中的箭头表示曲线的方向（即加载方向），数字表示加载顺序。可见，三种模型的纯拉伸响应是相同的。然而，它们对压缩载荷的响应是不同的。模型 A 和模型 B 在压缩载荷下会发生损伤演化，而模型 C 不会。在相同的压缩载荷下，模型 A 比模型 B 更容易受到损伤演化。同时，压缩和再拉伸过程也表明，当材料有一定损伤时，不仅应力降低，而且材料刚度也降低。图 10.7（b）中相场变量 d 随轴向应变的演化曲线也表明，显式相场方法满足不可逆性准则（$\dot{d} \geqslant 0$），而无须附加惩罚参数。

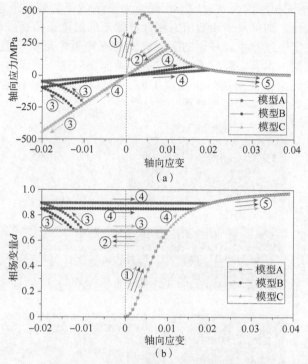

图 10.7　一个单元在拉压循环载荷作用下的相场模型（书后附彩插）

①—加载；②—卸载；③—反向加载；④—反向卸载；⑤—正向继续加载

（a）轴向应力与轴向应变的函数关系；（b）相场变量 d 随轴向应变的变化

10.4　陶瓷板热冲击实验中的应用

Shao 等[88] 对陶瓷板的淬火工艺进行了详细的实验研究。在实验中，将陶瓷板加热到不同温度后，放入低温水浴，在热冲击载荷作用下，陶瓷内部产生大量平行裂纹。在淬火过程中，陶瓷与水接触前的高温收缩更为剧烈，呈现出大量的平行裂纹，且裂纹长度呈交变。许多研究人员对这个问题进行了数值研究[65,89]。然而，大多数研究忽略了惯性和断裂对陶瓷导热系数的影响（即裂纹表面的温度不连续性）。本节内容考虑这些因素的影响。

根据实验设置，采用半模型进行数值模拟以提高计算效率。样品尺寸为 50 mm ×
9.8 mm。环境温度为 $\theta_m = 300$ K（模拟中样品表面温度保持在 300 K），样品初始温度分别为 550 K、680 K 和 980 K（对应温差 $\Delta\theta$ 为 250 K、380 K 和 680 K），材料参数值见表 10.3。为了确保边界上产生足够密集的初始裂纹，将特征长度尺度参数 l_c 设置为
0.04 mm，将网格密度选择为 $h = l_c/2$。

表 10.3　淬火实验中陶瓷板的材料参数值

E/GPa	ν	g_c/(J·m^{-2})	ρ/(kg·m^{-3})
340	0.22	42.47	2 450
k_0/[W·(m·K^{-1})]	c/[J·(kg·K^{-1})]	α_θ/K^{-1}	
300	0.775	8.0×10^{-6}	

图 10.8 给出了不同初始温度（对应于不同温差）下的最终裂纹形态及其与实验结果的比较。如果忽略短裂纹，则可发现用数值方法计算的不同温度下的裂纹形态与实验结果吻合得较好。事实上，在实验过程中，较短的裂纹可能在陶瓷板中形核，但受实验技术的限制，我们无法清晰地观察到。本节实验的模拟可以很好地捕捉到这个问题的关键特征——大量平行的短裂纹形核，然后选择性地被阻止或被扩展。参数 l_c 保证了有足够多的微裂纹萌生，以精确模拟随后的选择性捕集和生长过程。

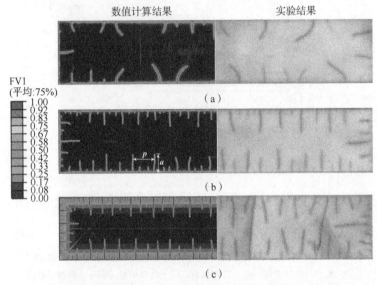

图 10.8　在不同的初始温度（即不同的冷却温差）下冷却 10 ms 后陶瓷裂纹
分布的数值计算结果（左）与实验结果（右）（书后附彩插）
(a) $\Delta\theta=250$ K；(b) $\Delta\theta=380$ K；(c) $\Delta\theta=680$ K

图 10.9 显示了不同裂纹长度间隔内裂纹数量的统计数据（无量纲，按陶瓷板的高度统计）。从图中可以看出，温差越大，裂纹就越密集，尤其是短裂纹数量迅速增加。由于温差越大，陶瓷板边界附近的温度梯度就开始越大，热应力引起的收缩就越大，因此短时间内需要更密集的短裂纹来最小化系统的能量。

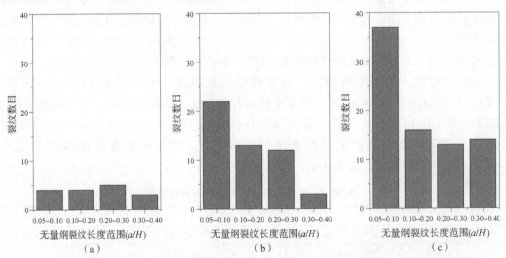

图 10.9　不同初始温度（即不同冷却温差）下冷却 10 ms 后裂纹无量纲长度范围的统计图
(a) $\Delta\theta=250$ K；(b) $\Delta\theta=380$ K；(c) $\Delta\theta=680$ K

　　根据统计数据，进一步将试样高度大于 25% 的裂纹定义为长裂纹，总结不同温差 $\Delta\theta$ 下的长裂纹数量 n、平均裂纹间距 p 和平均裂纹长度 a（如图 10.8 所示，按陶瓷板高度 H 无量纲化），如图 10.10 所示。从统计结果可以看出，数值计算结果与实验结果吻合得较好。同时，我们也注意到用数值方法计算的裂纹长度总是小于实验值。这主要是因为，数值模拟时间相对较短（10 ms 内），而实验时间持续较长（虽然裂纹扩展主要发生在陶瓷板放入冷水的较短时间内）。

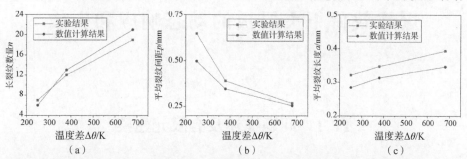

图 10.10　不同温差下的长裂纹数目、平均裂纹间距和平均裂纹长度的数值计算结果与实验结果的比较（书后附彩插）
（a）长裂纹数量；（b）平均裂纹间距；（c）平均裂纹长度

　　模拟结束时的温度分布和应力场分布如图 10.11 所示。从图 10.11（a）可以看出，裂纹两侧的温度没有明显差异，这是因为热流的传播方向与裂纹的扩展方向一致；但是，沿裂纹扩展方向仍存在明显的温度梯度。从图 10.11（b）可以看出，应力场的分布显示出长裂纹对短裂纹的屏蔽作用，因此只有部分裂纹在竞争中占主导地位，并向长距离延伸。

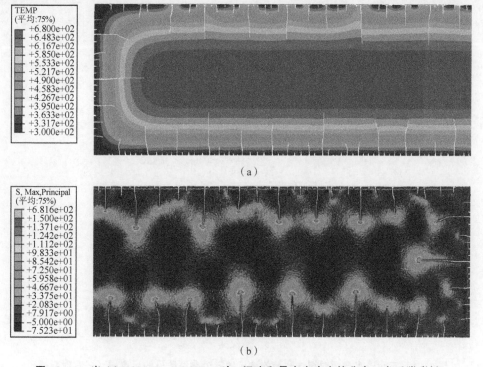

图 10.11　当 $\Delta\theta = 380$ K，$t = 10$ ms 时，温度和最大主应力的分布（书后附彩插）
（a）温度分布；（b）最大主应力分布

第 11 章
爆炸载荷下夹层板的动态响应和失效

11.1 问题描述及有限元建模

保护结构免受爆炸产生的高强度动态载荷的需求激发了人们对承受局部高速率载荷的金属结构的力学响应的研究兴趣。一种有前途的方法是利用夹层板的概念来分散传递到结构中的动力学脉冲,从而降低施加到位于板后面受保护结构的压力[90-92]。

本章将考虑一个典型的三明治夹层板结构在爆炸冲击波加载下的动态响应,其基本概念的示意图如图 11.1 所示。夹层板由一对实心金属面板和一个蜂窝状金属芯组成,该芯板被牢固的边缘支撑,炸药在结构的上方引爆。夹层板在爆炸冲击波加载下的响应可以分为三个典型的阶段:爆炸冲击阶段(第一阶段);缓冲蜂窝破碎阶段(第二阶段);三明治面板弯曲阶段(第三阶段)。

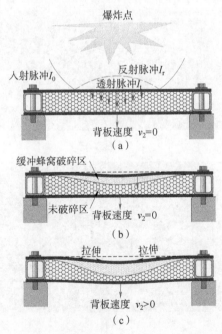

图 11.1 三明治夹层板对爆炸载荷的响应的三个典型阶段的示意图(书后附彩插)

(a)爆炸冲击阶段(第一阶段);(b)缓冲蜂窝破碎阶段(第二阶段);(c)三明治面板弯曲阶段(第三阶段)

11.1.1　有限元模型

考虑一个整体结构尺寸为 610 mm×610 mm×61 mm 的夹层板结构。夹层结构位于 X-Y 平面上，而爆炸源位于夹层结构顶板中心垂直上方（沿 z 方向）100 mm 处。顶板和底板的厚度均为 5 mm，方形蜂窝芯腹板厚 0.76 mm，蜂窝腹板之间的距离为 30.5mm。建立的夹层板的有限元模型如图 11.2 所示。该模型顶板和底板的表面采用 31×31 个 C3D8R 实体单元离散，在整个板的厚度方向上有 5 层单元；蜂窝芯采用 30 层 S4R 壳单元沿芯高方向进行网格划分，厚度方向采用 5 个积分点；整体网格划分情况如图 11.2 (c) 所示；采用通用接触（General Contact）来定义所有外表面的接触作用和所有外表面的自接触行为。

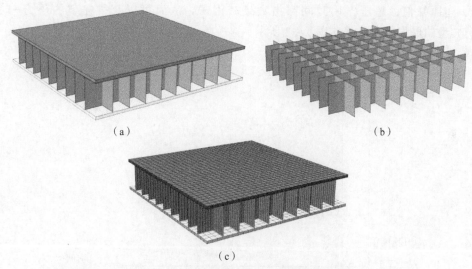

图 11.2　三明治夹层板对爆炸载荷的响应的有限元模型（书后附彩插）

(a) 整体模型；(b) 中层蜂窝；(c) 网格划分

11.1.2　边界条件和初始条件

考虑到结构和载荷的对称性，所有情况下只有 1/4 的结构被建模，板的中心位于 X-Y 平面的原点。X=305 mm 和 Y=305 mm 处边界上所有自由度都是固定的（ENCASTRE）。在 X=0 的边界上施加关于 x 轴的对称条件（XSYMM）；在 Y=0 处的边界上施加关于 y 轴的对称条件（YSYMM）。

在本章中，考虑三种不同当量的 TNT 的加载，分别为 1 kg TNT、2 kg TNT、3 kg TNT，其加载位置均位于结构顶板中心垂直上方（沿 z 方向）100 mm 处。模型中所有节点的温度初始化为 273 K。

11.2　用户子程序 VDLOAD 实现爆炸冲击波加载

爆炸是一种常见的物理现象，对结构在受到爆炸载荷后的响应进行仿真分析，对于了解结构特征至关重要[93]。爆炸载荷的有限元仿真通常有以下两种方式：

（1）基于流固耦合的仿真分析。这种方式需要建模出具体的炸药形状，选择合适的炸药本构模型（如 JWL 方程[94,95]），给定材料参数，并建立空气域，其模拟过程复杂且计算量大。

（2）基于简化的模型。这种方式只关注结构响应，将爆炸载荷简化为随时间和空间变化的表面压力载荷，也就是经典的 CONWEP 算法。

11.2.1　爆炸冲击波的 CONWEP 算法及简化

CONWEP 算法来源于美国军方爆炸实验数据的总结，用于自由空气场中爆炸的等效压力计算。在给定等效 TNT 质量和距离下，CONWEP 算法可以给出的载荷数据有冲击波到达时间、超压峰值、超压作用时间和指数衰减因子，从而可以获得完整的压力-时间曲线[96]。典型的爆炸超压曲线如图 11.3 所示。

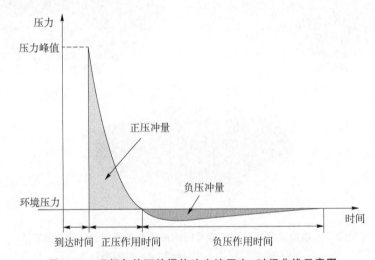

图 11.3　理想条件下的爆炸冲击波压力-时间曲线示意图

Abaqus/Explicit 中提供了 CONWEP 算法计算爆炸载荷的模块，可以方便地实现爆炸载荷的加载。然而，该算法目前只能在 Dynamic、Explicit 分析步中使用，对于其他分析步则不能使用。例如，分析涉及热力耦合的问题需要使用 Dynamic、Temp-disp、Explicit 分析步，就无法使用 ABAQUS 内置的 CONWEP 算法。因此，本小节中通过用户子程序 VDLOAD 来实现 CONWEP 算法，使之可应用于多种显式动态分析步。

在 ABAQUS 内置的 CONWEP 算法中，爆炸冲击波超压的计算公式如下：

$$p(t) = \begin{cases} p_i(t)[1 + \cos\theta - 2\cos(2\theta)] + p_r(t)\cos(2\theta), & \cos\theta \geqslant 0 \\ p_i(t), & \cos\theta < 0 \end{cases} \tag{11.1}$$

式中，θ——入射波的入射角；

$\quad p_i(t)$ ——入射波的压力；

$\quad p_r(t)$ ——反射波的压力。

此外，为了简化程序，可使用以下适用于 Dharmasena 等[90]描述的夹层结构的近似爆炸载荷（类似 CONWEP 的爆炸加载）：

$$p(t) = (p_s - p_a)\left(\frac{t_d - t}{t_d - t_a}\right) e^{-\left(\frac{t - t_a}{\theta}\right)} e^{-\left(\frac{d}{d_0}\right)^2} \tag{11.2}$$

式中，p_s——冲击波压力（424 MPa）；

      p_a——环境压力（0）；

      t_d——冲击波衰减到接近零值的时间；

      t_a——冲击波到达时间；

      d——目标点到板中心的距离（在本例中，也是坐标原点）；

      d_0——参考距离，$d_0 = 120$ mm。

    式（11.2）的所有变量值都是来自文献[90]的实验。

11.2.2 采用用户子程序 VDLOAD 计算爆炸冲击波压力

    用户子程序 VDLOAD 的接口在第 4 章中已经给出。通过用户子程序 VDLOAD 实现简化的爆炸冲击波加载的 Fortran 代码如下：

```fortran
 1  !用户子程序 VDLOAD 实现爆炸冲击波加载的示例
 2  ! User subroutine VDLOAD
 3      subroutine vdload (                                    &
 4  !只读变量（不可更改）
 5          nblock, ndim, stepTime, totalTime,                &
 6          amplitude, curCoords, velocity, dircos,           &
 7          jltyp, sname,                                     &
 8  !可写变量（可以更改）
 9          value )
10
11      include 'vaba_param.inc'
12      parameter (                                           &
13          d0 = 120.00d0,                                    &
14          pa = 0.0d0,                                       &
15          ps = 424.0d0,                                     &
16          theta = 0.124651928275d-3,                        &
17          timea = 0.01875d-3,                               &
18          timed = 0.195d-3,                                 &
19          )
20
21      dimension curCoords(nblock,ndim),                     &
22          velocity(nblock,ndim),                            &
23          dircos(nblock,ndim,ndim),                         &
24          value(nblock)
25      character * 80 sname
26
27      !局部变量定义
28      real xx,yy,zz,dd,dd0,xc,yc,zc,tt,Tint,press
```

```
29
30        ! 爆点位置 (0,0,0)
31        xc = 0.0
32        yc = 0.0
33        zc = 0.0
34
35        ! 随时间和空间变化的幅值曲线的定义
36        time = totalTime
37        dd0 = d0 * d0
38        Tint = timed - timea
39        tt = time - timea
40        do k = 1, nblock
41           press = zero
42           if ((time .gt. timea) .and. (time .le. timed)) then
43                  xx = curCoords(k,1) - xc
44                  yy = curCoords(k,2) - yc
45                  zz = curCoords(k,3) - zc
46                  xx = xx * xx
47                  yy = yy * yy
48                  zz = zz * zz
49                  dd = xx + yy + zz
50                  press = (ps-pa) * (1.0 - (tt/Tint))
51                  press = press * (exp( - tt/theta))
52                  press = press * (exp( - dd/dd0))
53           end if
54           value(k) = amplitude * press
55        end do
56
57        return
58        end
```

上述代码中的第 40~55 行对应爆炸冲击波超压加载的简化计算方程（式（11.2））。为了在模型中使用上述用户子程序 VDLOAD 代码，需要在模型的 inp 文件中声明如下语句：

```
1  * DLOAD, Amplitude = OneConstant
2   Top-Plate-1. Top-Surf, P2NU
```

11.3　用户子程序 VUHARD 实现应变率硬化材料模型

11.3.1　用户子程序 VUHARD 的接口

用户子程序 VUHARD 可用于定义材料的各向同性屈服行为，可以为所有材料定义各向同性硬化，可用于确定复合硬化模型中屈服面的尺寸，可以定义依赖于场变量或状态变量的材料行为。用户子程序 VUHARD 要求屈服应力的导数（或复合硬化模型中的屈服面尺寸）应是应变、应变率和温度等自变量的函数。

用户子程序 VUHARD 的接口如下：

```
 1      subroutine vuhard(
 2  ! 只读 -
 3      *      nblock,
 4      *      jElem, kIntPt, kLayer, kSecPt,
 5      *      lAnneal, stepTime, totalTime, dt, cmname,
 6      *      nstatev, nfieldv, nprops,
 7      *      props, tempOld, tempNew, fieldOld, fieldNew,
 8      *      stateOld,
 9      *      eqps, eqpsRate,
10  ! 只写 -
11      *      yield, dyieldDtemp, dyieldDeqps,
12      *      stateNew )
13  !
14      include 'vaba_param. inc'
15  !
16      dimension props(nprops), tempOld(nblock), tempNew(nblock),
17     1    fieldOld(nblock,nfieldv), fieldNew(nblock,nfieldv),
18     2    stateOld(nblock,nstatev), eqps(nblock), eqpsRate(nblock),
19     3    yield(nblock), dyieldDtemp(nblock), dyieldDeqps(nblock,2),
20     4    stateNew(nblock,nstatev), jElem(nblock)
21  !
22      character * 80 cmname
23  !
24      do km = 1,nblock
25       ! 用户编码
26      end do
27
28      return
29      end
```

用户子程序 VUHARD 的接口主要变量的含义如下：

（1）yield(nblock)：材料点处屈服应力（各向同性塑性）或屈服面尺寸（复合硬化）的数组。

（2）dyieldDeqps(nblock,1)：屈服应力或屈服面尺寸对于材料点处等效塑性应变的导数的数组。

（3）dyieldDeqps(nblock,2)：屈服应力对于材料点处等效塑性应变率的导数的数组。

（4）dyieldDtemp(nblock)：屈服应力或屈服面尺寸相对于材料点温度的导数的数组。只有在绝热和完全耦合的温度位移分析中才需要定义这个量。

（5）stateNew(nblock,nstatev)：在增量结束时，材料点处状态变量的数组。

11.3.2 非典型应变率硬化材料模型的子程序实现

本章中，考虑两种典型的金属材料模型，以便为其他分析提供示例。

其一，经典的 Johnson-Cook(JC) 本构模型，其屈服应力表达式如下：

$$\sigma_y(\bar{\varepsilon}^{pl},\dot{\bar{\varepsilon}}^{pl},\theta)=[A+B(\bar{\varepsilon}^{pl})^n]\left[1+C\ln\left(\frac{\dot{\bar{\varepsilon}}^{pl}}{\dot{\varepsilon}_0}\right)\right](1-\bar{\theta}^m) \qquad (11.3)$$

式中，$\bar{\varepsilon}^{pl}$——等效塑性应变；

A,B,C,n,m——Johnson-Cook 模型的材料常数；

$\bar{\theta}$——无量纲温度，$\bar{\theta}=\dfrac{\theta-\theta_0}{\theta_m-\theta_0}$。

本节中采用的材料常数的具体数值如下：$A=400$ MPa；$B=1\,500$ MPa；$C=0.045$；$n=0.4$；$m=1.2$；参考应变率 $\dot{\varepsilon}_0=0.001$ s^{-1}。转变温度 $\theta_0=293$ K，熔化温度 $\theta_m=1\,800$ K。

其二，由 Dharmasena 等[90]提出的非典型应变率硬化的材料模型，其应力更新公式为

$$\sigma=\begin{cases}E\varepsilon, & \varepsilon\leqslant\dfrac{\sigma_Y}{E}\left(1+\left(\dfrac{\dot{\varepsilon}_p}{\dot{\varepsilon}_0}\right)^m\right)\\[4mm]\sigma_Y\left(1+\left(\dfrac{\dot{\varepsilon}_p}{\dot{\varepsilon}_0}\right)^m\right)+E_t\left(\varepsilon-\dfrac{\sigma_Y}{E}\left(1+\left(\dfrac{\dot{\varepsilon}_p}{\dot{\varepsilon}_0}\right)^m\right)\right), & \varepsilon>\dfrac{\sigma_Y}{E}\left(1+\left(\dfrac{\dot{\varepsilon}_p}{\dot{\varepsilon}_0}\right)^m\right)\end{cases} \qquad (11.4)$$

Dharmasena 等[90]和 Rathbun 等[97]使用的材料参数如下：杨氏模量 $E=200$ GPa；泊松比 $\nu=0.3$；密度 $\rho=7.85\times10^{-9}/$mm^3；屈服应力 $\sigma_Y=500.0$ MPa；切线模量 $E_t=2.0$ GPa；参考应变率 $\dot{\varepsilon}_0=4\,916$ s^{-1}；指数 $m=0.154$。

ABAQUS 中含有内置的 Johnson-Cook 模型，可供直接使用。而由 Dharmasena 等[90]提出的非典型应变率硬化的材料模型则需要通过编写用户子程序 VUHARD 来实现。

采用用户子程序 VUHARD 实现上述非典型应变率硬化的材料模型代码如下：

```
1  ! 用户子程序 VUHARD
2      subroutine vuhard (
3  ! 只读 -
4      *    nblock,
5      *    nElement, nIntPt, nLayer, nSecPt,
6      *    lAnneal, stepTime, totalTime, dt, cmname,
7      *    nstatev, nfieldv, nprops,
8      *    props, tempOld, tempNew, fieldOld, fieldNew,
9      *    stateOld,
10     *    eqps, eqpsRate,
11 ! 只写 -
12     *    yield, dyieldDtemp, dyieldDeqps,
13     *    stateNew )
14 !
15     include 'vaba_param.inc'
16 !
```

```
17        dimension nElement(nblock),
18    *       props(nprops),
19    *       tempOld(nblock),
20    *       fieldOld(nblock,nfieldv),
21    *       stateOld(nblock,nstatev),
22    *       tempNew(nblock),
23    *       fieldNew(nblock,nfieldv),
24    *       eqps(nblock),
25    *       eqpsRate(nblock),
26    *       yield(nblock),
27    *       dyieldDtemp(nblock),
28    *       dyieldDeqps(nblock,2),
29    *       stateNew(nblock,nstatev)
30 !
31        parameter ( zero = 0.d0, eqpsFail = 0.25d0 )
32        parameter ( one = 1.0d0, small = 1.0d-9)
33 !
34        character * 80 cmname
35        data ldiagnostic /1/
36 !
37        if ( ldiagnostic .eq. 1 ) then
38          ldiagnostic = 0
39          if (nprops .eq. 5) then
40            Yield0 = props(1)
41            if (Yield0 .lt. small) then
42              write( * , * )'VUHARD: Small/Negative Yield0'
43              call xplb_exit
44            end if
45            eqpsRate0 = props(2)
46            if (eqpsRate0 .le. zero) then
47              write( * , * ) 'VUHARD: Zero/Negative eqpsRate0'
48              call xplb_exit
49            end if
50            power = props(3)
51            if (power .lt. zero) then
52              write( * , * )'VUHARD: Negative power'
53              call xplb_exit
54            end if
55            TangentMod = props(4)
56            YoungsMod = props(5)
57            if (YoungsMod .le. TangentMod) then
58              write( * , * )'VUHARD: YoungsMod less than TangentMod'
59              call xplb_exit
```

```
60          end if
61        else
62          write( * , * ) 'VUHARD: Wrong number of properties'
63          call xplb_exit
64        end if
65      end if
66 !
67      Yield0 = props(1)   ! 屈服强度
68      eqpsRate0Inv = one / props(2)  ! 参考应变率的倒数
69      power = props(3)         ! 指数 m
70      TangentMod = props(4)   ! 切线模量
71      YoungsMod = props(5)    ! 杨氏模量
72      Hardness = YoungsMod * TangentMod
73      Hardness = Hardness / (YoungsMod - TangentMod)
74      do k = 1, nblock
75        dyieldDeqps(k,1) = Hardness
76        strainrate = eqpsRate(k) * eqpsRate0Inv
77        strain = eqps(k)
78        if (strainrate .gt. small) then
79          Yield(k) = (Yield0 * (one + (strainrate ** power))) +
80      *          (Hardness * strain)
81          dyieldDeqps(k,2) = (strainrate ** (power-one)) *
82      *            Yield0 * power * eqpsRate0Inv
83        else
84          Yield(k) = (Yield0 * (one + (small ** power))) +
85      *          (Hardness * strain)
86          dyieldDeqps(k,2) = (small ** (power-one)) *
87      *            Yield0 * power * eqpsRate0Inv
88        end if
89      end do
90 !
91      return
92      end
```

为了在模型中使用用户材料塑性硬化子程序 VUHARD，需要在 inp 文件中定义如下语句：

```
1 *Material, name = Steel_49Fe-24Ni-21Cr-6Mo_wt
2 *Density
3  7.85e－09,
4 *Elastic
5  2.0e＋05, 0.3
6 *Plastic, hardening = USER, properties = 5
7 500., 4916.0, 0.154, 2.0e＋3, 200.0e＋3
```

上述语句中，第 6 行指定了需要使用用户子程序 VUHARD，第 7 行的 5 个数对应于程序中的 props 变量，其含义分别为屈服应力 σ_Y、参考应变率 $\dot{\varepsilon}_0$、指数 m、切线模量 E_t 和杨氏模量 E。

11.4　计算结果和讨论

11.4.1　结构变形和蜂窝屈曲

对于 1 kg TNT、2 kg TNT、3 kg TNT 的作用，三明治夹层板的动态响应和变形规律是一致的。夹层板在 1.5 ms 的整个时间段内的动画显示，其中心有较大的变形，并且夹层板在几次振荡后趋于稳定。夹层板分别在 1 kg TNT、2 kg TNT、3 kg TNT 当量爆炸物作用下的变形和应力云图（1.5 ms 时）如图 11.4～图 11.6 所示。可以看出，三种当量的 TNT 爆炸作用下，顶板的中部产生了较大变形，使得蜂窝结构被压缩屈曲，吸收了大量能量，起到了很好的缓冲作用，而底板整体的变形则比较小，可以对底板后的结构起到较好的保护作用。此外，TNT 当量越大，顶板和底板的变形就越大，中间蜂窝被压缩屈曲的程度就越严重。特别是当 3 kg TNT 爆炸冲击波作用时，缓冲蜂窝的屈曲程度最大。

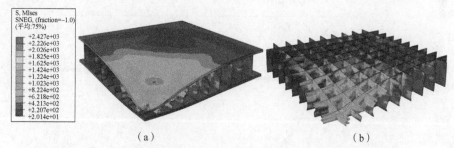

图 11.4　三明治夹层板在 1 kg TNT 当量爆炸物作用下的变形和应力云图（1.5 ms 时）（书后附彩插）
（a）整体结构的变形和应力云图；（b）中间蜂窝结构的变形和应力云图

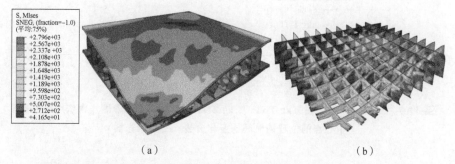

图 11.5　三明治夹层板在 2 kg TNT 当量爆炸物作用下的变形和应力云图（1.5 ms 时）（书后附彩插）
（a）整体结构的变形和应力云图；（b）中间蜂窝结构的变形和应力云图

定量分析三明治夹层板在爆炸冲击波载荷作用下的位移响应。分别在 1 kg TNT、2 kg TNT、3 kg TNT 当量爆炸冲击波作用下，夹层板底板中心点的位移随时间的变化曲线如图 11.7 所示。从图中可以看出，三种 TNT 当量爆炸物的作用下，在爆炸冲击波作用

图 11.6　三明治夹层板在 3 kg TNT 当量爆炸物作用下的变形和应力云图（1.5 ms 时）（书后附彩插）

(a) 整体结构的变形和应力云图；(b) 中间蜂窝结构的变形和应力云图

的初始阶段，三明治夹层板的底板位移迅速增大，三种 TNT 当量情况下的位移响应都在 0.5 ms 左右达到稳定，随后有小幅度振动。TNT 当量越大，底板的位移响应越大，在 3 kg TNT 当量爆炸物冲击波的作用下，底板中心点的永久位移稳定在 100 mm 左右，此时结构的挠跨比为 16.4%。

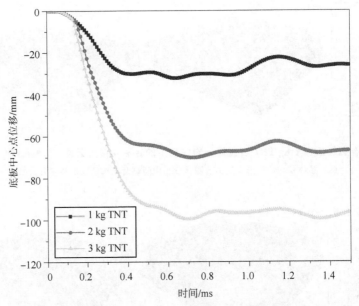

图 11.7　三明治夹层板在 1 kg TNT、2 kg TNT、3 kg TNT 当量爆炸物作用下底板中心点的位移随时间的变化曲线（书后附彩插）

对于 1 kg TNT 加载的情况，分别考虑采用用户子程序 VUHARD 模拟具有非典型应变率硬化的各向同性双线性材料模型和采用用户子程序 VDLOAD 进行近似爆炸加载。各自的计算结果及比较分别如下：

（1）夹层结构采用不同的材料模型模拟相同的 CONWEP 载荷。具有非典型应变率硬化的各向同性双线性材料模型使用用户子程序 VUHARD，材料参数如前文所述。计算得到的底板中心点的位移随时间的变化曲线如图 11.8 所示，通过比较第 1、3 条曲线（黑色曲线、蓝色曲线）可以发现，采用用户子程序 VUHARD 计算的结构和 Johnson-Cook 模型的结果一致，位移略高于 Johnson-Cook 材料模型和实验结果，这可能是对屈服应力值未考虑应变率硬化导致的。

（2）夹层结构采用 Johnson-Cook 材料模型进行建模，并采用用户子程序 VDLOAD 进行近似爆炸加载，参数如前文所述。计算得到的底板中心点的位移随时间的变化曲线如图 11.8 所示，通过比较前两条曲线（黑色曲线、红色曲线）可以发现，采用用户子程序 VDLOAD 进行近似爆炸加载计算的结果与 CONWEP 加载计算得到的结果吻合较好，用户子程序 VDLOAD 的计算结果略低于 CONWEP 爆炸载荷的计算结果，这可能是因为总时间内近似载荷对模型所做的功较少。

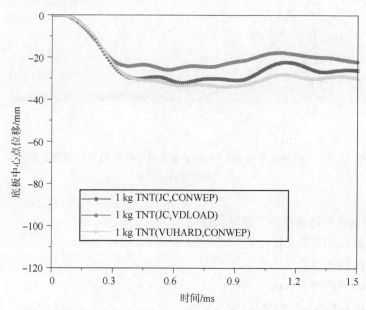

图 11.8　三明治夹层板在 1 kg TNT 当量爆炸物作用下，分别采用 Johnson-Cook 材料模型、VDLOAD 近似爆炸加载和 VUHARD 非典型应变率硬化的各向同性双线性材料模型计算的底板中心点的位移随时间的变化曲线（书后附彩插）

11.4.2　能量分析

三明治夹层板在 1 kg TNT 当量爆炸物冲击波作用下的能量历史曲线如图 11.9 所示，包括总做功历史（ALLWK）、总动能历史（ALLKE）、总塑性耗散历史（ALLPD）和总弹性应变能历史（ALLSE）。通过比较可以发现，初始时（0.2 ms 内），爆炸冲击波载荷所做的功主要转化为结构的动能、部分弹性能和塑性耗散能。0.2 ms 后，爆炸冲击波不再对结构作用，外力功保持不变，但是结构仍然在继续变形。随着变形的发展，大部分系统能量（主要是动能和弹性应变能）转化为材料的塑性能，即能量通过塑性变形耗散了。三明治夹层板在 2 kg TNT 和 3 kg TNT 当量爆炸物冲击波作用下的能量转化过程和上述过程是类似的，最终大部分能量都通过塑性变形耗散了，蜂窝缓冲结构起到了很好的吸能效果。

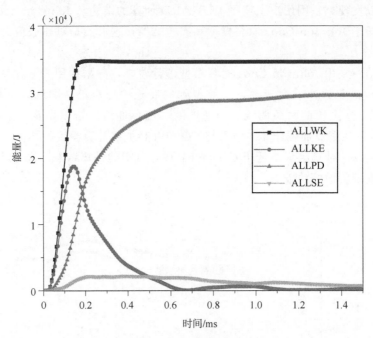

图 11.9　三明治夹层板在 1 kg TNT 当量爆炸物作用下的能量历史曲线
（书后附彩插）

本例模型的 inp 文件和用户子程序文件：

exa_conwep_1kgTNT. inp

exa_conwep_2kgTNT. inp

exa_conwep_3kgTNT. inp

exa_conwep_vuhard_1kgTNT. inp

exa_blast_vuhard. f

exa_vdload_JC_1kgTNT. inp

exa_blast_vdload. f

扫描二维码
获取相关资料

第 12 章
有限元子程序实现逻辑运算

在大多数力学系统中，电子元器件、液压装置以及电力耦合模块等扮演着非常重要的角色[98-100]。例如，在汽车工业中，15%～20%的花费（成本）用于汽车上控制大多数机构的力学行为的电子系统[101]；在航空航天领域，航电系统和液压装置是飞行器控制的关键，如着陆机构和机翼的调整[102]；在制造业，滚轧和传送带系统的稳定性控制非常重要[103]；在消费产品行业，几乎所有产品都包含电子和力学耦合系统，如洗衣机、自动对焦相机、硬盘等[104]。因此，研究它们之间的耦合并准确地对耦合系统的性质进行模拟显得尤为重要。

12.1 ABAQUS 中的逻辑运算概述

机械电子学是将力学和电子学结合起来，使产品更简单、更经济、更可靠和更多用途。ABAQUS 的逻辑计算能力为研究和设计这类系统提供了非常有效和实用的方法。这类系统通常含有三个方面的要素：

（1）传感器：根据机械系统的状态收集数据。

（2）控制模块：使用传感器获得的信息计算合适的激励，使机械系统达到目标状态。

（3）激励器：将控制模块计算得到的机械载荷施加上去。

上述三者的耦合关系如图 12.1 所示。ABAQUS 提供了详尽的、易于使用的模块来模拟上述系统级问题，下面详细介绍各个模块以及如何通过它们建立一个逻辑运算模型。

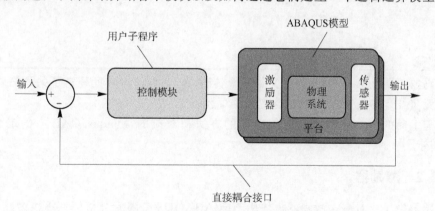

图 12.1 ABAQUS 逻辑运算模型的原理

12.2 建立一个逻辑运算模型

要想在 ABAQUS 中建立一个逻辑运算模型，需要定义以下几方面：

（1）有一个常规的力学分析的有限元模型，该模型可以独立进行正常的力学计算。

（2）在该模型的基础上，建立以下三个模块：

①传感器模块，用于监测想要控制的变量的信息。

②激励器模块，类似于有限元模型中的载荷。

③控制系统的逻辑关系，这部分需要通过用户子程序 UAMP 或 VUAMP 来实现，从而可以在传感器模块和激励器模块之间建立连接和反馈调整的机制。

12.2.1 传感器

传感器模块可以从 ABAQUS 的有限元分析中提取（导出）信号，该信号可以作为控制模块的输入。通常情况下，我们可以在一个模型中使用一个（或多个）传感器，每个传感器都会和一个特定的标量输出（如 U1、RF3 等）建立关联关系，并需要给每个传感器起一个独一无二的名字，以便能够在控制模块中使用它。需要指出的是，每个传感器只能与一个单元（或节点）相关联，也就是说，如果某个传感器与一个单元集（或节点集）建立了关联，那么单元集（或节点集）中有且只能有一个单元（或节点）。

我们可以通过两种方式定义传感器，分别是 inp 关键字和 Abaqus/CAE 界面定义。

（1）通过 inp 关键字进行定义，代码如下：

```
1  ...
2  * STEP
3  * DYNAMIC,EXPLICIT,DIRECT
4  1.8E - 4,0.18
5  ...
6  * OUTPUT, HISTORY, SENSOR, NAME = Horiz_Transl_Motion
7  * ELEMENT OUTPUT, ELSET = SR-SS_CnSet
8  CU1,
9  ...
10 * END STEP
```

该代码的关键是第 6~8 行，定义了一个传感器，并与一个单元建立了关联关系（注意：这里的单元集 SR-SS_CnSet 中只能含有一个单元）。

（2）与上面的 inp 文件中定义传感器的方法相对应的 Abaqus/CAE 中的定义方法如图 12.2 所示。

12.2.2 激励器

与传感器模块相对应，激励器模块用于向 ABAQUS 有限元分析模型提供激励信号，这个激励信号是通过用户子程序 UAMP 或 VUAMP 计算得到的。对于常规的有限元分析，在分析过程中某个确定时间的激励信号的幅值通常是通过载荷或者边界条件预先给定的，而这里则通过对实时获取的传感器信号进行一定的逻辑计算来得到，并且可以和各种影响因素相

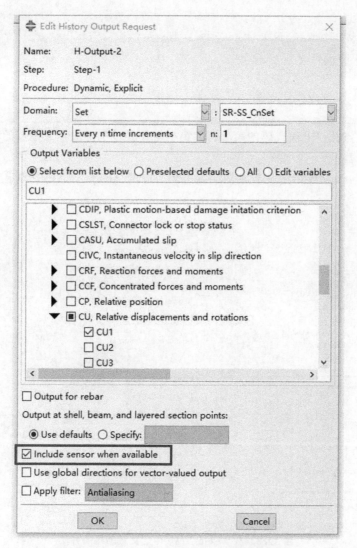

图 12.2　在 Abaqus/CAE 中定义传感器的方法

关，如集中力、分布力、边界条件、连接器载荷、场变量等。

同样，可以通过两种方式来定义激励器，分别是通过 inp 关键字和通过 Abaqus/CAE 界面定义。

（1）通过 inp 关键字进行定义，代码如下：

```
1  ...
2  * AMPLITUDE, DEFINITION = USER, NAME = MOTOR_WITH_STOP_SENSOR, VARIABLES = 2
3  ...
4  * STEP
5  * DYNAMIC, EXPLICIT, DIRECT
6  1.8E - 4, 0.18
7  * BOUNDARY, TYPE = VELOCITY, AMPLITUDE = MOTOR_WITH_STOP_SENSOR
```

```
 8  90000, 6, 6, 5.0
 9  *OUTPUT, HISTORY, SENSOR, NAME = Horiz_Transl_Motion
10  *ELEMENT OUTPUT, ELSET = SR-SS_CnSet
11  CU1,
12  ...
13  *END STEP
```

这里需要重点关注上面代码的第 2 行和第 7 行，其分别定义了激励器的幅值和在边界条件中使用了激励器。

（2）与上面 inp 文件中定义激励器的方法相对应的 Abaqus/CAE 中的定义方法如图 12.3 所示。

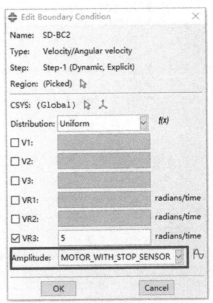

图 12.3　在 Abaqus/CAE 中定义激励器的方法

12.2.3　用户子程序的控制

通过前面对传感器和激励器的定义，我们可分别得到了输出信号（传感器得到的）并赋予了输入信号（激励器得到的），但二者之间还没有建立逻辑关系（这是最关键的一步），还无法通过输出信号来反馈输入信号进行调整。要想实现这一步，就需要通过用户子程序 UAMP 或 VUAMP 来编写二者之间的逻辑关系。

用户子程序 UAMP 和 VUAMP 可以完成以下功能：

（1）可以定义一个依赖于时间的幅值曲线。

（2）可以定义一个依赖于给定数量的状态变量的幅值曲线。

（3）如果模型中使用了传感器，则可以模拟系统的控制。这也是本章的主要讨论点。

（4）可以计算幅值曲线的导数和积分。

下面分别给出用户子程序 UAMP 和 VUAMP 的接口以及主要变量的含义。

用户子程序 UAMP 的 Fortran 程序接口如下：

```
1       subroutine uamp(                                          &
2           ampName, time, ampValueOld, dt, nProps, props,       &
3           nSvars, svars, lFlagsInfo,                           &
4           nSensor, sensorValues, sensorNames,                 &
5           jSensorLookUpTable, AmpValueNew, lFlagsDefine,      &
6           AmpDerivative, AmpSecDerivative, AmpIncIntegral,    &
7           AmpDoubleIntegral)
8       include 'aba_param.inc'
9       dimension sensorValues(nSensor), svars(nSvars),props(nProps)
10      character * 80 sensorNames(nSensor)
11      character * 80 ampName
12
13  !   时间索引
14      parameter (iStepTime      = 1,    &
15                 iTotalTime     = 2,    &
16                 nTime          = 2)
17  !   一些可供使用的标志(flags)
18      parameter (iInitialization = 1,   &
19                 iRegularInc     = 2,   &
20                 iCuts           = 3,   &
21                 ikStep          = 4,   &
22                 nFlagsInfo      = 4)
23  !   需要被定义的变量的标志(flags)
24      parameter (iComputeDeriv       = 1,   &
25                 iComputeSecDeriv    = 2,   &
26                 iComputeInteg       = 3,   &
27                 iComputeDoubleInteg = 4,   &
28                 iStopAnalysis       = 5,   &
29                 iConcludeStep       = 6,   &
30                 nFlagsDefine        = 6)
31      dimension time(nTime), lFlagsInfo(nFlagsInfo),    &
32                 lFlagsDefine(nFlagsDefine)
33      dimension jSensorLookUpTable( * )
34  !   ...
35      end subroutine
```

编写用户子程序 UAMP 的关键是定义变量 AmpValueNew 的值，即当前时刻的幅值。用户需要根据具体的需求和公式进行编写。

用户子程序 VUAMP 的 Fortran 接口如下：

```
1       subroutine vuamp(                                         &
2           ampName, time, ampValueOld, dt, nProps, props,       &
3           nSvars, svars, lFlagsInfo,                           &
```

```
 4              nSensor, sensorValues, sensorNames,                      &
 5              jSensorLookUpTable, AmpValueNew, lFlagsDefine,           &
 6              AmpDerivative, AmpSecDerivative, AmpIncIntegral)
 7       include 'vaba_param.inc'
 8       dimension sensorValues(nSensor), svars(nSvars),  props(nProps)
 9       character * 80 sensorNames(nSensor)
10       character * 80 ampName
11
12 !     时间索引
13       parameter (iStepTime         = 1,  &
14                  iTotalTime         = 2,  &
15                  nTime              = 2)
16 !     一些可供使用的标志(flags)
17       parameter (iInitialization    = 1,  &
18                  iRegularInc        = 2,  &
19                  ikStep             = 3,  &
20                  nFlagsInfo         = 3)
21 !     需要被定义的变量的标志(flags)
22       parameter (iComputeDeriv      = 1,  &
23                  iComputeSecDeriv   = 2,  &
24                  iComputeInteg      = 3,  &
25                  iStopAnalysis      = 4,  &
26                  iConcludeStep      = 5,  &
27                  nFlagsDefine       = 5)
28
29       dimension time(nTime), lFlagsInfo(nFlagsInfo),   &
30                  lFlagsDefine(nFlagsDefine)
31       dimension jSensorLookUpTable( * )
32 !     ...
33       end subroutine
```

可以看到，用户子程序 UAMP 和 VUAMP 的接口（子程序参数的名称、顺序和意义）完全相同，因此在这里统一进行说明。上面两个用户子程序接口中的变量可以分为以下三类：

（1）必须被定义和赋值的变量。

这类变量是子程序的核心，用户总是在围绕这些变量进行子程序的编写。其中，AmpValueNew 必须被定义，其含义为当前时刻的幅值。

（2）可以被定义和赋值的变量。

lFlagsDefine：它是一个整数数组，用于决定是否需要额外计算并提供一些变量的值以及提供分析的连续性需求。该数组中每个值的含义如下：

● lFlagsDefine(iComputeDeriv)

如果为 1，则必须提供（定义、赋值）幅值的导数（AmpDerivative）。

如果为 0（默认值），则 ABAQUS 会计算幅值的导数。

● lFlagsDefine(iComputeSecDeriv)

如果为 1，则必须提供（定义、赋值）幅值的二阶导数（AmpSecDerivative）。

如果为 0（默认值），则 ABAQUS 会计算幅值的二阶导数。

● lFlagsDefine(iComputeInteg)

如果为 1，则必须提供（定义、赋值）幅值的增量积分（AmpIncIntegral）。

如果为 0（默认值），则 ABAQUS 会计算幅值的积分。

● lFlagsDefine(iStopAnalysis)

如果为 1，则分析终止，并抛出一个错误信息。

如果为 0（默认值），则 ABAQUS 不会终止分析。

● lFlagsDefine(iConcludeStep)

如果为 1，则总结当前分析步，并进入下一个分析步（如果有下一个分析步）。

如果为 0（默认值），则 ABAQUS 不会总结当前分析步。

（3）不能更改，只能访问和使用其值的变量。除了上面的两类变量外，其他变量都是这类变量，其含义总结如表 12.1 所示。

表 12.1　用户子程序 UAMP 和 VUAMP 的其他变量及其含义

参数	含义
ampName	幅值曲线的名称
time(iStepTime)	当前分析步的时间
time(iTotalTime)	整个分析的当前时间
ampValueOld	上一个增量步的幅值曲线的值
dt	当前的时间增量
nProps	与这个曲线定义相关的参数的个数（inp 传入的参数个数）
props(nProps)	与这个曲线定义相关的参数列表
nSvars	与这个曲线定义相关的状态变量的个数
lFlagsInfo	可用信息指标数组
lFlagsInfo(iInitialization)＝1	如果是在初始时刻被调用
lFlagsInfo(iRegularInc)＝1	如果是在一个常规的增量步内被调用
lFlagsInfo(iCuts)	当前增量步的时间折减次数（对应几次不收敛）
lFlagsInfo(ikStep)	分析步编号
nSensor	模型中传感器的总个数
sensorValues	前一增量步结束时传感器的值的列表
sensorNames	用户定义的传感器的名称列表
jSensorLookUpTable	必须被传入实用子程序的变量

12.3　UAMP 实现深压成型中力的控制

本节通过一个具体的深压成型例子来展示如何使用用户子程序 UAMP 来实现力的主动控制，在压头压入的过程中，支撑力可以进行动态调整和控制。其中主要涉及以下几个过程：

（1）压入的过程中实时监测冲压力的值。

（2）如果冲压力达到了可能会引起薄板撕裂的值，则减小支撑力。

（3）如果冲压力减小到比撕裂的临界值小很多，则增加支撑力，以防发生褶皱。

深压成型模型示意图如图 12.4 所示。

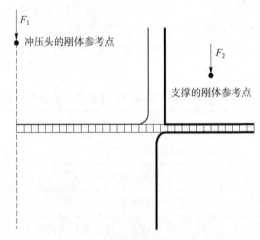

图 12.4　深压成型模型示意图

为了在分析过程中实现上述冲压力的控制和调整，需要在 inp 文件中进行相应设置，代码如下：

```
1  *amplitude, name = holder_force, definition = user, variables = 2, properties = 4
2  7.5d4, 1.d5, 0.04d0, 0.04d0
3  ...
4  *step
5  *static
6  ...
7  *cload, amp = holder_force
8  holder, 2,-1.0
9  ...
10  *output, history, sensor, name = punch_force
11  *node output, nset = punch
12  rf2,
13  *end step
```

在进行用户子程序的编写时，可以通过下面的步骤得到支撑力的幅值大小：

第 1 步，指定支撑力的初始值（程序中的局部变量）。

第 2 步，定义冲压力的目标值。

第 3 步，如果冲压力没有超过目标值，则保持支撑力不变。

第 4 步，如果冲压力超过了给定的目标值（用户给定一个可接受的超过的误差），则减小支撑力。

第 5 步，如果冲压力降到低于给定的目标值（用户给定一个可接受的低于的误差），则增加支撑力。

通过上面几个步骤即可实现对冲压力的控制。实现冲压力控制的用户子程序 UAMP 的代码如下（注意，部分固定格式的代码用省略号以示省略，在使用时请参考前面的子程序接口补上相应的代码）：

```
1   ! 深压成型(deep drawing)中支撑力(holder force)的控制
2       subroutine uamp(...)
3       include 'aba_param.inc'
4   !     ...
5       parameter (one = 1.d0, two = 2.d0)
6
7       ! 输入参数
8       fPunchTarget = props(1)        ! 冲压力(punch force)的目标值
9       fHolderInit  = props(2)        ! 支撑力(holder force)的初始值
10      fractHolder  = props(3)        ! 微小的许可的改变量
11      tolPunch     = props(4)        ! 冲压力(punch force)的误差
12      kStep = lFlagsInfo(ikStep)
13
14      ! 如果是在初始阶段被调用,则什么都不做
15      if (lFlagsInfo(iInitialization).eq.1) then
16        ampValueNew = ampValueOld
17        return
18      end if
19
20      ! 得到冲击力(punch force)
21      fPunchNew = GetSensorValue('PUNCH_FORCE',jSensorLookUpTable,sensorValues)
22      fPunchNew = abs(fPunchNew)
23
24      ! 增量步开始时状态变量的值
25      fHolderOld = svars(1)          ! 支撑力(holder force)
26      fPunchMax  = svars(2)          ! 目前为止最大的冲击力(punch force)
27
28      ! 支撑力(holder force)只在第二、三个分析步施加
29      tTotal = time(iTotalTime)
30      tStep = time(iStepTime)
```

```
31      tPeriod = one
32
33      if ( kStep . eq. 2 ) then      ! Step 2(第二个分析步)
34          ! 调整支撑力(holder force)到想要的初始值
35         fHolderNew = fHolderInit * (tStep/tPeriod)
36      elseif ( kStep . eq. 3 ) then      ! Step 3(第三个分析步)
37          ! 调整支撑力(holderforce)来控制冲压力(punch force)
38          ! 支撑力的许可改变量
39          dfHolderMax = fractHolder * fHolderOld
40
41          ! 目标值的许可误差
42          dfPunchTol = tolPunch * fPunchTarget
43
44          ! 计算支撑力(holder force)
45          ! 如果冲压力超过了最大许可值,则减小支撑力
46          if (fPunchNew.gt. fPunchTarget + dfPunchTol) then
47              fHolderNew = fHolderOld - dfHolderMax      ! 减小
48          ! 如果冲压力超过了最大许可值,则保持支撑力为初始值
49          ! 如果冲压力之前超过最大许可值,但当前没有,则保持支撑力为前一步的值
50          else if (fPunchMax. lt. fPunchTarget + dfPunchTol . or. &
51                  fPunchNew. gt. fPunchTarget-dfPunchTol) then
52              fHolderNew = fHolderOld                      ! 保持不变
53          ! 如果冲压力前一步超过最大许可值,且当前步小于最小许可值,则增加支撑力
54          else
55              fHolderNew = fHolderOld + dfHolderMax         ! 增加
56          end if
57      end if
58
59      ! 更新幅值(amplitude)
60      AmpValueNew = fHolderNew
61
62      ! 更新状态变量
63      svars(1) = fHolderNew
64      svars(2) = max(fPunchMax,fPunchNew) ! 跟踪最大的冲压力
65
66      return
67      end
```

通过上面的例子计算得到的结果如图 12.5 和图 12.6 所示。图 12.7 所示为分别考虑力的控制和不考虑力的控制条件下计算得到的冲头和支撑受到的力随冲头加载位移的变化。从图中可以看出,考虑了力的控制后,冲头在加载过程中的确根据加载情况进行了调整,对应

的支撑的力也不再是没有考虑时恒定的力了。

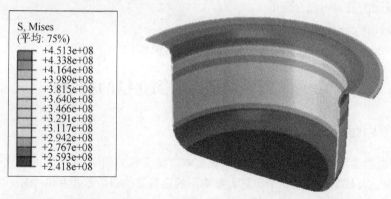

图 12.5　成型部件的 Mises 应力云图（只显示成型部件）（书后附彩插）

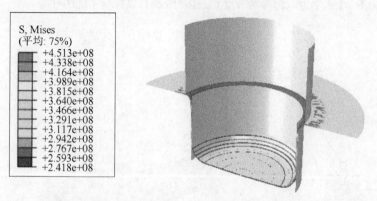

图 12.6　成型部件的 Mises 应力云图（包含成型部件和模具）（书后附彩插）

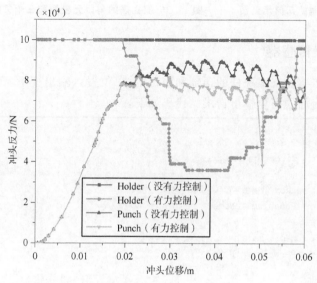

图 12.7　考虑力的控制和不考虑力的控制条件下计算得到的冲头和支撑受到的力随冲头加载位移的变化（书后附彩插）

本例模型的 inp 文件和用户子程序文件:

deepdrawcup_cax4r_user.inp

deepdrawcup_cax4r_user.for

deepdrawcup_cax4r.inp(没有考虑力的控制的模型的 inp 文件)

12.4 VUAMP 实现倒立摆的控制

12.4.1 问题描述

传感器和激励器可用于模拟反馈控制系统。本节将研究如图 12.8 所示的倒立摆的控制系统的物理特性[105]。其控制系统是一个在重力影响下的垂直平衡杆。这里用 6 个刚性部件连接 5 个连接器元件来模拟该机构,建立的有限元模型如图 12.9 所示。将与 X 位置相关联的传感器(输出变量 COOR1)定义在极点的顶部和底部(即参考节点 PendulumTieNode 和 PendulumRefNode),在极点的底部作用一个水平力(即参考节点 CartRefNode)以控制系统的平衡。

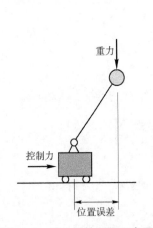

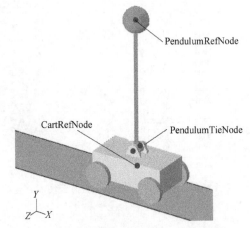

图 12.8 倒立摆的几何示意图 图 12.9 倒立摆的有限元模型和三个关键的参考点

12.4.2 定义传感器

首先通过创建传感器来跟踪杆的顶部和底部的 X 位置(输出变量 COOR1)。在指定的分析步内定义两个附加的历史输出请求,代码如下:

```
1  *Step, name = Step-1
2  施加控制力以平衡钟摆的算例
3  *Dynamic, Explicit, direct user control
4  :
5  *Output, history, sensor, name = CX1, frequency = 1
6  *Node Output, nset = PendulumTieNode
7  COOR1,
8  *Output, history, sensor, name = CX2, frequency = 1
9  *Node Output, nset = PendulumRefNode
10 COOR1,
11 :
12 End step
```

12.4.3　定义激励器

在 Step 的定义中，定义两个解相关的状态变量（SDV）的用户幅值曲线。这些变量将用于存储引用节点 PendulumTieNode 和 PendulumRefNode 的 X 坐标的当前值。另外，对集合 CartRefNode 施加集中力。将第一个载荷分量设置为 1，并使用用户定义的幅值曲线，其在 inp 文件中的设置如下：

```
1  *Step, name = Step-1
2  施加控制力以平衡钟摆的分析步
3  *Dynamic, Explicit, direct user control
4  :
5  *Amplitude, name = PID, definition = USER, variables = 2
6  *Cload, amplitude = PID
7  CartRefNode, 1, 1.
8  :
9  *End step
```

12.4.4　定义控制系统

倒立摆的控制系统示意图如图 12.10 所示。该系统基于一个通用的比例-积分-微分（PID）反馈回路，采用三个独立的参数（表示比例、积分和导数值）。这些值的总和被用于控制过程（在这种情况下，所施加的力被驱动，以保持极点在垂直位置）。

说明：虽然图 12.10 显示了倒立摆的整个控制系统，但只有在虚线框中封闭的部分需要在用户子程序 VUAMP 中进行代码实现。误差 e 的积分和导数形式可以根据下式进行计算和估计：

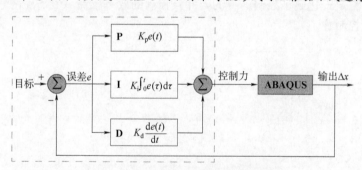

图 12.10　倒立摆的控制系统示意图

$$\int_0^t e(\tau)\mathrm{d}\tau \approx \sum_{i=1}^{\#\text{inc}} (e_t + \Delta_{t+e_t})^{(i)} \frac{\Delta t^{(i)}}{2} \tag{12.1}$$

$$\frac{\mathrm{d}e}{\mathrm{d}t} \approx \frac{e_{t+\Delta t} - e_t}{\Delta t} \tag{12.2}$$

此问题中的"误差"定义为参考节点 PendulumTieNode 和 PendulumRefNode 的 X 坐标之间的差异。这两个参考点的 X 坐标分别保存为名为 CX1 和 CX2 的传感器数据。参数 K_p、K_i 和 K_d 表示它们各自的控制输出增益。在本问题中，使用以下值：$K_p=150$，$K_i=0$，$K_d=2.5$（即在此仅使用了比例和微分两种控制模式）。

12.4.5　倒立摆控制的仿真结果

采用上面定义的传感器、激励器和控制系统，利用编写的用户子程序，计算倒立摆在控制反馈条件下的力学响应，绘制计算得到的参考节点 PendulumTieNode 和 PendulumRefNode 的 X 坐标随时间的变化曲线，如图 12.11 所示。从图中可以看出，这两个参考节点的位移最终都趋于 0。

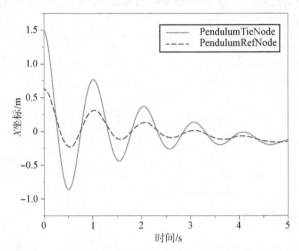

图 12.11　参考节点 PendulumTieNode 和 PendulumRefNode 的 X 坐标随时间的变化曲线

进一步，通过做差可以得到"误差"的时程曲线，如图 12.12 所示。从图中可以看出，位移误差逐渐变小，最终在 5 s 左右达到稳定，误差在 0 附近小幅振荡，这说明通过力的控制，倒立摆最终稳定，达到了控制的目的，并且控制的效率较高（在 5 s 内，即在约 5 个来回摆动的周期就控制住了）。

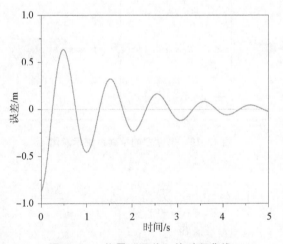

图 12.12　位置"误差"的时程曲线

本例模型的 inp 文件和用户子程序文件：

w_inverted_pendulum_complete. inp

w_inverted_pendulum_vuamp. for

扫描二维码
获取相关资料

第 13 章

用 C++ 语言编写用户子程序

第 1 章简要介绍了 ABAQUS 用户子程序的 C++ 语言接口，以及用 C++ 语言编写用户子程序的优势。本章将对其进行更加详细的介绍，并给出一个 C++ 语言用户子程序编写的用户材料子程序 UMAT 的详细例子，以更加深入地介绍如何用 C++ 语言编写用户子程序。

13.1 C++ 语言用户子程序概述

13.1.1 C++ 语言用户子程序接口

在编写 C++ 语言的用户子程序时，首先需要在源文件（扩展名为 .cpp 或 .c）中包含下面的语句：

```
1 # include <aba_for_c.h>
```

然后，就可以使用 FOR_NAME 宏。在这个宏中，包含所有的 ABAQUS 用户子程序的名称（包括实用子程序），如用户子程序 UMAT。这些用户子程序都通过下面的方法来连接它的接口，进行相应的数据传递。在此以用户子程序 UMAT 为例，通过下面的代码来访问用户子程序 UMAT 的 C++ 语言接口：

```cpp
1  // 用户子程序 UMAT 的 C++ 语言接口
2  extern "C" void FOR_NAME(umat)(
3  double* STRESS, void* STATEV, double* DDSDDEori,
4  void* SSE, void* SPD, void* SCD, void* RPL, void* DDSDDT, void* DRPLDE, void* DRPLDT,
5  void* STRAN, double* DSTRAN, void* TIME, void* DTIME, void* TEMP, void* DTEMP,
6  void* PREDEF, void* DPRED, void* CMNAME, int& NDI, int& NSHR, int& NTENS,
7  void* NSTATV, double* PROPS, void* NPROPS, void* COORDS, void* DROT, void* PNEWDT,
8  void* CELENT, void* DFGRD0, void* DFGRD1, void* NOEL, void* NPT, void* LAYER,
9  void* KSPT, void* KSTEP, void* KINC) {
10
11 // 编写代码
12 }
```

在 Abaqus/Standard 和 Abaqus/Explicit 中，都支持使用 C++ 语言编写用户子程序（以 .c 或 .cpp 为扩展名的源代码文件）。但是，在 ABAQUS 的最新版本（2020）中仍然不支持直接在 CAE 中指定 .cpp 扩展名的用户子程序，只能通过命令行的参数 "user=×××.cpp"

来指定使用 C++子程序。因此在使用时要首先用 Abaqus/CAE 生成模型的 input 文件，然后通过命令行来提交计算（调用 C++子程序），最后可以用 Abaqus/Viewer 查看计算结果。

13.1.2　C++子程序与 Fortran 子程序的区别

由于语法上的差异，习惯用 Fortran 语言编写子程序的开发者转而开发 C++语言子程序时，可能会犯一些不易察觉的错误而导致花费大量时间去调试（debug）。因此，在编写子程序时需要注意 C++语言用户子程序与 Fortran 语言用户子程序的区别。其中，有两个重要的区别需要特别关注，分别是：

（1）对于二维数组变量，在 C++语言中是行优先，而在 Fortran 语言中则是列优先。

（2）C++语言中数组的下标从 0 开始计数，而 Fortran 语言中则从 1 开始计数。

13.1.3　C++中调用外部库的方法

相较于 Fortran 语言，C++语言的一大优势是含有丰富的外部库，可以满足各种计算需求，能大大提高开发子程序的效率。第 1 章已经简单介绍了使用外部库的好处，并通过一个简单的例子说明了使用外部库可以提高代码的可读性。本节以数值计算库 armadillo 为例来介绍如何在 C++语言中调用外部库。

通常情况下，只需要正常安装 armadillo 库就可以使用了。但如果想要使用一些好用的函数（如矩阵乘法、解方程的函数等），则需要引入 BLAS 库和 LAPACK 库。要想引入这两个库，就需要在链接器中提高它们的 lib，具体操作步骤如下：

第 1 步，修改环境文件 abaqus_v6.env 中的 link_sl 变量，在其末尾添加两个文件名：blas_win64_MT.lib 和 lapack_win64_MT.lib。

第 2 步，将文件 blas_win64_MT.lib 和 lapack_win64_MT.lib 复制到 Visual Studio（VS）的 cpp 库中（选择 amd64），具体目录为 C：/ProgramFiles(x86)/Microsoft Visual Studio 11.0/VC/lib/amd64。

第 3 步，将对应的两个 .dll 文件复制到 system32 目录中。如果没有进行这一步骤，则在运行中会弹出报错消息框并退出，而且弹出的是 BLAS 库的消息框。

通过以上三步，就可以配置出非常方便使用且功能强大的 C++语言数值计算环境。在配置 armadillo 库后，就可以更加直观和方便地定义矩阵和向量，具体可以通过下面的代码来定义：

```
1 // 使用 armadillo 库定义矩阵
2 mat ddsddeMat = mat(DDSDDEori, NTENS, NTENS, false, true);
```

使用上面的代码定义时，需要在子程序接口中把 DDSDDE 变量（上面的程序中为 DDSDDEori）声明为 double* 或 void* 类型。在第 2 条代码中，false 表示不复制数据，直接用原始位置（内存地址）；true 表示遵守 strict-aliasing 规则，即不添加空间，保证总是使用这一段空间。

注意：这里不需要对矩阵进行转置。这是因为，对于二维数组，虽然在 Fortran 中是列优先的，而在 C++中是行优先的。不过，在 armadillo 库中使用一维数组对矩阵进行初始化时是列优先的。

13.1.4　C++ 中调用工具子程序 Utility 的方法

要想在 C++ 的用户子程序中调用工具子程序 Utility，需要先在用户子程序外部声明被调用的工具子程序 Utility。声明方法如下：

```
1  extern "C" void NameOfUtility_(parameters);
```

下面通过一个例子展示如何在 C++ 用户子程序中调用工具子程序 Utility。这里以在用户子程序 uexternaldb 中调用工具子程序 getnumcpus 为例，具体代码如下：

```
1  extern "C" void getnumcpus_(int * NUMPROCESSES); \\声明
2
3  // 主子程序
4  extern "C" void uexternaldb_(... parameters...)
5  {
6  // 其他代码
7  int * lenvar;
8  lenvar = new int;
9  getnumcpus_(lenvar);      // 调用语句
10  cout << * lenvar;
11  // 其他代码
12  }
```

13.2　用户材料子程序 UMAT 的 C++ 实现

本节将给出一个完整的用 C++ 编写的用户子程序的例子，这是一个简单的线弹性本构模型的用户材料子程序 UMAT，其他用 Fortran 语言编写的用户子程序若要转化为 C++ 编写的用户子程序，也可以仿照这个例子修改用户子程序的接口。C++ 用户子程序的使用方法和 Fortran 语言的用户子程序是一样的，既可以通过 cmd 窗口，使用命令行进行提交计算，也可以先编译成 obj 文件（具体编译生成 obj 文件的方法见 1.5 节），再用 cmd 命令行提交计算。

```
1  # include <aba_for_c.h>
2
3  # include <iostream>
4  using namespace std;
5
6  extern "C" void FOR_NAME(xit)();
7  extern "C" void FOR_NAME(umat)(
8  double* STRESS, void* STATEV, double* DDSDDEori,
9  void* SSE,void* SPD,void* SCD,void* RPL,void* DDSDDT, void* DRPLDE, void* DRPLDT,
10  void* STRAN, double* DSTRAN, void* TIME, void* DTIME, void* TEMP, void* DTEMP,
11  void* PREDEF, void* DPRED, void* CMNAME, int& NDI, int& NSHR, int& NTENS,
12  void* NSTATV, double* PROPS, void* NPROPS, void* COORDS, void* DROT, void* PNEWDT,
```

```
13  void* CELENT, void* DFGRD0, void* DFGRD1, void* NOEL, void* NPT, void* LAYER,
14  void* KSPT, void* KSTEP, void* KINC) {
15
16      // 声明变量
17      double Emod, Enu, EG, Elambda;
18      double** DDSDDE = new double*[NTENS];
19      // 声明变量,注意 DDSDDEori 传入的是一维变量,这里将其转换为二维 6*6 矩阵 DDSDDE
20      for (int i = 0; i < NTENS; i++) {
21          DDSDDE[i] = DDSDDEori + NTENS * i;
22      }
23      int ni, nj;
24
25      // 获取和计算材料参数
26      Emod = PROPS[0];
27      Enu = PROPS[1];
28      EG = Emod / (2 * (1 + Enu));
29      Elambda = Enu * Emod / (1 + Enu) / (1 - 2 * Enu);
30
31      //如果 NTENS 不等于 6(对应于 3D 情况),报错退出(这一段代码不是必需的);
32      if (NTENS != 6) {
33          cout << NTENS << endl;
34          cout << "ERROR: this umat can only be used in 3D element";
35          xit();
36      }
37
38      // 计算 DDSDDE,材料刚度矩阵,对角线部分(1-3)
39      for (ni = 0; ni < NDI; ni++) {
40          DDSDDE[ni][ni] = Elambda + 2 * EG;
41      }
42
43      // 计算 DDSDDE,材料刚度矩阵,对角线部分(4-6)
44      for (ni = NDI; ni < NTENS; ni++) {
45          DDSDDE[ni][ni] = EG;
46      }
47
48      // 计算 DDSDDE,材料刚度矩阵,非对角线部分
49      for (ni = 0; ni < NDI; ni++) {
50          for (nj = 0; nj < NDI; nj++) {
51              if (ni != nj) DDSDDE[ni][nj] = Elambda;
52          }
53      }
54
55      // 计算更新应力
```

```
56    for (int i = 0; i < NTENS; i++) {
57      for (int j = 0; j < NTENS; ++j) {
58        STRESS[i] = DDSDDE[i][j] * DSTRAN[j] + STRESS[i];
59      }
60    }
61 }
```

相对于 Fortran 语言，用 C++ 语言编写用户子程序有自己的优势，主要体现在以下几方面：

（1）当前的各种编辑环境（或编辑器）对 C++ 语言的支持都非常友好，代码高亮、代码提示、自动补全等功能都非常完备，而 Fortran 语言在这方面要逊色得多。

（2）C++ 语言的面向对象的属性在编写大型复杂结构的子程序时具有独特的优势，编写的代码结构更加清晰、可读性更高。

（3）C++ 语言具有丰富的函数库，特别是用于数值计算的函数库，使用起来很方便。例如，对于上面的例子（线弹性本构模型的用户子程序 UMAT），采用 ARMA C++ 线性代数计算库里的函数来重新编写实现，具体代码如下：

```
1  # include <aba_for_c.h>
2
3  # include <iostream>
4  using namespace std;
5
6  // 使用线性代数库 arma
7  # include <armadillo>
8  using namespace arma;
9
10 extern "C" void FOR_NAME(xit)();
11 extern "C" void FOR_NAME(getjobname)(char * JOBNAME, int& LENJOBNAME );
12
13 extern "C" void FOR_NAME(umat)(double* STRESS, void* STATEV, double* DDSDDEori, void* SSE,
   void* SPD, void* SCD, void* RPL, void* DDSDDT, void* DRPLDE, void* DRPLDT, void* STRAN,
   double* DSTRAN, void* TIME, void* DTIME, void* TEMP, void* DTEMP, void* PREDEF, void* DPRED,
   void* CMNAME, int&NDI, int& NSHR, int& NTENS, void* NSTATV, double* PROPS, void* NPROPS, void*
   COORDS, void* DROT, void* PNEWDT, void* CELENT, void* DFGRD0, void* DFGRD1, void* NOEL, void*
   NPT, void* LAYER, void* KSPT, void* KSTEP, void* KINC) {
14
15   double Emod, Enu, EG, Elambda;
16   int ni, nj;
17   mat ddsddeMat = mat(DDSDDEori, NTENS, NTENS, false, true);
18
19   // 获取和计算材料参数
20   Emod = PROPS[0];
21   Enu = PROPS[1];
```

```
22    EG = Emod / (2 * (1 + Enu));
23    Elambda = Enu * Emod / (1 + Enu) / (1 - 2 * Enu);
24
25    //如果 NTENS 不等于 6(对应于 3D 情况),就报错退出(这一段代码不是必需的);
26    if (NTENS != 6) {
27      cout << NTENS << endl;
28      cout << "ERROR: this umat can only be used in 3D element";
29      xit();
30    }
31
32    // 计算 DDSDDE,材料刚度矩阵
33    ddsddeMat.submat(0, 0, size(NDI, NDI)) = eye(NDI, NDI) * 2 * EG;
34    ddsddeMat.submat(NDI, NDI, size(NSHR, NSHR)) = eye(NSHR, NSHR) * EG;
35    ddsddeMat.submat(0, 0, size(NDI, NDI)) += Elambda;
36
37    // 声明定义应力和应变增量
38    vec stressVec = vec(STRESS, NTENS, false, true);
39    vec dstranVec = vec(DSTRAN, NTENS, false, true);
40
41    // 计算更新应力
42    stressVec += ddsddeMat * dstranVec;
43  }
```

可以发现,采用已有的函数库后,代码简洁明了,便于阅读。对于比较复杂大型的代码,C++语言丰富的库函数非常有优势。

关于 ARMA C++线性代数库相关的内容可以参考网址:http://arma.sourceforge.net。

第 14 章
用户子程序高级功能

14.1 用户子程序的并行计算

并行计算对于提高大规模问题的计算效率具有非常重要的意义[106,107]，特别是对于显式计算中的大规模问题，如在第 7 章中介绍的使用多个用户子程序实现相场法计算断裂问题的例子。由于相场法对网格密度的要求，其计算量通常很大，需要进行并行计算以提高效率[108]。

需要指出的是，如果在模型计算中需要使用多核并行计算，且同时要使用子程序，此时就需要特别注意考虑子程序的编写是否满足并行计算的要求，否则很难得到预期的结果，特别是子程序中含有公共空间变量的情况下，此时多核内的公共空间变量并不同步，需要特殊处理。

在 ABAQUS 的子程序中实现子程序的并行计算主要有两种方法：基于线程的并行计算；基于 MPI 的并行计算。具体而言，对于 Abaqus/Standard，这两种方法都可以使用，而对于 Abaqus/Explicit，只能使用基于 MPI 的并行计算。

14.1.1 基于线程的并行计算

在基于线程的并行计算中，对于公共空间的变量或者共享的资源，需要进行额外的保护。例如，common block 中的变量或 module 中的变量就是公共空间变量，而文件就是共享的资源，这些都需要进行额外的保护。这是因为，在多线程执行的情况下，多个线程可能会尝试同时向一个文件中写入数据，或同时对同一个公共变量进行赋值。对比，程序总是会保留最后一个线程的写入数据或存储的变量值，其他线程的数据或变量值则被覆盖，而我们无法预期到底哪一个线程是最后一个线程，这不是我们希望的结果。

为了避免上述问题的出现，可以使用下面的语句（函数）：

1) get_thread_id

这个函数允许我们区分 0 线程（第一个线程）和其他线程。这对于将某些特殊的任务仅限制到线程 0 非常有用。这些特殊任务通常包括 I/O 操作（特别是打开和关闭文件）和执行单点初始化。示例如下：

```
1  INTEGER ThreadID
2  INTEGER get_thread_id
3  ThreadID = get_thread_id()
4  if (ThreadID.eq.0) then
```

```
5    CALL   user_initialization_routine()
6  end if
```

2) Mutexes（互斥执行锁、互斥锁）

如果某段代码已经在被一个线程执行，那么互斥锁可以阻止其他线程进入这段代码。它是一种避免线程之间互相竞争的机制（即所有线程不能同时修改一些公共变量的值）。

ABAQUS 提供了 10 个预定义的互斥锁供用户使用。它们的编号为 1～10，开发者可以通过它们的编号进行使用。一个互斥锁在被使用之前需要进行初始化。初始化互斥锁的最佳位置在子程序 uexternaldb 中（这个子程序在整个分析的一开始就会被执行）。示例如下：

```
1    subroutine uexternaldb(lop,lrestart,time,dtime,kstep,kinc)
2
3    INCLUDE 'ABA_PARAM. INC'
4    common /norms/ errormax,totalerror,totalstress
5
6    if (lop. eq. 0) then
7       call MutexInit(1)
8       totalerror = 0.0d0
9       totalstress = 0.0d0
10      errormax = -1. d36
11   end if
```

经过上面代码的计算，1 号互斥锁（＃1）就可以在其他要被调用的用户子程序中使用了，以保护对共享公用块中变量的访问，防止其被多个互相竞争的线程同时访问而造成破坏。示例如下（这里以用户子程序 uvarm 为例）：

```
1    subroutine uvarm(uvar,direct,t,time,dtime,cmname,orname,      &
2                     nuvarm,noel,npt,nlayer,nspt,kstep,kinc,       &
3                     ndi,nshr, coord, jmac, jmatyp,                &
4                     matlayo, laccflg)
5
6    common /norms/ errormax,totalerror,totalstress
7    ! ...
8    call MutexLock(1)   ! 上锁
9
10   totalerror = totalerror + vol * uvar(1) ** 2   ! 更新公共空间块
11   totalstress = totalstress + vol * exactStress ** 2
12   if (abs(uvar(1)). gt. errormax) errormax = abs(uvar(1))
13
14   call MutexUnlock(1)   ! 解锁
```

上述代码中的第 8～14 行就是"上锁→给公共变量赋值→解锁"过程的具体实现。

14.1.2　基于 MPI 的并行计算

不同于基于线程的并行计算，MPI（Message-Passing-Interface，消息传递接口）实现的并行是进程级的。它采用分布式内存系统，通过通信（message）在进程之间进行消息传递，其可扩展性好。MPI 的缺点是编程模型复杂、容易出错，所以在进行并行计算之前，最好先验证一个单线程运行的正确性。

基于 MPI 的用户子程序的并行计算，总是通过一些特定的函数来实现，先简单介绍一下这些函数：

● MPI_Init：告知 MPI 系统进行所有必要的初始化设置。它写在启动 MPI 并行计算的最前面。

● 通信子（communicator）：ABA_COMM_WORLD 表示一组可以互相发送消息的进程的集合。

● MPI_Comm_rank：用来获取正在调用进程的通信子中的进程号。

● MPI_Comm_size：用来得到通信子的进程数。

● MPI_Finalize：告知 MPI 系统 MPI 已经使用完毕。它总是放在做并行计算的功能块的最后，在此函数之后就不再出现任何有关 MPI 相关的东西了。

注意：MPI_Init 和 MPI_Finalize 函数不需要显式地调用，它们会被 ABAQUS 进行调用。

以上只是表达了作为一个 MPI 并行计算的基本结构，并没有真正涉及进程之间的通信，为了更好地进行并行，必然需要在进程间通信。下面介绍在两个进程间通信的函数，即 MPI_Send 和 MPI_Recv，分别用于消息的发送和接收。

（1）MPI_Send：阻塞型消息发送。

（2）MPI_Recv：阻塞型消息接收。

与其他 MPI 程序一样，用户子程序必须包含头文件 mpi.h（用于 C++程序中）或 mpif.h（用于 Fortran 程序中），才能正常使用 MPI 函数。下面给出一个具体的基于 MPI 的并行计算的例子：

```
 1  !基于 MPI 的并行计算的示例
 2  subroutine uexternaldb(lop,lrestart,time,dtime,kstep,kinc)
 3
 4  INCLUDE  'ABA_PARAM.INC'
 5  INCLUDE  'mpif.h'  !使用 MPI 需要包含的文件
 6
 7  common /norms/ errormax,totalerror,totalstress
 8
 9  integer ABA_COMM_WORLD, GETCOMMUNICATOR
10
11  ABA_COMM_WORLD = GETCOMMUNICATOR()
12
13  if(ABA_COMM_WORLD.ne.0) then
14      call MPI_COMM_RANK(ABA_COMM_WORLD, myrank, ierr)
15      call MPI_COMM_SIZE(ABA_COMM_WORLD, numprocs, ierr)
16
17      call MPI_REDUCE(lelements,numElements,1,MPI_INTEGER,MPI_SUM,0,ABA_COMM_WORLD, ierr)
```

```
18    call MPI_REDUCE(errormax,maxError,1,MPI_DOUBLE_PRECISION,MPI_MAX, 0,ABA_COMM_WORLD, ierr)
19
20    if (myrank. eq. 0. and. ThreadID. eq. 0) then
21        open (unit = 2018,FILE = name,status = 'UNKNOWN',position = 'APPEND')
22        write (2018,100) numElements,sqrt(totalerror/totalstress), maxError
23        close(unit = 2018)
24    end if
25 end if
```

14.2　用户子程序的优化

如果子程序写得比较长，就有可能影响程序的效率；如果某些语句写得不合适，就可能拖累到整个程序。但是，当程序比较大时，单靠阅读代码很难发现这种不合适[①]。

14.2.1　VTune 性能分析工具概述

VTune 是 Intel 的一个强大的可视化性能分析软件，可以在程序运行的系统平台上自动收集性能数据，并将获得的程序性能数据在各个层次（大到系统程序层级，小到程序源代码级，甚至可以到处理器指令集）进行不同尺度的交互式可视化分析，从而帮助查找可能的程序性能瓶颈，并提供可能的解决方案。其主要包括三个小工具：

（1）Performance Analyzer：性能分析，找到软件性能比较热的部分，一般也就是性能瓶颈的关键点。

（2）Intel Threading Checker：用于查找线程错误，能够检测资源竞争、线程死锁等问题。

（3）Intel Threading Profiler：线程性能检测工具。多线程可能存在负载比平衡、同步开销过大等线程相关的性能问题，该工具有助于发现每个线程在每一时刻的状态。

14.2.2　VTune 分析和优化用户子程序

由于用户子程序只是我们所执行的主程序（如 explicit. exe）的部分代码，因此采用 VTune 对用户子程序进行性能分析时，只能对整个主程序启动执行，其中包含了我们想要优化的用户子程序。具体的优化步骤如下：

第 1 步，启动一个包含想要进行性能分析的用户子程序的 ABAQUS 算例，在用户子程序中加入停止语句代码块，使程序停止在用户子程序的内部，如以下语句可以使程序停止在该处并等待输入后继续执行：

```
1 ! 通过等待读取数据来暂停程序的一种方法的示例代码
2     logical, save :: firstcall = . true.
3
```

---

① 笔者之前在写一个用户单元子程序时，有一个小的子程序，每次都要遍历所有单元去寻找所需的那个单元的信息，而这个子程序在每个单元的每个增量步里都被调用了，而且是循环调用，这导致超过 95％的计算时间都耗费都在了这个子程序上。

```
 4          integer itemp
 5
 6          if(firstcall)then
 7              write( * , * )"please input an integer:"
 8              read( * , * )itemp
 9              firstcall = .false.
10          end if
11          itemp = 1234
```

第 2 步，启动 Intel VTune 性能分析器，新建项目（New Project），创建一个新的分析（New Analysis），选择正在运行的主程序（如 explicit. exe），附加进 VTune。具体界面如图 14.1所示。

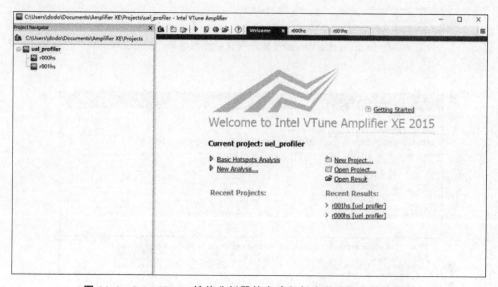

图 14.1　Intel VTune 性能分析器的启动和创建项目及分析的界面

第 3 步，使程序继续运行（在命令行窗口中输入一个整数），启动分析（Start），在此分析了大约 2 min（从后面的分析数据看，是 105 s），然后单击"结束"（Stop）图标终止分析，VTune 会自动处理收集的数据，分析各个子程序的运行时间。注意，VTune 要结束在 ABAQUS 算完之前，否则收集不到符号数据。VTune 收集数据后会进行可视化分析，分析结果如图 14.2、图 14.3 所示（在此以相场法子程序为例）。从图中可以看出，用户子程序 VUEL 占用了最多的计算资源（计算时长），为 82.392 s；其次是子程序 SHAPEFUN，占用了 6.541 s。此外，还可以单击各个子程序，查看占用时间较长的语句块，进行更有针对性的优化。

第 4 步，针对占用时间最长的子程序及其内部代码进行优化，然后重复第 1~3 步，直至优化效果不再明显为止。

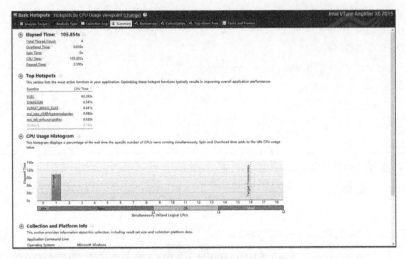

图 14. 2　Intel VTune 性能分析器的分析结果：Summary

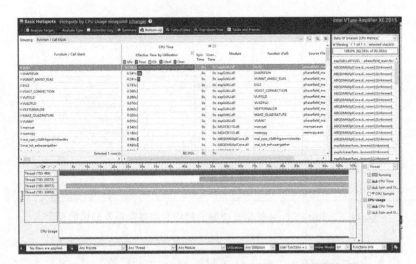

图 14. 3　Intel VTune 性能分析器的分析结果：可视化图标显示

参 考 文 献

［1］ ABAQUS. ABAQUS 2020 documentation ［Z］. Dassault Systemes，2020.

［2］ LIPPMAN S B, LAJOIE J, MOO B E. C++ Primer 中文版（第 5 版）［M］. 王刚，杨巨峰，译. 北京：电子工业出版社，2013.

［3］ 彭国伦. Fortran 95 程序设计 ［M］. 北京：中国电力出版社，2002.

［4］ 周振红，郭恒亮，张君静，等. Fortran 90/95 高级程序设计 ［M］. 郑州：黄河水利出版社，2005.

［5］ SMITH I M, GRIFFITHS D V. 有限元方法编程 ［M］. 王崧，周坚鑫，王来，等译. 北京：电子工业出版社，2003.

［6］ 陶文铨. 数值传热学 ［M］. 西安：西安交通大学出版社，2001.

［7］ 袁光伟. 扩散方程计算方法 ［M］. 北京：科学出版社，2015.

［8］ WELTY J, WICKS C E, RORRER G L, et al. Fundamentals of momentum，heat and mass transfer ［M］. 5th ed. Danver，MA：Wiley，2007.

［9］ 张延年. 大跨度钢结构屋面风雪荷载 ［M］. 北京：科学出版社，2013.

［10］ 陈基发，沙志国. 建筑结构荷载设计手册 ［M］. 北京：中国建筑工业出版社，1997.

［11］ 徐唯栋，金平，蔡国飙. 不均匀喷注对火箭发动机点火过程的影响研究 ［J］. 火箭推进，2018，44（05）：21-31.

［12］ 龚晓南，叶黔元，徐日庆. 工程材料本构方程 ［M］. 北京：中国建筑工业出版社，1995.

［13］ 宋玉普. 多种混凝土材料的本构关系和破坏准则 ［M］. 北京：中国水利水电出版社，2002.

［14］ 黄克智，黄永刚. 高等固体力学（上册）［M］. 北京：清华大学出版社，2013.

［15］ MUSKHELISHWILI N I. Some basic problems of the mathematical theory of elasticity ［M/OL］. Dordrecht：Springer，2013. DOI：10.1007/978-94-017-3034-1.

［16］ 庄苗，由小川，廖剑晖. 基于 ABAQUS 的有限元分析和应用 ［M］. 北京：清华大学出版社，2009.

［17］ BELYTSCHKO T, LIU W K, MORAN B. 连续体和结构的非线性有限元 ［M］. 庄苗，柳占立，成健，译. 北京：清华大学出版社，2016.

［18］ 陆明万，罗学富. 弹性理论基础（上）［M］. 北京：清华大学出版社，2001.

［19］ WINEMAN A. Some results for generalized Neo-Hookean elastic materials ［J］.International Journal of Non-Linear Mechanics，2005，40（2）：271-279.

［20］ KIM B, LEE S B, LEE J, et al. A comparison among Neo-Hookean model，Mooney-

Rivlin model, and Ogden model for chloroprene rubber [J/OL]. International Journal of Precision Engineering and Manufacturing, 2012, 13 (5): 759-764. DOI: 10. 1007/s12541-012-0099-y.

[21] CHAKRABARTY J. Theory of plasticity [M]. Amsterdam: Elsevier, 2012.

[22] YU H S. Plasticity and geotechnics [M]. Boston, MA: Springer US, 2006.

[23] MATIAS SILVA W T, MENDES BEZERRA L. A radial return algorithm application in elastoplastic frame analysis using plastic hinge approach [J/OL]. Mathematical Problems in Engineering, 2010: 142743. DOI: 10. 1155/2010/142743.

[24] KASSNER M E. Fundamentals of creep in metals and alloys [M]. Oxford: Butterworth-Heinemann, 2015.

[25] 周明瀏, 郝松林. 蠕变力学的今昔与展望 [J]. 国防科技大学学报, 1993 (03): 16-24.

[26] YE X, GAO F, CHEN X, et al. Full-scale finite element analysis of deformation and contact of a wire-wrapped fuel bundle subject to realistic thermal and irradiation conditions [J/OL]. Nuclear Engineering and Design, 2020, 364: 110676. DOI: 10. 1016/j. nucengdes. 2020. 110676.

[27] CHANG F K, LESSARD L B. Damage tolerance of laminated composites containing an open hole and subjected to compressive loadings: Part I—Analysis [J/OL]. Journal of Composite Materials, 1991, 25 (1): 2-43. DOI: 10. 1177/002199839102500101.

[28] LESSARD L B, CHANG F K. Damage tolerance of laminated composites containing an open hole and subjected to compressive loadings: Part II—Experiment [J/OL]. Journal of Composite Materials, 1991, 25 (1): 44-64. DOI: 10. 1177/002199839102500102.

[29] ZIENKIEWICZ O C, TAYLOR R L. The finite element method for solid and structural mechanics [M]. Amsterdam: Elsevier, 2005.

[30] EMORI K, SCHNOBRICH W C. Analysis of reinforced concrete frame-wall structures for strong motion earthquakes [R]. Urbana-Champaign Urbana, Illinois: University of Illinois, 1978.

[31] LIENHARD J H. A heat transfer textbook [M]. 4th ed. New York: Dover Publications, 2013.

[32] GLASS R E, BURGESS M, LIVESEY E, et al. Standard thermal problem set [C] // Proceedings of the 9th International Symposium on the Packaging of Radioactive Materials, 1989: 275-282.

[33] STROBEL C, MOURA L M, MARIANI V C. Radiative heat transfer considering the effect of multiple reflections in greenhouse structures [J/OL]. Journal of the Brazilian Society of Mechanical Sciences and Engineering, 2016, 38 (4): 1325-1331. DOI: 10. 1007/s40430-015-0466-6.

[34] CHEN Z R. Finite element modelling of viscosity-dominated hydraulic fractures [J/OL]. Journal of Petroleum Science and Engineering, 2012, 88-89: 136-144. DOI: 10. 1016/j. petrol. 2011. 12. 021.

[35] GUO J, ZHAO X, ZHU H, et al. Numerical simulation of interaction of hydraulic fracture and natural fracture based on the cohesive zone finite element method [J/OL]. Journal of Natural Gas Science and Engineering, 2015, 25: 180-188. DOI: 10.1016/j.jngse.2015.05.008.

[36] 庄苗, 柳占立, 王涛, 等. 页岩水力压裂的关键力学问题 [J]. 科学通报, 2016, 61 (01): 72-81.

[37] ZENG Q, WANG T, LIU Z, et al. Simulation-based unitary fracking condition and multiscale self-consistent fracture network formation in shale [J/OL]. Journal of Applied Mechanics, 2017, 84 (5): 051004. DOI: 10.1115/1.4036192.

[38] BREDEHOEFT J D, WOLFF R G, KEYS W S, et al. Hydraulic fracturing to determine the regional in situ stress field, Piceance Basin, Colorado [J/OL]. GSA Bulletin, 1976, 87 (2): 250-258. DOI: 10.1130/0016-7606 (1976) 87<250: HFTDTR>2.0.CO; 2.

[39] WEEREN H O. Disposal of radioactive wastes by hydraulic fracturing Part Ⅲ. Design of ORNL's shale-fracturing plant [J/OL]. Nuclear Engineering and Design, 1966, 4 (1): 108-117. DOI: 10.1016/0029-5493 (66) 90031-8.

[40] GUPTA P, DUARTE C A. Coupled formulation and algorithms for the simulation of non-planar three-dimensional hydraulic fractures using the generalized finite element method [J/OL]. International Journal for Numerical and Analytical Methods in Geomechanics, 2015, 40 (10): 1402-1437. DOI: 10.1002/nag.2485.

[41] LECAMPION B, DESROCHES J. Simultaneous initiation and growth of multiple radial hydraulic fractures from a horizontal wellbore [J/OL]. Journal of the Mechanics and Physics of Solids, 2015, 82: 235-258. DOI: 10.1016/j.jmps.2015.05.010.

[42] 李世海, 段文杰, 周东, 等. 页岩气开发中的几个关键现代力学问题 [J]. 科学通报, 2016, 61 (01): 47-61.

[43] ZENG Q, LIU Z, WANG T, et al. Fully coupled simulation of multiple hydraulic fractures to propagate simultaneously from a perforated horizontal wellbore [J/OL]. Computational Mechanics, 2018, 61 (1): 137-155. DOI: 10.1007/s00466-017-1412-5.

[44] XU D, LIU Z, ZHUANG Z, et al. Study on interaction between induced and natural fractures by extended finite element method [J/OL]. Science China Physics, Mechanics & Astronomy, 2017, 60 (2): 024611. DOI: 10.1007/s11433-016-0344-2.

[45] WANG T, LIU Z, ZENG Q, et al. XFEM modeling of hydraulic fracture in porous rocks with natural fractures [J/OL]. Science China Physics, Mechanics & Astronomy, 2017, 60 (8): 84612. DOI: 10.1007/s11433-017-9037-3.

[46] WANG T, LIU Z, GAO Y, et al. Theoretical and numerical models to predict fracking debonding zone and optimize perforation cluster spacing in layered shale [J/OL]. Journal of Applied Mechanics, 2017, 85 (1): 11001-11014. DOI: 10.1115/1.4038216.

[47] 柳占立, 庄苗, 孟庆国, 等. 页岩气高效开采的力学问题与挑战 [J]. 力学学报, 2017,

49（03）：507-516.

[48] WANG T, LIU Z, GAO Y, et al. Theoretical and numerical models for the influence of debonding on the interaction between hydraulic fracture and natural fracture ［J/OL］. Engineering Computations，2019，36（8）：2673-2693. DOI：10.1108/EC-07-2018-0290.

[49] WANG T，YE X，LIU Z，et al. An optimized perforation clusters spacing model based on the frictional shale layer ［J/OL］. Science China Physics，Mechanics & Astronomy，2019，62（11）：114621. DOI：10.1007/s11433-019-9429-3.

[50] KALHORI M, RAFIEE A, ESHRAGHI H. Numerical simulation of hydraulic fracturing process for an Iranian gas field in the Persian Gulf ［J/OL］. Journal of Chemical and Petroleum Engineering，2017，51（1）：55-67. DOI：10.22059/jchpe.2017.62166.

[51] ALEJANO L R，BOBET A. Drucker-Prager criterion ［J/OL］. Rock mechanics and rock engineering，2012，45（6）：995-999. DOI：10.1007/s00603-012-0278-2.

[52] LABUZ J F，ZANG A. Mohr-coulomb failure criterion ［J/OL］. Rock Mechanics and Rock Engineering，2012，45（6）：975-979. DOI：10.1007/s00603-012-0281-7.

[53] 陈勉，金衍，张广清. 石油工程岩石力学 ［M］. 北京：科学出版社，2008.

[54] ROBINSON P，JAVIDRAD F，HITCHINGS D. Finite element modelling of delamination growth in the DCB and edge delaminated DCB specimens ［J/OL］. Composite Structures，1995，32（1）：275-285. DOI：10.1016/0263-8223（95）00047-X.

[55] GAO Y, LIU Z, ZHUANG Z, et al. A reexamination of the equations of anisotropic poroelasticity ［J/OL］. Journal of Applied Mechanics，2017，84（5）：051008. DOI：10.1115/1.4036194.

[56] GAO Y, LIU Z, ZHUANG Z, et al. On the material constants measurement method of a fluidsaturated transversely isotropic poroelastic medium ［J/OL］. Science China Physics，Mechanics & Astronomy，2018，62（1）：14611. DOI：10.1007/s11433-018-9261-4.

[57] RICE J R，CLEARY M P. Some basic stress diffusion solutions for fluidsaturated elastic porous media with compressible constituents ［J/OL］. Reviews of Geophysics，1976，14（2）：227-241. DOI：10.1029/RG014i002p00227.

[58] KAYNIA A M，BANERJEE P K. Fundamental solutions of Biot's equations of dynamic poroelasticity ［J/OL］. International Journal of Engineering Science，1993，31（5）：817-830. DOI：10.1016/0020-7225（93）90126-F.

[59] CHENG A H D. Theory and applications of transport in porous media：Poroelasticity ［M/OL］. Cham：Springer International Publishing，2016. DOI：10.1007/978-3-319-25202-5.

[60] GAO Y, LIU Z, ZHUANG Z, et al. Cylindrical borehole failure in a poroelastic medium ［J/OL］. Journal of Applied Mechanics，2016，83（6）：061005. DOI：10.1115/1.4032859.

[61] GAO Y，LIU Z，ZHUANG Z，et al. Cylindrical borehole failure in a transversely isotropic

poroelastic medium [J/OL]. Journal of Applied Mechanics, 2017, 84 (11): 111008. DOI: 10. 1115/1. 4037880.

[62] JIANG C P, WU X F, LI J, et al. A study of the mechanism of formation and numerical simulations of crack patterns in ceramics subjected to thermal shock [J/OL]. Acta Materialia, 2012, 60 (11): 4540-4550. DOI: 10. 1016/j. actamat. 2012. 05. 020.

[63] HONDA S, OGIHARA Y, KISHI T, et al. Estimation of thermal shock resistance of fine porous alumina by infrared radiation heating method [J/OL]. Journal of the Ceramic Society of Japan, 2009, 117 (1371): 1208-1215. DOI: 10. 2109/jcersj2. 117. 1208.

[64] SADOWSKI T, GOLEWSKI P. Cracks path growth in turbine blades with TBC under thermo -mechanical cyclic loadings [J/OL]. Fracture and Structural Integrity, 2016, 10 (35): 492-499. DOI: 10. 3221/IGF-ESIS. 35. 55.

[65] CHU D, LI X, LIU Z. Study the dynamic crack path in brittle material under thermal shock loading by phase field modeling [J/OL]. International Journal of Fracture, 2017, 208 (1): 115-130. DOI: 10. 1007/s10704-017-0220-4.

[66] TARASOVS S, GHASSEMI A. Self-similarity and scaling of thermal shock fractures [J/OL]. Physical Review E, 2014, 90 (1): 012403. DOI: 10. 1103/PhysRevE. 90. 012403.

[67] LI J, SONG F, JIANG C. A non-local approach to crack process modeling in ceramic materials subjected to thermal shock [J/OL]. Engineering Fracture Mechanics, 2015, 133: 85-98. DOI: 10. 1016/j. engfracmech. 2014. 11. 007.

[68] TANG S B, ZHANG H, TANG C A, et al. Numerical model for the cracking behavior of heterogeneous brittle solids subjected to thermal shock [J/OL]. International Journal of Solids and Structures, 2016, 80: 520-531. DOI: 10. 1016/j. ijso lstr. 2015. 10. 012.

[69] MENOUILLARD T, BELYTSCHKO T. Analysis and computations of oscillating crack propagation in a heated strip [J/OL]. International Journal of Fracture, 2011, 167 (1): 57-70. DOI: 10. 1007/s10704-010-9519-0.

[70] ROKHI M M, SHARIATI M. Implementation of the extended finite element method for coupled dynamic thermoelastic fracture of a func-tionally graded cracked layer [J/OL]. Journal of the Brazilian Society of Mechanical Sciences and Engineering, 2013, 35 (2): 69-81. DOI: 10. 1007/s40430-013-0015-0.

[71] AMBATI M, GERASIMOV T, DE LORENZIS L. A review on phasefield models of brittle fracture and a new fast hybrid formulation [J/OL]. Computational Mechanics, 2015, 55 (2): 383-405. DOI: 10. 1007/s00466-014-1109-y.

[72] MOËS N, DOLBOW J, BELYTSCHKO T. A finite element method for crack growth without remeshing [J/OL]. International Journal for Numerical Methods in Engineering, 1999, 46 (1): 131-150. DOI: 10. 1002/ (SICI) 1097-0207 (19990910) 46: 1<131:: AID-NME726>3. 0. CO; 2-J.

[73] BHOWMICK S, LIU G R. A phase-field modeling for brittle fracture and crack propagation based on the cell-based smoothed finite element method [J/OL]. Engineering

Fracture Mechanics, 2018, 204: 369-387. DOI: 10. 1016/j. en gfracmech. 2018. 10. 026.

[74] ALDAKHEEL F, HUDOBIVNIK B, HUSSEIN A, et al. Phase-field modeling of brittle fracture using an efficient virtual element scheme [J/OL]. Computer Methods in Applied Mechanics and Engineering, 2018, 341: 443-466. DOI: 10. 1016/j. cma. 2018. 07. 008.

[75] HOFACKER M, MIEHE C. A phase field model of dynamic fracture: Robust field updates for the analysis of complex crack patterns [J/OL]. International Journal for Numerical Methods in Engineering, 2013, 93 (3): 276-301. DOI: 10. 1002/nme. 4387.

[76] TANNÉ E, LI T, BOURDIN B, et al. Crack nucleation in variational phase-field models of brittle fracture [J/OL]. Journal of the Mechanics and Physics of Solids, 2018, 110: 80-99. DOI: 10. 1016/j. jmps. 2017. 09. 006.

[77] WANG T, YE X, LIU Z, et al. Modeling the dynamic and quasistatic compression-shear failure of brittle materials by explicit phase field method [J/OL]. Computational Mechanics, 2019, 64: 1537-1556. DOI: 10. 1007/s00466-019-01733-z.

[78] KLINSMANN M, ROSATO D, KAMLAH M, et al. Modeling crack growth during Li insertion in storage particles using a fracture phase field approach [J/OL]. Journal of the Mechanics and Physics of Solids, 2016, 92: 313-344. DOI: 10. 1016/j. jmps. 2016. 04. 004.

[79] MIEHE C, MAUTHE S, TEICHTMEISTER S. Minimization principles for the coupled problem of darcy-biot-type fluid transport in porous media linked to phase field modeling of fracture [J/OL]. Journal of the Mechanics and Physics of Solids, 2015, 82: 186-217. DOI: 10. 1016/j. jmps. 2015. 04. 006.

[80] CAJUHI T, SANAVIA L, DE LORENZIS L. Phase-field modeling of fracture in variably saturated porous media [J/OL]. Computational Mechanics, 2018, 61 (3): 299-318. DOI: 10. 1007/s00466-017-1459-3.

[81] WANG T, LIU Z L, CUI Y N, et al. A thermo-elastic-plastic phasefield model for simulating the evolution and transition of adiabatic shear band. Part I. Theory and model calibration [J/OL]. Engineering Fracture Mechanics, 2020, 232: 107028. DOI: 10. 1016/j. engfracmech. 2020. 107028.

[82] WANG T, LIU Z L, CUI Y N, et al. A thermo-elastic-plastic phasefield model for simulating the evolution and transition of adiabatic shear band. Part II. Dynamic collapse of thick-walled cylinder [J/OL]. Engineering Fracture Mechanics, 2020, 231: 107027. DOI: 10. 1016/j. engfra cmech. 2020. 107027.

[83] ZIAEI-RAD V, SHEN Y. Massive parallelization of the phase field formulation for crack propagation with time adaptivity [J/OL]. Computer Methods in Applied Mechanics and Engineering, 2016, 312: 224-253. DOI: 10. 1016/j. cma. 2016. 04. 013.

[84] MIEHE C, MAUTHE S. Phase field modeling of fracture in multiphysics problems. Part Ⅲ. Crack driving forces in hydro-poro-elasticity and hydraulic fracturing of

fluid-saturated porous media [J/OL]. Computer Methods in Applied Mechanics and Engineering, 2016, 304: 619-655. DOI: 10.1016/j. cma. 2015.09.021.

[85] BORDEN M J, VERHOOSEL C V, SCOTT M A, et al. A phase-field description of dynamic brittle fracture [J/OL]. Computer Methods in Applied Mechanics and Engineering, 2012, 217-220: 77-95. DOI: 10.1016/j. cma. 2012.01.008.

[86] 王勖成. 有限单元法 [M]. 北京：清华大学出版社, 2003.

[87] MOLNÁR G, GRAVOUIL A. 2D and 3D ABAQUS implementation of a robust staggered phase-field solution for modeling brittle fracture [J/OL]. Finite Elements in Analysis and Design, 2017, 130: 27-38. DOI: 10.1016/j. finel. 2017.03.002.

[88] SHAO Y, ZHANG Y, XU X, et al. Effect of crack pattern on the residual strength of ceramics after quenching [J/OL]. Journal of the American Ceramic Society, 2011, 94 (9): 2804-2807. DOI: 10.1111/j. 1551-2916. 2011. 04728. x.

[89] JENKINS D R. Determination of crack spacing and penetration due to shrinkage of a solidifying layer [J/OL]. International Journal of Solids and Structures, 2009, 46 (5): 1078-1084. DOI: 10.1016/j. ijsolstr. 2008.10.017.

[90] DHARMASENA K P, WADLEY H N G, XUE Z, et al. Mechanical response of metallic honeycomb sandwich panel structures to highintensity dynamic loading [J/OL] . International Journal of Impact Engineering, 2008, 35 (9): 1063-1074 [2020-12-18] . DOI: 10.1016/j. ijimpeng. 2007.06.008.

[91] XUE Z, HUTCHINSON J W. Preliminary assessment of sandwich plates subject to blast loads [J/OL]. International Journal of Mechanical Sciences, 2003, 45 (4): 687-705. DOI: 10.1016/S0020-7403 (03) 00108-5.

[92] FLECK N, DESHPANDE V. The resistance of clamped sandwich beams to shock loading [J/OL]. Journal of Applied Mechanics, 2004, 71 (3): 386-401. DOI: 10.1115/1. 1629109.

[93] 王成, SHU C W. 爆炸力学高精度数值模拟研究进展 [J]. 科学通报, 2015, 60 (10): 882-898.

[94] 王成, 徐文龙, 郭宇飞. 基于基因遗传算法和律状态方程的 JWL 状态方程参数计算 [J]. 兵工学报, 2017 (S1): 167-173.

[95] CASTEDO R, NATALE M, LÓPEZ L M, et al. Estimation of Jones-Wilkins-Lee parameters of emulsion explosives using cylinder tests and their numerical validation [J/OL]. International Journal of Rock Mechanics and Mining Sciences, 2018, 112: 290-301. DOI: 10.1016/j. ijrm ms. 2018.10.027.

[96] 杨军, 张帝, 任光. 基于 CONWEP 动态加载的建筑物爆破拆除数值模拟 [J]. 工程爆破, 2016, 22 (05): 1-6, 91.

[97] RATHBUN H J, RADFORD D D, XUE Z, et al. Dynamic shear rupture of steel plates [J]. International Journal of Solids and Structures, 2006, 43: 1746-1763.

[98] 谢鹏. 复杂电子器件热分析的快速有限元理论与 CAD 技术研究 [D]. 成都：电子科

技大学，2020.

[99] 杜平安，刘建涛，刘孝保．电子器件振动特性有限元模型参数的等效计算方法 [J]. 电子学报，2010，38（08）：1867-1873.

[100] 谢裕清．油浸式电力变压器流场及温度场耦合有限元方法研究 [D]. 北京：华北电力大学，2017.

[101] 王晓涛．基于有限元法的汽车电子油门踏板仿真优化研究 [D]. 锦州：辽宁工业大学，2015.

[102] 戴雨静，汪久根，洪玉芳，等．起落架用金属关节轴承有限元分析 [J]. 轴承，2019（08）：1-6.

[103] 解本铭，牛俊峰．民航行李传送带车结构有限元动态分析 [J]. 装备制造技术，2008（03）：31-32，35.

[104] 范中磊，倪浆铭，卢萍．硬盘主轴电机流体动压轴承的有限元分析 [J]. 华中理工大学学报，1999（04）：3-5.

[105] 刘二林，姜香菊．基于双 PID 的旋转倒立摆控制系统设计与实现 [J]. 制造业自动化，2015，37（06）：139-142.

[106] 武立伟．一种针对大规模有限元问题的高性能并行计算方法 [C]//第十一届南方计算力学学术会议（SCCM-11）摘要集，2017：87.

[107] 陈成军，柳阳，张元章，等．基于 PANDA 的并行显式有限元程序开发 [J]. 计算力学学报，2011，28（S1）：204-207，214.

[108] WANG T，YE X，LIU Z，et al. A phase-field model of thermo-elastic coupled brittle fracture with explicit time integration [J/OL]. Computational Mechanics，2020，65：1305-1321. DOI：10.1007/s00466-020-01820-6.

附录 A

ABAQUS 用户子程序目录

本附录中所列的用户子程序更新至 ABAQUS 2020 版。

A.1　Abaqus/Standard 用户子程序

名称	功能
CREEP	定义时间相关的黏塑性行为（蠕变和膨胀）
DFLOW	在固结分析中定义非均匀的孔隙流体速度
DFLUX	在传热或质量扩散分析中定义非均匀分布的流量
DISP	指定规定的边界条件
DLOAD	指定非均匀分布的负载
FILM	在传热分析中定义不均匀的膜系数和相关的吸收池温度
FLOW	在固结分析中定义非均匀的渗流系数和相关的汇水孔压力
FRIC	定义接触表面的摩擦行为
FRIC_COEF	定义接触表面的摩擦系数
GAPCON	在完全耦合的力热分析、力热电分析或热传递分析中定义接触表面或节点之间的传导率
GAPELECTR	在热电、力热电耦合分析中定义表面之间的电导
HARDINI	定义初始等效塑性应变和初始背应力张量
HETVAL	在传热分析中定义内部热源
MPC	定义多点约束
ORIENT	定义局部材料方向，用于运动耦合约束的局部方向，或用于惯性释放的局部刚体方向
RSURFU	定义一个刚性表面
SDVINI	定义解依赖的状态变量（SDV）的初始值
SIGINI	定义初始应力场

名称	功能
UAMP	定义幅值曲线
UANISOHYPER_INV	定义基于不变量公式的各向异性超弹性材料行为
UANISOHYPER_STRAIN	定义基于格林应变的各向异性超弹性材料行为
UCORR	为随机响应加载定义互相关属性
UCREEPNETWORK	定义基于并行流变框架的模型的时间相关行为（蠕变行为）
UDECURRENT	在涡流或静磁分析中定义不均匀的体积电流密度
UDEMPOTENTIAL	在涡流或静磁分析中定义表面上不均匀的磁矢量势
UDMGINI	定义损伤初始准则
UDSECURRENT	在涡流或静磁分析中定义不均匀的表面电流密度
UEL	定义一个用户单元
UELMAT	定义一个可以访问 ABAQUS 内部材料库的用户单元
UEPACTIVATIONVOL	用于单元激活中指定增加的材料体的积分数
UEXPAN	定义增量热应变
UEXTERNALDB	管理用户定义的外部数据库并计算独立于模型的历史信息
UFIELD	指定预定义的场变量
UFLUID	定义流体静力学单元的流体密度和流体顺应性
UFLUIDCONNECTORLOSS	定义流体管道连接单元中流体流动的损失系数
UFLUIDCONNECTORVALVE	定义流体管道连接单元的阀门开度以控制流量
UFLUIDLEAKOFF	定义孔隙压力 Cohesive 单元的流体滤失系数
UFLUIDPIPEFRICTION	定义流体管道单元中流体流动的摩擦系数
UGENS	定义壳体截面的力学行为
UHARD	定义各向同性塑性或混合硬化模型的屈服面尺寸和硬化参数
UHYPEL	定义次弹性应力–应变关系
UHYPER	定义超弹性材料本构关系
UINTER	定义接触表面的相互作用行为
UMASFL	定义对流/扩散传热分析的质量流量条件
UMAT	定义材料的力学行为（本构关系）
UMATHT	定义材料的热行为
UMDFLUX	在传热分析中指定移动或静止的非均匀的热通量
UMESHMOTION	在自适应网格划分中指定网格运动约束

名称	功能
UMOTION	定义腔体辐射传热或稳态输运分析过程中的运动
UMULLINS	为 Mullins 效果材质的模型定义损伤变量
UPOREP	定义初始流体孔隙压力
UPRESS	定义规定的等效压应力条件
UPSD	定义依赖于频率的随机响应载荷（定义 PSD 曲线）
URDFIL	用于读取结果文件
USDFLD	重新定义材料点（积分点）上的场变量
USUPERELASHARDMOD	将超弹性模型的材料常数作为塑性应变的函数进行修改
UTEMP	指定规定的温度（定义温度边界）
UTRACLOAD	指定非均匀分布的牵引（traction）载荷
UTRS	为黏弹性材料定义递减时移函数
UTRSNETWORK	为并行流变框架内定义的模型定义递减时移函数
UVARM	定义单元输出
UWAVE	定义分析的波运动学
UXFEMNONLOCALWEIGHT	定义用于计算平均应力/应变以确定裂纹扩展方向的权重函数（在 XFEM 分析中）
VOIDRI	定义初始的孔隙率

A. 2 Abaqus/Explicit 用户子程序

名称	功能
VDFLUX	在显式动态热力耦合分析中定义非均匀分布的热流
VDISP	指定边界条件
VDLOAD	指定非均匀分布的载荷
VEXTERNALDB	使用户可以在关键的分析时间节点（如分析开始或结束，增量步开始或结束等）在不同的用户子程序之间以及与外部程序（或文件）之间动态地交换数据
VFABRIC	定义纤维材料的行为
VFRIC	定义接触表面的摩擦行为，不能与通用接触算法一起使用
VFRIC_COEF	定义接触表面的摩擦系数

名称	功能
VFRICTION	定义接触表面的摩擦行为,只能和通用接触算法一起使用
VUAMP	定义幅值曲线
VUANISOHYPER_INV	定义基于不变量公式的各向异性超弹性材料行为
VUANISOHYPER_STRAIN	定义基于格林应变的各向异性超弹性材料行为
VUCHARLENGTH	在材料点上定义特征单元长度
VUCREEPNETWORK	定义基于并行流变框架的模型的时间相关行为(蠕变行为)
VUEL	定义一个用户单元
VUEOS	定义材料模型的状态方程
VUEXPAN	定义热应变增量
VUFIELD	指定预定义的场变量
VUFLUIDEXCH	定义流体交换的质量流量/热能流量
VUFLUIDEXCHEFFAREA	定义流体交换的有效面积
VUHARD	定义各向同性塑性或混合硬化模型的屈服面尺寸和硬化参数
VUINTER	定义接触表面的相互作用
VUINTERACTION	采用一般接触算法定义表面之间的接触相互作用
VUMAT	定义材料的力学行为
VUMULLINS	为 Mullins 效果的材质的模型定义损伤变量
VUSDFLD	重新定义材料点处的场变量
VUSUPERELASHARDMOD	将超弹性模型的材料常数作为塑性应变的函数进行修改
VUTRS	为黏弹性材料定义递减时移函数
VUVISCOSITY	为状态方程模型定义剪切黏度
VWAVE	定义分析的波运动学

A.3　ABAQUS 工具子程序

Abaqus/Standard 工具子程序名称	Abaqus/Explicit 工具子程序	功能
GETENVVAR	VGETENVVAR	获取某个环境变量的值
GETJOBNAME	VGETJOBNAME	获取当前 Job 的名称
GETOUTDIR	VGETOUTDIR	获取当前 Job 的输出目录

续表

Abaqus/Standard 工具子程序名称	Abaqus/Explicit 工具子程序	功能
GETNUMCPUS	VGETNUMCPUS	获取进程（CPU）的数量
GETRANK	VGETRANK	获取进程的编号
GETNUMTHREADS	—	获取线程的数量
GET_THREAD_ID	GET_THREAD_ID	获取线程的 ID（编号）
GETCOMMUNICATOR	—	返回 ABAQUS 为其工作进程定义的通信器
GETPARTINFO	VGETPARTINFO	获取给定全局节点/单元编号的零件（Part）实例（Instance）的信息
GETINTERNAL	VGETINTERNAL	获取给定零件实例信息的全局节点/单元编号
GETVRM	VGETVRM	获取材料点的信息
GETVRMAVGATNODE	—	在一个节点上获取材料点的平均信息
GETVRN	—	获得节点上的信息
GETNODETOELEMCONN	—	获得连接到某个给定节点的所有单元的列表
SINV	—	计算应力的不变量
SPRINC	VSPRINC	计算应力或应变的主值
SPRIND	VSPRIND	计算应力或应变的主值和方向
ROTSIG	—	旋转一个应力或应变张量
GETWAVE	—	获得波运动学信息
GETWAVEVEL	—	获得波浪速度
GETWINDVEL	—	获得风速
GETCURRVEL	—	获得当前速度
STDB_ABQERR	XPLB_ABQERR	发布警告或错误消息到文件中
XIT	XPLB_EXIT	终止一个分析
MATERIAL_LIB_MECH	—	返回单元材料点处的应力和材料雅可比行列式

Abaqus/Standard 工具子程序名称	Abaqus/Explicit 工具子程序	功能
MATERIAL_LIB_HT	—	返回单元材料点处的热通量、内能的时间导数、体积热生成率及其导数
SETTABLECOLLECTION	—	激活参数表集合
GETPARAMETERTABLE	—	访问参数表中定义的参数
GETPROPERTYTABLE	—	对属性表中定义的属性进行插值
QUERYTABLECOLLECTIONSIZE	—	查询表集合数据库的大小
QUERYTABLECOLLECTIONNAMES	—	查询表集合数据库的名称
QUERYTABLECOLLECTION	—	查询活动的表集合的属性
QUERYPARAMETERTABLE	—	查询参数表中的参数个数
QUERYPROPERTYTABLE	—	查询属性表的属性
GETEVENTSERIESSLICEPROPERTIES	—	查询一系列事件序列数据的属性
GETEVENTSERIESSLICELG	—	获取切片中所有事件的序列
GETEVENTSERIESSLICELGLOCATIONPATH	—	获取到中心点在给定距离内的切片事件的路径段列表
MutexInit，MutexLock，MutexUnlock	—	在线程代码并行执行过程中，用来保护公共块或公共文件不被多个线程同时更新

附录 B

常用的 Fortran 90 内部函数

本附录中出现的符号约定如下：

(1) I 代表整型；R 代表实型；C 代表复数型；CH 代表字符型；S 代表字符串；L 代表逻辑型；A 代表数组；P 代表指针；T 代表派生类型；AT 为任意类型。

(2) s:P 表示 s 的类型为 P（任意 kind 值）。s:P(k) 表示 s 的类型为 P(kind 值＝k)。

(3) ［…］表示可选参数。

B.1 常用数值计算函数和类型转换函数

函数名和参数	函数功能说明（包括输入和输出类型）
ABS(x)	求 x 的绝对值 x。x:I、R,结果类型同 x；x:C,结果:R
AINT(x[,kind])	对 x 取整,并转换为实数(kind)。x:R, kind:I, 结果:R(kind)
AMAX0(x1,x2,x3,…)	求 x1,x2,x3,…中最大值。xi:I, 结果: R
AMIN0(x1,x2,x3,…)	求 x1,x2,x3,…中最小值。xi:I, 结果: R
ANINT(x[,kind])	对 x 四舍五入取整,并转换为实数(kind)。x:R,kind:I,结果:R(kind)
CEILING(x)	求大于等于 x 的最小整数。x:R, 结果:I
CONJG(x)	求 x 的共轭复数。x:C, 结果:C
DBLE(x)	将 x 转换为双精度实数。x:I、R、C, 结果:R(8)
DIM(x,y)	求 x－y 和 0 中最大值,即 MAX(x－y,0)。x:I、R, y 的类型同 x, 结果的类型同 x
FLOAT(x)	将 x 转换为单精度实数。x:I, 结果:R
FLOOR(x)	求小于等于 x 的最大整数。x:R, 结果:I
IFIX(x)	将 x 转换为整数(取整)。x:R, 结果:I
INT(x[,kind])	将 x 转换为整数(取整)。x:I、R、C, kind:I, 结果:I(kind)
LOGICAL(x[,kind])	按 kind 值转换新的逻辑值。x:L, 结果:L(kind)
MAX(x1,x2,x3,…)	求 x1,x2,x3,…中的最大值。xi 为任意类型,结果的类型同 xi
MAX1(x1,x2,x3,…)	求 x1,x2,x3,…中的最大值(取整)。xi:R, 结果:I

函数名和参数	函数功能说明（包括输入和输出类型）
MIN(x1,x2,x3,…)	求 x1,x2,x3,…中的最小值。xi 为任意类型,结果类型同 xi
MIN1(x1,x2,x3,…)	求 x1,x2,x3…中的最小值(取整)。xi:R,结果:I
MOD(x,y)	求 x/y 的余数,值为 x−INT(x/y)*y。x:I、R, y 的类型同 x,结果的类型同 x
NINT(x[,kind])	将 x 转换为整数(四舍五入)。x:R, kind:I, 结果:I(kind)
REAL(x[,kind])	将 x 转换为实数。x:I、R、C, kind:I, 结果:R(kind)
SIGN(x,y)	求 x 的绝对值乘以 y 的符号。x:I、R, y 的类型同 x,结果的类型同 x

B.2 其他常用函数

函数名和参数	函数功能说明（包括输入和输出类型）
CMPLX(x[,y][,kind])	将参数转换为 x、(x,0.0)或(x,y)。x:I、R、C, y:I、R, kind:I, 结果:C(kind)
CONJG(x)	求 x 的共轭复数。x:C,结果:C
DBLE(x)*	将 x 转换为双精度实数。x:I、R、C,结果:R(8)
DCMPLX(x[,y])	将参数转换为 x、(x,0.0)或(x,y)。x:I、R、C, y:I、R,结果:C(8)
DFLOAT(x)	将 x 转换为双精度实数。x:I,结果:R(8)
DIM(x,y)*	求 x−y 和 0 中最大值,即 MAX(x−y,0)。x:I、R, y 的类型同 x,结果的类型同 x
DPROD(x,y)	求 x 和 y 的乘积,并转换为双精度实数。x:R, y:R,结果:R(8)
FLOAT(x)*	将 x 转换为单精度实数。x:I,结果:R
FLOOR(x)*	求小于等于 x 的最大整数。x:R,结果:I
IFIX(x)*	将 x 转换为整数(取整)。x:R,结果:I
IMAG(x)	同 AIMAG(x)
INT(x[,kind])*	将 x 转换为整数(取整)。x:I、R、C, kind:I, 结果:I(kind)
LOGICAL(x[,kind])*	按 kind 值转换新逻辑值。x:L, 结果:L(kind)
MAX(x1,x2,x3,…)*	求 x1,x2,x3,…中的最大值。xi 为任意类型,结果类型同 xi
MAX1(x1,x2,x3,…)*	求 x1,x2,x3,…中的最大值(取整)。xi:R,结果:I
MIN(x1,x2,x3,…)*	求 x1,x2,x3,…中的最小值。xi 为任意类型,结果的类型同 xi
MIN1(x1,x2,x3,…)*	求 x1,x2,x3,…中的最小值(取整)。xi:R,结果:I

函数名和参数	函数功能说明（包括输入和输出类型）
MOD(x,y)*	求 x/y 的余数，值为 x−INT(x/y) * y。x:I、R，y 的类型同 x，结果的类型同 x
MODULO(x,y)	求 x/y 余数，值为 x−FLOOR(x/y) * y。x:I、R，y 的类型同 x，结果的类型同 x
NINT(x[,kind])*	将 x 转换为整数(四舍五入)。x:R，kind:I，结果:I(kind)
REAL(x[,kind])*	将 x 转换为实数。x:I、R、C，kind:I，结果:R(kind)
SIGN(x,y)*	求 x 的绝对值乘以 y 的符号。x:I、R，y 的类型同 x，结果的类型同 x
SNGL(x)	将双精度实数转换为单精度实数。x:R(8)，结果:R
ZEXT(x)	用 0 向左侧扩展 x。x:I、L，结果:I

索　引

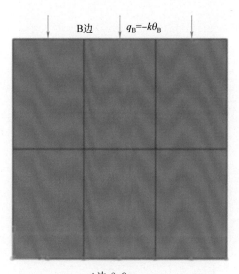

$B边 \quad q_B = -k\theta_B$

$A边 \quad \theta = \theta_A$

图 3.1　热传导问题的模型示意图

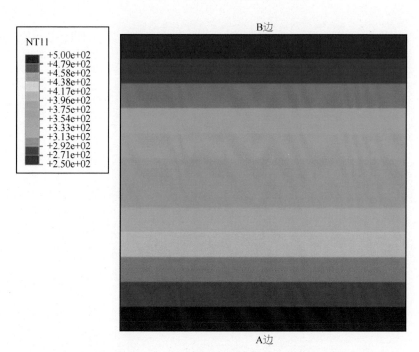

图 3.3　热传导问题在第一种边界条件下计算得到的模型温度分布云图

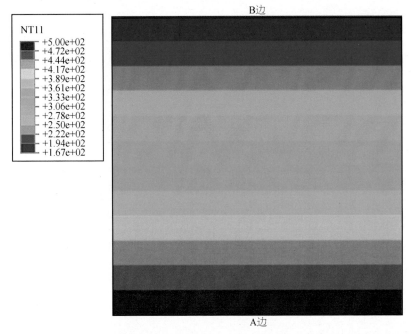

图 3.4　热传导问题在第二种边界条件下计算得到的模型温度分布云图

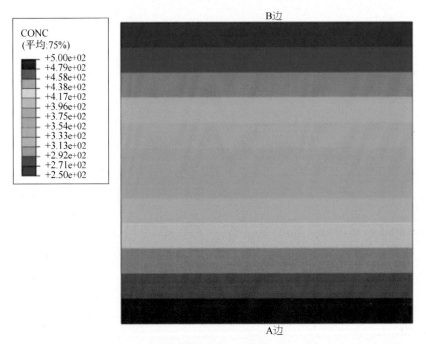

图 3.7　质量扩散问题的全场浓度分布云图

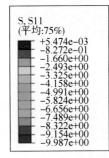

图 4.4　火箭筒的径向应力分布云图（轴对称模型，二维视图）

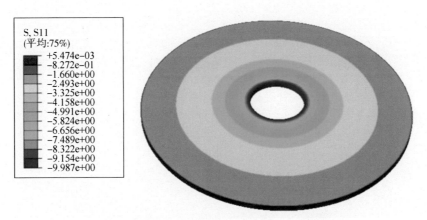

图 4.5　火箭筒的径向应力分布云图（三维视图）

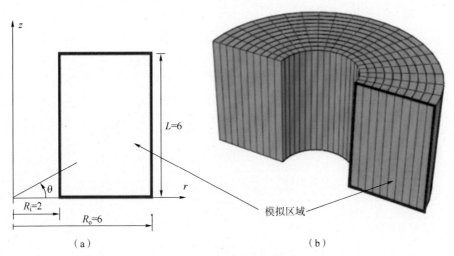

图 4.7　非对称载荷作用下圆筒的视图

（a）一个截面；（b）半个圆筒

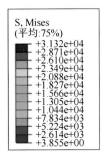

图 4.8　圆筒形结构的 Mises 应力分布 （轴对称模型，二维视图）

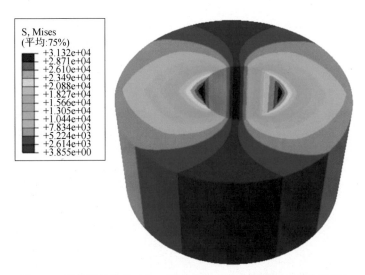

图 4.9　圆筒形结构的 Mises 应力分布 （轴对称模型，三维视图）

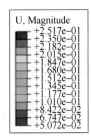

图 4.10　火箭筒的位移分布云图 （轴对称模型，二维视图）

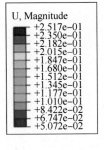
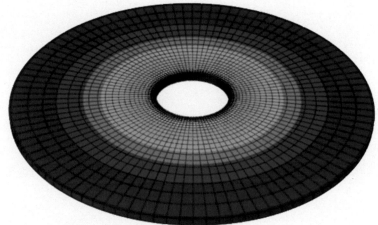

图 4.11　火箭筒的位移分布云图（三维视图）

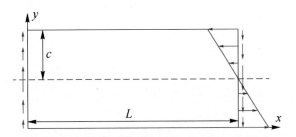

图 4.13　悬臂梁复杂载荷下的弯曲模型示意图

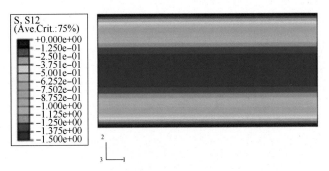

图 4.15 悬臂梁的整体剪切应力的分布云图

图 5.5 有限剪切模型变形前后的对比

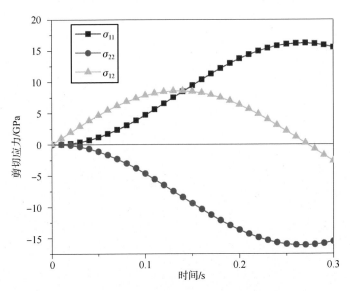

图 5.6 Jaumann 率下有限剪切变形的模拟结果

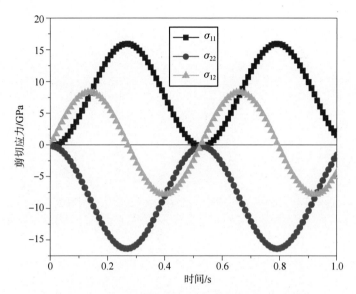

图 5. 7　Jaumann 率下有限剪切变形的模拟结果（更长时间）

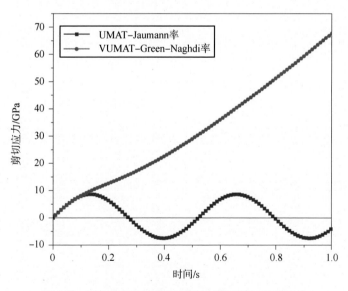

图 5. 8　两种客观率下的剪切应力随加载时间的变化

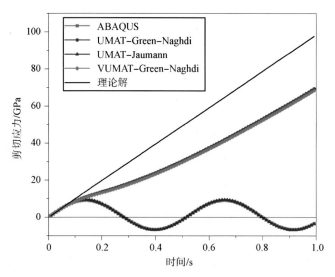

图 5.9　各种客观率下剪切应力随加载时间的变化及其与理论解的比较

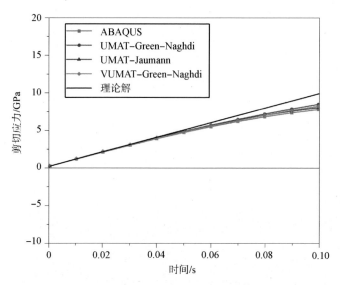

图 5.10　各种客观率下的剪切应力随加载时间的变化及其与
理论解的比较（局部放大图）

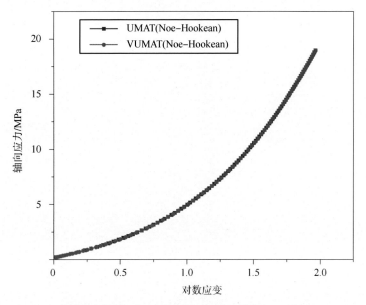

图 5.11　分别利用前述 UMAT 和 VUMAT 计算得到的 Neo-Hookean 超弹性
材料的单个单元模型在单轴拉伸下的轴向应力-应变曲线

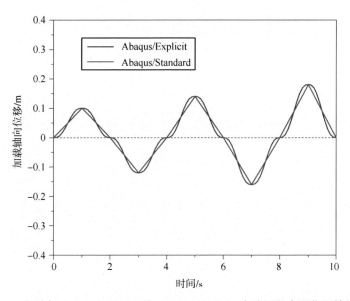

图 5.12　分别在 Abaqus/Standard 和 Abaqus/Explicit 中验证混合硬化塑性材料的
用户子程序的单个单元单轴循环加载的位移-时间曲线

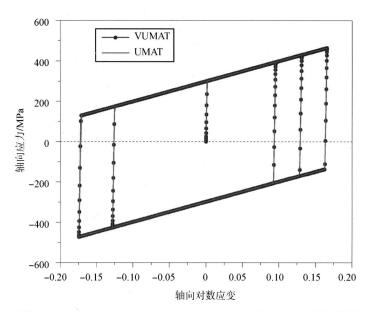

图 5.13　分别在 Abaqus/Standard 和 Abaqus/Explicit 中采用混合硬化塑性材料的用户子程序
的单个单元单轴循环加载的轴向应力随轴向对数应变的变化曲线

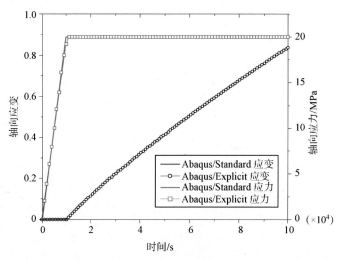

图 5.15　Abaqus/Standard 与 Abaqus/Explicit 的蠕变计算结果比较（轴向应力和应变
随加载时间的变化，其中 Abaqus/Explicit 的计算时间放大了 10^7 倍）

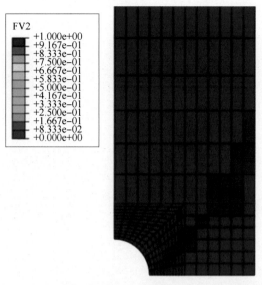

图 6.6 最大载荷点处板中材料的纤维-基体剪切失效的云图

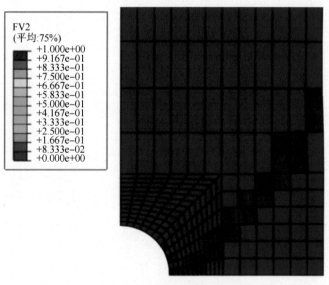

图 6.8 采用 VUSDFLD 用户子程序计算的最大载荷点处板中材料
的纤维-基体剪切失效的云图

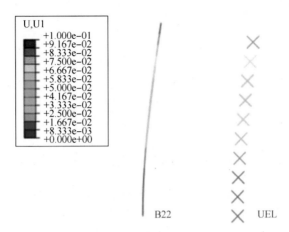

图 7.2   分别采用 ABAQUS 内置的梁单元 B22 和用户子程序 UEL 编写的非线性梁单元计算悬臂梁弯曲过程得到的悬臂梁的挠度分布图

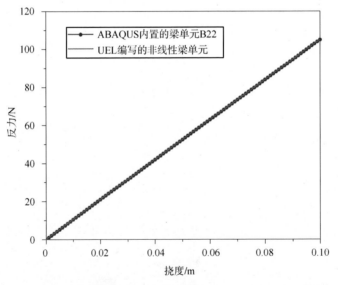

图 7.3   分别采用 ABAQUS 内置的梁单元 B22 和用户子程序 UEL 编写的非线性梁单元计算悬臂梁的弯曲过程得到的悬臂梁头部的反力和挠度的曲线比较

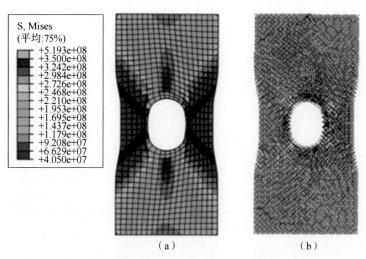

图 7.6   分别采用 ABAQUS 内置的 CPE8R 二次平面应变减缩积分单元和 UELMAT 编写
的二次平面应变单元计算带孔方板的单轴拉伸过程得到的变形后的云图

(a) ABAQUS（CPE8R）；(b) UELMAT

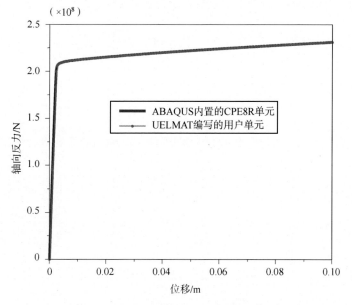

图 7.7   分别采用 ABAQUS 内置的 CPE8R 二次平面应变减缩积分单元和 UELMAT
编写的二次平面应变单元计算带孔方板的单轴拉伸过程得到的轴向反力
随加载位移的变化曲线

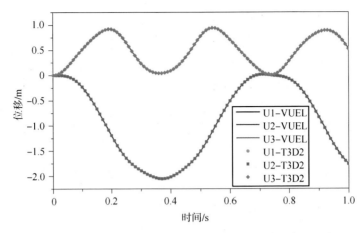

图 7. 9　分别利用 ABAQUS 内置的 T3D2 单元和上述的用户子程序 VUEL 计算得到的桁架自由端在三个方向的位移随时间的变化

注：U1-VUEL 曲线和 U2-VUEL 曲线重合，U1-T3D2 曲线和 U2-T3D2 曲线重合

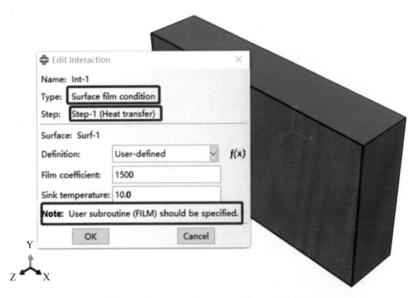

图 8. 1　用户子程序 FILM 在 Abaqus/CAE 中的使用设置方法

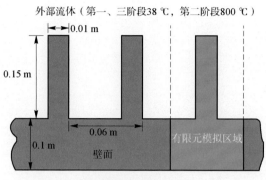

图 8.2　平面翅片表面导热分析的示意图

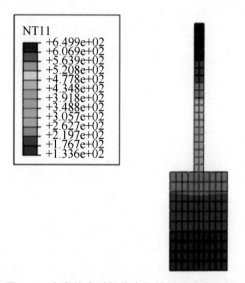

图 8.4　火灾结束时翅片全场的温度分布云图

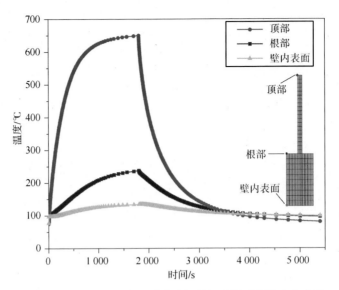

图 8.5　翅片顶部、根部和壁内表面的温度随时间的变化曲线

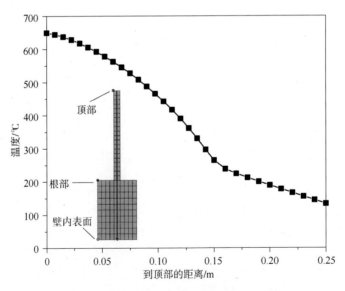

图 8.6　从翅片顶部到壁内表面的温度分布

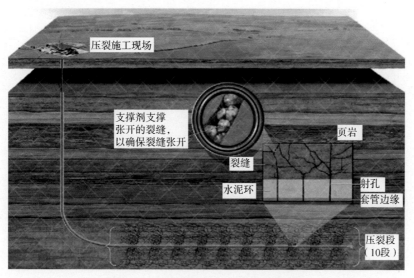

图 8.7 典型的水平井水力压裂示意图

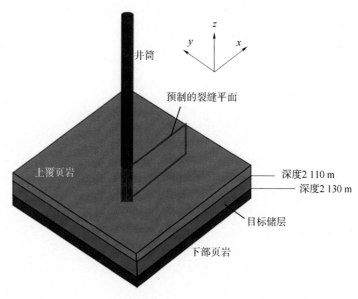

图 8.8 三维分层储层中水力压裂的几何地质模型示意图

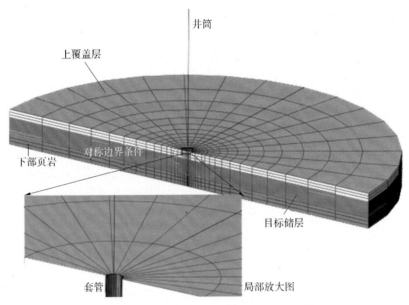

图 8.9 三维分层储层中水力压裂的有限元模型

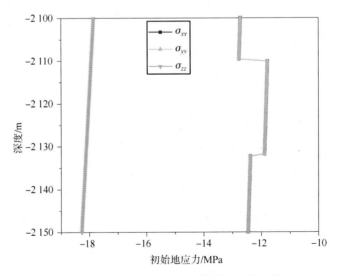

图 8.10 初始三向地应力随储层深度的变化

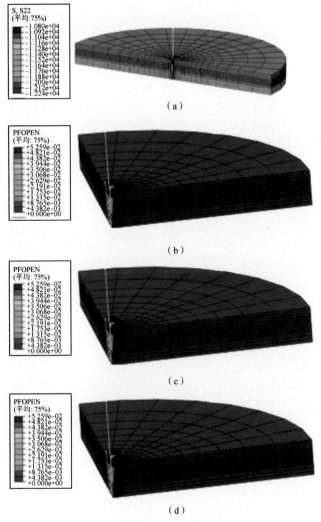

图 8.12　三维分层储层中水力压裂的有限元计算结果：每个阶段结束后的地层情况

（a）地应力平衡后；（b）泵注施工后；（c）憋压保持后；（d）泄压支撑后

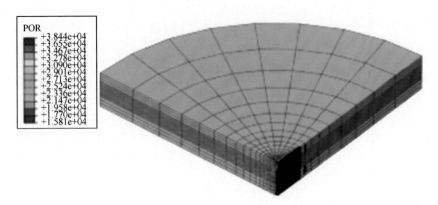

图 8.13　三维分层储层中水力压裂的有限元计算结果：泵注结束时的孔压分布情况

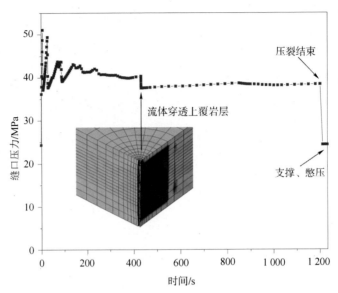

图 8.14　压裂及支撑过程中水力裂缝缝口的压裂变化时间曲线

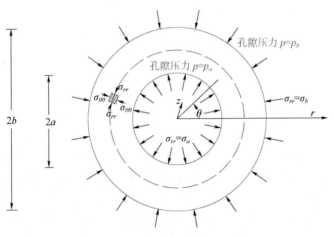

图 9.5　圆柱形井眼问题示意图

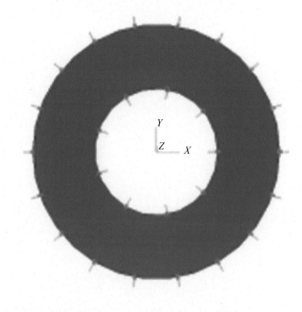

图 9.6　圆柱形井眼问题在 Abaqus/CAE 中的建模

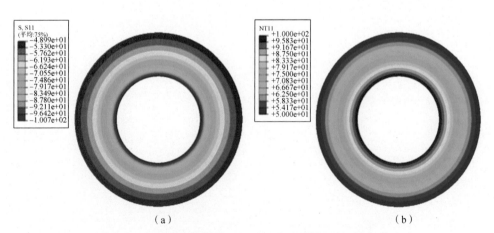

（a）　　　　　　　　　　　　　　　　　　　　　（b）

图 9.7　井眼周围径向应力和温度（即孔隙压力）的分布

（a）径向应力分布；（b）温度（即孔隙压力）分布

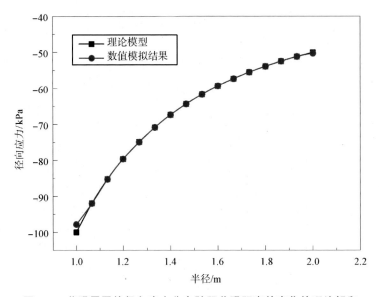

图 9.8　井眼周围的径向应力分布随距井眼距离的变化的理论解和数值解的比较

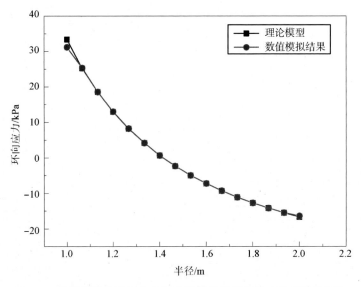

图 9.9　井眼周围的环向应力分布随距井眼距离的变化的理论解和数值解的比较

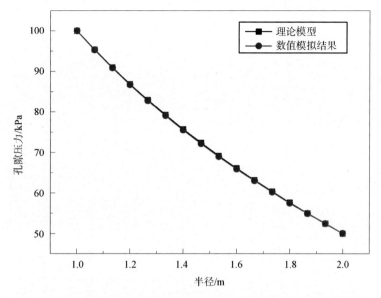

**图 9.10　井眼周围的孔隙压力分布随距井眼距离的变化的理论解和
数值解的比较**

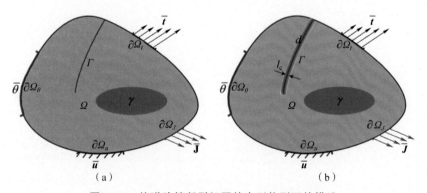

图 10.1　热弹脆性断裂问题的变形构型下的描述

（a）不连续面的尖锐表示；（b）不连续面的弥散表示

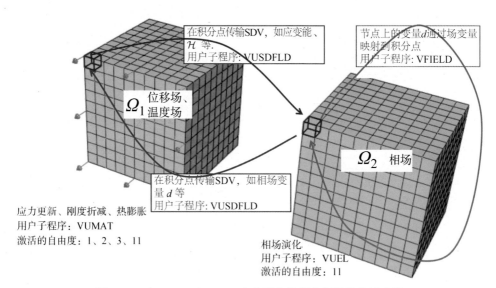

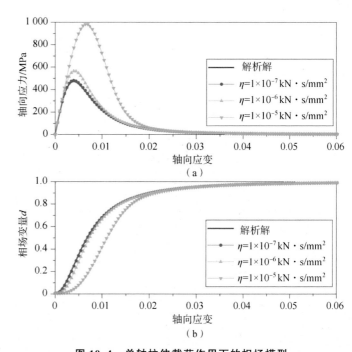

图 10.2　在 Abaqus/Explicit 中实现多场耦合相场法的示意图

图 10.3　相场模型的几何
和边界条件

图 10.4　单轴拉伸载荷作用下的相场模型

（a）轴向应力随轴向应变的变化曲线；（b）相场变量 d 随轴向应变的变化曲线

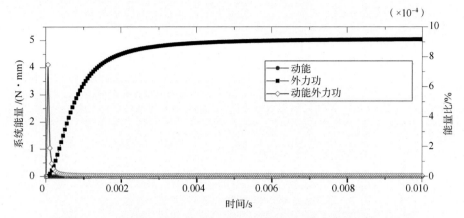

图 10.5　一个单元单轴拉伸算例的系统能量和能量比随时间的变化曲线

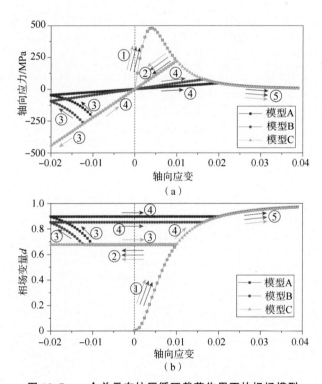

图 10.7　一个单元在拉压循环载荷作用下的相场模型

①—加载；②—卸载；③—反向加载；④—反向卸载；⑤—正向继续加载

（a）轴向应力与轴向应变的函数关系；（b）相场变量 d 随轴向应变的变化

数值计算结果 实验结果

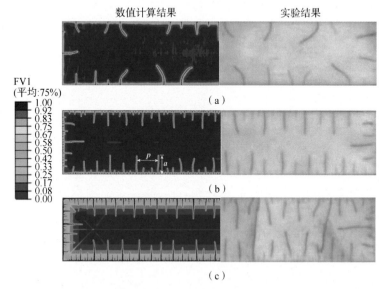

FV1
(平均:75%)
1.00
0.92
0.83
0.75
0.67
0.58
0.50
0.42
0.33
0.25
0.17
0.08
0.00

（a）

（b）

（c）

图 10.8　在不同的初始温度（即不同的冷却温差）下冷却 10 ms 后陶瓷裂纹
分布的数值计算结果（左）与实验结果（右）

（a）$\Delta\theta=250$ K；（b）$\Delta\theta=380$ K；（c）$\Delta\theta=680$ K

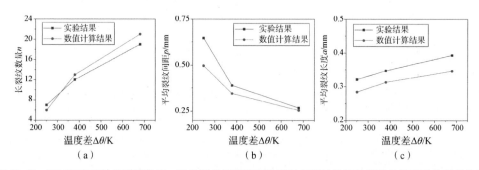

（a）　　　　　　　　　　（b）　　　　　　　　　　（c）

图 10.10　不同温差下的长裂纹数目、平均裂纹间距和平均裂纹长度的数值计算结果与实验结果的比较

（a）长裂纹数量；（b）平均裂纹间距；（c）平均裂纹长度

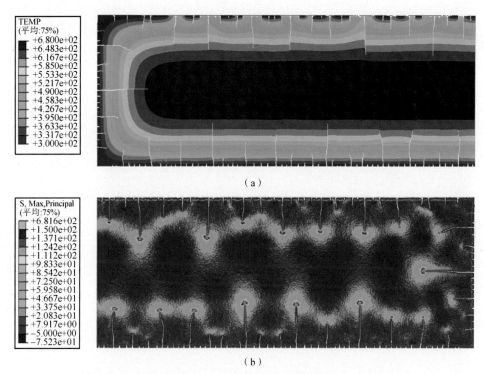

图 10.11　当 $\Delta\theta = 380$ K，$t = 10$ ms 时，温度和最大主应力的分布

(a) 温度分布；(b) 最大主应力分布

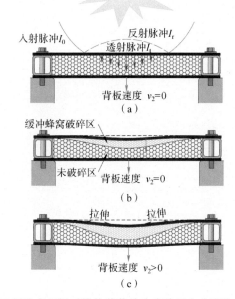

图 11.1　三明治夹层板对爆炸载荷的响应的三个典型阶段的示意图

(a) 爆炸冲击（第一阶段）；(b) 缓冲蜂窝破碎（第二阶段）；(c) 三明治面板弯曲（第三阶段）

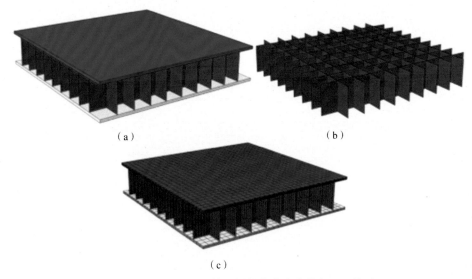

图 11.2　三明治夹层板对爆炸载荷响应的有限元模型

（a）整体模型；（b）中层蜂窝；（c）网格划分

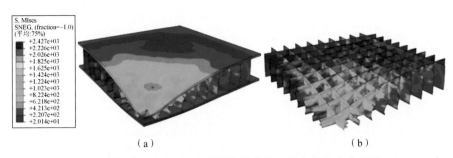

图 11.4　三明治夹层板在 1 kg TNT 当量爆炸物作用下的变形和应力云图（1.5 ms 时）

（a）整体结构的变形和应力云图；（b）中间蜂窝结构的变形和应力云图

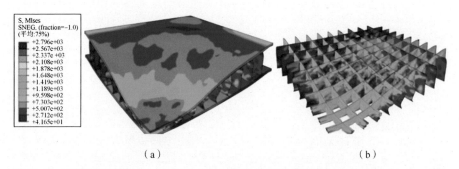

（a）   （b）

图 11.5　三明治夹层板在 2 kg TNT 当量爆炸物作用下的变形和应力云图（1.5 ms 时）

（a）整体结构的变形和应力云图；（b）中间蜂窝结构的变形和应力云图

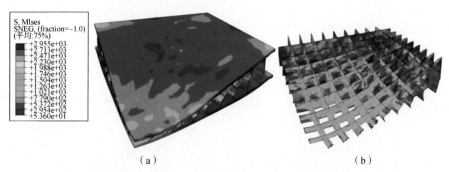

（a）   （b）

图 11.6　三明治夹层板在 3 kg TNT 当量爆炸物作用下的变形和应力云图（1.5 ms 时）

（a）整体结构的变形和应力云图；（b）中间蜂窝结构的变形和应力云图

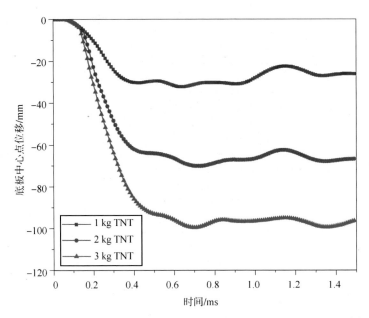

图 11.7　三明治夹层板在 1 kg、2 kg、3 kg TNT 当量爆炸物作用下底板
中心点的位移随时间的变化曲线

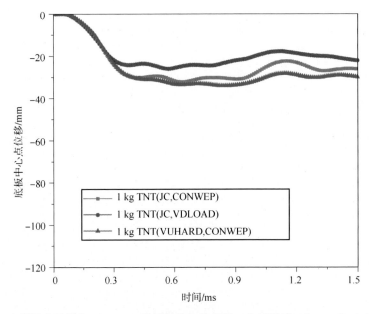

图 11.8　三明治夹层板在 1 kg TNT 当量爆炸物作用下，分别采用 Johnson-Cook 材料模型、
VDLOAD 近似爆炸加载和 VUHARD 非典型应变率硬化的各向同性双线性材料
模型计算的底板中心点的位移随时间的变化曲线

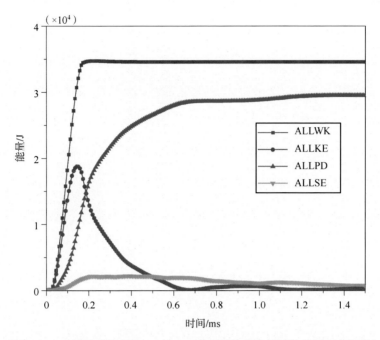

图 11.9 三明治夹层板在 1 kg TNT 当量爆炸物作用下的能量历史曲线

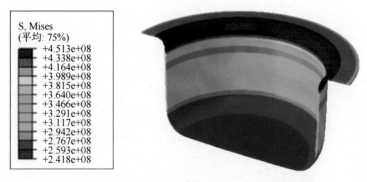

S, Mises
(平均: 75%)
+4.513e+08
+4.338e+08
+4.164e+08
+3.989e+08
+3.815e+08
+3.640e+08
+3.466e+08
+3.291e+08
+3.117e+08
+2.942e+08
+2.767e+08
+2.593e+08
+2.418e+08

图 12.5 成型部件的 Mises 应力云图 (只显示成型部件)

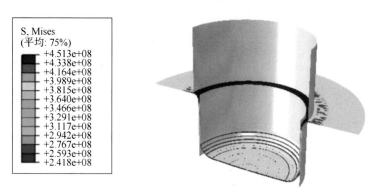

图 12.6 成型部件的 Mises 应力云图（包含成型部件和模具）

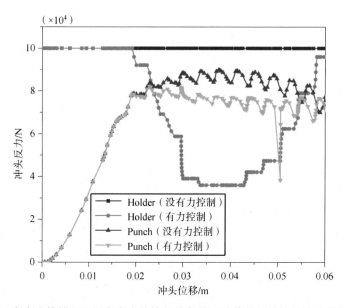

图 12.7 考虑力的控制和不考虑力的控制的条件下计算得到的冲头和支撑受到的力随冲头加载位移的变化